Springer-Lehrbuch Masterclass

Mehr Informationen zu dieser Reihe auf http://www.springer.com/series/8645

Jörg Eschmeier

Funktionentheorie mehrerer Veränderlicher

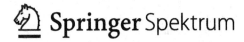

Jörg Eschmeier
Fachrichtung Mathematik
Universität des Saarlandes
Saarbrücken
Deutschland

Die Darstellung von manchen Formeln und Strukturelementen war in einigen elektronischen Ausgaben nicht korrekt, dies ist nun korrigiert. Wir bitten damit verbundene Unannehmlichkeiten zu entschuldigen und danken den Lesern für Hinweise.

Springer-Lehrbuch Masterclass
ISBN 978-3-662-55541-5   ISBN 978-3-662-55542-2 (eBook)
https://doi.org/10.1007/978-3-662-55542-2

Die Deutsche Nationalbibliothek verzeichnet diese Publikation in der Deutschen Nationalbibliografie; detaillierte bibliografische Daten sind im Internet über http://dnb.d-nb.de abrufbar.

Springer Spektrum

Planung: Dr. Annika Denkert

Gedruckt auf säurefreiem und chlorfrei gebleichtem Papier

Springer Spektrum ist Teil von Springer Nature
Die eingetragene Gesellschaft ist Springer-Verlag GmbH Deutschland
Die Anschrift der Gesellschaft ist: Heidelberger Platz 3, 14197 Berlin, Germany

Für Steliana

Vorwort

Der vorliegende Text stellt die Ausarbeitung einer mehrfach an der Universität des Saarlandes gehaltenen Vorlesung dar. Vorausgesetzt werden nur der Stoff der Grundvorlesungen in Analysis und einer üblichen einsemestrigen Vorlesung über Funktionentheorie einer komplexen Veränderlichen. Hauptanliegen dieser Einführung ist es, einen möglichst direkten, in sich geschlossenen Zugang zu grundlegenden Ergebnissen der mehrdimensionalen komplexen Analysis zu geben, der Studierenden in einer einsemestrigen Vorlesung in einem üblichen Bachelor- oder Masterstudium der Mathematik einen ersten Eindruck von diesem faszinierenden Teilgebiet der Mathematik vermittelt. Wir haben die Sprache der Garbentheorie weitgehend vermieden und benutzen keine Integraldarstellungssätze, die über die klassische iterierte Cauchysche Integralformel hinausgehen. Allerdings sollte es dem Leser nach dem Studium des dargestellten Stoffes ohne Mühe möglich sein, sich in fortgeschrittenere Bereiche der mehrdimensionalen komplexen Analysis einzuarbeiten.

In den ersten Kapiteln beschreiben wir die elementaren Eigenschaften holomorpher Funktionen und analytischer Mengen. Unter anderem beweisen wir den Weierstraßschen Vorbereitungssatz und zeigen als Anwendung, dass kompakte analytische Teilmengen offener Mengen in $\mathbb{C}^n$ endlich sind und dass der Ring aller konvergenten Potenzreihen in jedem Punkt $a \in \mathbb{C}^n$ noethersch ist. Wir geben erste Charakterisierungen von Holomorphiebereichen in $\mathbb{C}^n$ und zeigen, dass die Rungeschen Mengen genau die Holomorphiebereiche sind, über denen sich jede holomorphe Funktion kompakt gleichmäßig durch Polynome approximieren lässt. Desweiteren beweisen wir das Oka-Weil-Theorem für polynom-konvexe Kompakta.

Wir leiten einen klassischen Satz von Oka über die polynomielle Konvexität analytischer Graphen über kompakten analytischen Polyedern her und beweisen als Anwendung die Exaktheit der $\bar{\partial}$-Sequenz über Holomorphiebereichen. Als Folgerungen erhalten wir unter anderem das Lemma von Hefer, den Charaktersatz von Igusa und den Satz von Behnke und Stein über die holomorphe Konvexität aufsteigender Vereinigungen von holomorph-konvexen offenen Mengen in $\mathbb{C}^n$. Wir zeigen, dass in $\mathbb{C}^n$ die Holomorphiebereiche genau die pseudokonvexen offenen Mengen sind (Levi-Problem). Dabei folgen wir einem von Grauert gegebenen Beweis, der als wesentliches Hilfsmittel einen Satz von Laurent Schwartz über kompakte Störungen surjektiver stetig linearer Operatoren zwischen Frécheträumen benutzt.

Als Anwendung konstruieren wir im letzten Kapitel den mehrdimensionalen analytischen Funktionalkalkül in kommutativen komplexen Banachalgebren nach Shilov, Waelbroeck und Arens-Calderon, leiten den Shilovschen Idempotentensatz über die Existenz nicht-trivialer idempotenter Elemente in kommutativen Banachalgebren A mit unzusammenhängendem Strukturraum Δ_A her und beweisen den Satz von Arens-Royden über die Isomorphie der Quotientengruppen $A^{-1}/\exp A$ und $C(\Delta_A)^{-1}/\exp C(\Delta_A)$.

Das Buch eignet sich zum Selbststudium und als Basis für einführende Vorlesungen in das Gebiet. Der dargestellte Stoff bildete die Grundlage sowohl für zwei- als auch für vierstündige Vorlesungen im Bachelor-Masterstudiengang Mathematik an der Universität des Saarlandes. Als Gegenstand für eine zweistündige Vorlesung eignen sich etwa die Ergebnisse der Kap. 1 bis 7. Die zum großen Teil mit Hinweisen versehenen Aufgaben am Ende jedes Kapitels bildeten einen wichtigen Bestandteil aller Vorlesungen.

Die mehrdimensionale komplexe Analysis ist ein sehr breites, reichhaltiges Gebiet mit vielen Querverbindungen zu anderen Teilen der Mathematik und Anwendungen sowohl innerhalb als auch außerhalb der Mathematik. Die Stoffauswahl und Darstellung in diesem Buch sind stark beeinflusst von vielen Vorbildern. Kaum zu verbessernde Klassiker sind die Bücher von Behnke-Thullen [5], Gunning-Rossi [18], Fuks [13] und Hörmander [20]. Andere exzellente weiterführende Bücher sind die Monographien von Grauert-Remmert [15, 16], Krantz [22], Henkin-Leiterer [19], Range [26], Gunning [17], Taylor [35] und Fritzsche-Grauert [12].

Ich möchte allen Hörern dieser Vorlesung danken für ihr Interesse und zahlreiche Anregungen. Mein besonderer Dank gilt Herrn Dr. Michael Didas, der eine vorläufige Version des Manuskriptes Korrektur gelesen hat, Frau Christa Peters und Frau Karin Mißler für die Geduld und Sorgfalt, mit der sie die TEX-Fassung des vorliegenden Textes erstellt haben, Herrn Dipl.-Ing. Ioan Petrescu für die Hilfe bei der Erstellung der Abbildungen und nicht zuletzt Frau Dr. Annika Denkert und Frau Stella Schmoll vom Springer-Verlag für die sehr gute Zusammenarbeit bei der Realisierung dieses Buchprojektes.

Saarbrücken, April 2017   Jörg Eschmeier

Symbolverzeichnis

A', 176
A^{-1}, 187
$[a]$, 177
$\mathrm{Aut}(U)$, 36

$B_{A'}$, 176
$B_r(a)$, 2

$\mathbb{C}[z_1, \ldots, z_n]$, 101
$C(M)$, 2
$C^k(U)$, 2
$C_r^k(U)$, 89
$C_{p,q}^k(U)$, 91
$C^p(\mathfrak{U}, \mathcal{F})$, 156

Δ_A, 173
$\mathbb{D}$, 29
$\mathbb{D}^n$, 29
$\partial_0 P$, 3
$\partial^\alpha f$, 13
∂_j, 16
$\overline{\partial}_j$, 16
$\mathrm{dist}(z, A)$, 39
$\mathrm{dist}_\infty(M, N)$, 61
∂, 91
$\overline{\partial}$, 91
Δ_p, 101

e, 15
$\mathcal{E}$, 156
$\mathcal{E}^q$, 159
$\exp A$, 185

$\mathrm{GL}(m, \mathbb{C})$, 26

$H^r(C^\infty(\Omega), \overline{\partial})$, 92
$H^p(\mathfrak{U}, \mathcal{F})$, 158

$J_f^{\mathbb{R}}(a)$, 24
$J_f(a)$, 24

$\tilde{K}$, 99
$\hat{K}_\Omega$, 70

$L(\gamma)$, 3
$\Lambda^r(dx, C^k(U))$, 89
$\Lambda^p E^*$, 88
$L_p(r)$, 149

$\|(z_1, \ldots, z_n)\|$, 1
$\|(z_1, \ldots, z_n)\|_\infty$, 2
$\|f\|_M$, 2

$\mathcal{O}(U)$, 2
$\mathcal{O}(K)$, 62
$\mathcal{O}_a$, 62
$\mathcal{O}_K$, 62
$\mathcal{O}_{p,q}(U)$, 91
$\mathcal{O}$, 156

$P_{(r_1, \ldots, r_n)}(a)$, 2
$\varphi^*(\omega)$, 89

rg$A$, 24 $\sigma_B(a)$, 178
R_a, 174
$\rho(a)$, 173

                                             $T_a(M)$, 47

Sp(γ), 3
$\sigma(a)$, 173 $Z(f, M)$, 44

Inhaltsverzeichnis

1   Holomorphe Funktionen   1
    1.1   Komplexe Differenzierbarkeit   1
    1.2   Potenzreihen   4
    1.3   Taylorreihen und Cauchy-Riemannsche Differentialgleichungen   14

2   Elementare Eigenschaften holomorpher Funktionen   19
    2.1   Grundprinzipien   19
    2.2   Komposition holomorpher Abbildungen   24
    2.3   Implizite Funktionen und Biholomorphie   28
    2.4   Homogene Entwicklungen und der Satz von Cartan   31
    2.5   Die Automorphismen des Einheitspolyzylinders   36

3   Komplexe Mannigfaltigkeiten in $\mathbb{C}^n$ 41
    3.1   Untermannigfaltigkeiten   41
    3.2   Nullstellenmengen   44

4   Analytische Mengen   49
    4.1   Weierstraßscher Vorbereitungssatz   49
    4.2   Riemannscher Hebbarkeitssatz und dünne Mengen   54
    4.3   Analytische Mengen   57
    4.4   Kompakte analytische Mengen   59
    4.5   Weierstraßscher Divisionssatz und Potenzreihenringe   62

5   Holomorphiegebiete   69
    5.1   Holomorphiebereiche und holomorph-konvexe Mengen   69
    5.2   Der Satz von Cartan-Thullen   72
    5.3   Beispiele von Holomorphiebereichen   75

6   Das Dolbeault-Grothendieck-Lemma   81
    6.1   Hartogsscher Kugelsatz   81
    6.2   Komplexe Differentialformen   88
    6.3   Dolbeault-Grothendieck-Lemma   92

7   Rungesche Mengen 99
   7.1   Rungesche und polynom-konvexe Mengen 99
   7.2   Cousin-Eigenschaft polynom-konvexer Mengen 101
   7.3   Polynomielle Approximation 105
   7.4   Cousin-I-Daten 108

8   Polynom-konvexe analytische Graphen 111
   8.1   Analytische Graphen und subharmonische Funktionen 111
   8.2   Beweis des Satzes von Oka 119

9   Die $\overline{\partial}$-Sequenz auf Holomorphiebereichen 125
   9.1   Ein Divisionsproblem 125
   9.2   Die $\overline{\partial}$-Sequenz über Holomorphiebereichen 130
   9.3   Der Satz von Behnke-Stein 132

10 Funktionentheorie auf Holomorphiebereichen 137
   10.1 Das Hefer-Lemma 137
   10.2 Der Charaktersatz von Igusa 142

11 Das Levi-Problem 147
   11.1 Plurisubharmonische Funktionen 147
   11.2 Pseudokonvexe und streng pseudokonvexe Mengen 152
   11.3 Čech-Kohomologie 155
   11.4 Die Grauertsche Beulenmethode 162
   11.5 Das Levi-Problem 166
   11.6 Peak-Funktionen 168

12 Der Satz von Arens-Royden 173
   12.1 Gemeinsame Spektren und Gelfand-Theorie 173
   12.2 Holomorpher Funktionalkalkül 179
   12.3 Der Satz von Arens-Royden 187

Anhang A 199

Literatur 205

Stichwortverzeichnis 207

Holomorphe Funktionen

Wir definieren holomorphe Funktionen von n komplexen Veränderlichen als stetige Funktionen, die in jeder Koordinatenrichtung partiell komplex differenzierbar sind. Wie in der Funktionentheorie einer Veränderlichen kann man zeigen, dass Funktionen von n komplexen Variablen genau dann holomorph sind, wenn sie analytisch sind, das heißt lokal durch eine Potenzreihe dargestellt werden können, die notwendigerweise die Taylorreihe der Funktion ist. Insbesondere ist jede holomorphe Funktion unendlich oft reell partiell differenzierbar. Eine reell stetig partiell differenzierbare Funktion ist holomorph genau dann, wenn sie in jeder Koordinatenrichtung die Cauchy-Riemannschen Differentialgleichungen erfüllt oder, äquivalent, wenn ihre Wirtinger-Ableitungen $\partial f / \partial \bar{z}_\nu$ ($\nu = 1, \ldots, n$) verschwinden.

1.1 Komplexe Differenzierbarkeit

Der $\mathbb{C}$-Vektorraum

$$\mathbb{C}^n = \{z = (z_1, \ldots, z_n); \ z_\nu \in \mathbb{C} \ \text{für} \ \nu = 1, \ldots, n\}$$

ist als $\mathbb{R}$-Vektorraum isomorph zu $\mathbb{R}^{2n}$ vermöge

$$\Phi : \mathbb{R}^{2n} \to \mathbb{C}^n, \qquad (x_1, y_1, \ldots, x_n, y_n) \mapsto (x_1 + iy_1, \ldots, x_n + iy_n).$$

Bezüglich der euklidischen Normen

$$\|(x_1, y_1, \ldots, x_n, y_n)\| = \left(\sum_{\nu=1}^{n} x_\nu^2 + y_\nu^2\right)^{1/2},$$

$$\|(z_1, \ldots, z_n)\| = \left(\sum_{\nu=1}^{n} |z_\nu|^2\right)^{1/2}$$

© Springer-Verlag GmbH Deutschland 2017
J. Eschmeier, *Funktionentheorie mehrerer Veränderlicher*, Springer-Lehrbuch Masterclass, https://doi.org/10.1007/978-3-662-55542-2_1

ist Φ isometrisch, das heißt, es ist $\|\Phi(\xi)\| = \|\xi\|$ für alle $\xi \in \mathbb{R}^{2n}$. Insbesondere ist Φ ein Homöomorphismus.

Wir identifizieren $\mathbb{C}^n$ als normierten $\mathbb{R}$-Vektorraum mit $\mathbb{R}^{2n}$ und definieren für $M \subset \mathbb{C}^n$ beliebig und $U \subset \mathbb{C}^n \cong \mathbb{R}^{2n}$ offen, $k \in \mathbb{N}^* \cup \{\infty\}$ die Funktionenräume

$$C(M) = \{f;\, f : M \to \mathbb{C} \text{ stetig }\}, \quad C^0(U) = C(U),$$

$$C^k(U) = \{f;\, f : U \to \mathbb{C} \text{ ist } k\text{-mal stetig partiell differenzierbar}\}.$$

Für eine Funktion $f : M \to \mathbb{C}$ bezeichnen wir mit $\|f\|_M = \sup\{|f(z)|;\ z \in M\}$ die Supremumsnorm von f auf M. Für $a \in \mathbb{C}^n$ und $r, r_1, \ldots, r_n > 0$ seien

$$B_r(a) = \{z \in \mathbb{C}^n;\ \|z - a\| < r\},$$

$$P_{(r_1,\ldots,r_n)}(a) = \{(z_i) \in \mathbb{C}^n;\ |z_i - a_i| < r_i \text{ für } i = 1, \ldots, n\},$$

$$P_r(a) = P_{(r,r,\ldots,r)}(a)$$

die offene euklidische Kugel mit Radius r um a und die offenen Polyzylinder um a mit Multiradius $(r_1, \ldots, r_n)$ bzw. Radius r. Wir schreiben $\overline{B}_r(a)$, $\overline{P}_{(r_1,\ldots,r_n)}(a)$ und $\overline{P}_r(a)$ für den topologischen Abschluss dieser Mengen. Die Menge $P_r(a) = \{z \in \mathbb{C}^n; \|z-a\|_\infty < r\}$ ist die offene Kugel um a bezüglich der Maximumsnorm $\|(z_1, \ldots, z_n)\|_\infty = \max(|z_1|, \ldots, |z_n|)$. Für $\rho \leq \min_{\nu=1,\ldots,n} r_\nu$ und $R^2 \geq \sum_{\nu=1}^n r_\nu^2$ gelten die Inklusionen

$$B_\rho(a) \subset P_{(r_1,\ldots,r_n)}(a) \subset B_R(a).$$

▶ **Definition 1.1** Sei $U \subset \mathbb{C}^n$ offen, $a \in U$ und $f : U \to \mathbb{C}$ eine Funktion.

(a) f heißt in a *partiell komplex differenzierbar*, falls die Grenzwerte

$$\partial_j f(a) = \lim_{h \to 0} \frac{f(a + he_j) - f(a)}{h} \in \mathbb{C}$$

für $j = 1, \ldots, n$ existieren.

(b) Die Funktion f heißt *komplex differenzierbar* oder *holomorph*, falls $f : U \to \mathbb{C}$ stetig und in jedem $a \in U$ partiell komplex differenzierbar ist. Wir schreiben

$$\mathcal{O}(U) = \{f;\, f : U \to \mathbb{C} \text{ ist holomorph}\}$$

für die Menge der holomorphen Funktionen auf U.

Seien $\gamma_j : [a_j, b_j] \to \mathbb{C}$ $(1 \leq j \leq n)$ stetig differenzierbare Abbildungen und sei $f \in C(\prod_{j=1}^n \mathrm{Sp}(\gamma_j))$, wobei $\mathrm{Sp}(\gamma_j) = \gamma_j([a_j, b_j])$ das Bild von γ_j bezeichne. Nach wohlbekannten

Sätzen aus der reellen Analysis ist die Funktion

$$\prod_{j=2}^{n} \mathrm{Sp}(\gamma_j) \to \mathbb{C}, \quad (z_2, \ldots, z_n) \mapsto \int_{\gamma_1} f(z_1, \ldots, z_n) \, \mathrm{d}z_1 = \int_{a_1}^{b_1} f(\gamma_1(t), z_2, \ldots, z_n) \gamma_1'(t) \, \mathrm{d}t$$

stetig. Sei $\gamma = (\gamma_1, \ldots, \gamma_n)$ und $\mathrm{Sp}(\gamma) = \bigcup_{j=1}^{n} \mathrm{Sp}(\gamma_j)$. Das iterierte Riemann-Integral (oder Lebesgue-Integral)

$$\int_{\gamma} f(z)\mathrm{d}z = \int_{\gamma} f(z_1, \ldots, z_n)\mathrm{d}z_1 \ldots \mathrm{d}z_n = \int_{\gamma_n} \left(\cdots \left(\int_{\gamma_1} f(z_1, \ldots, z_n)\mathrm{d}z_1 \right) \cdots \right) \mathrm{d}z_n$$

$$= \int_{a_n}^{b_n} \left(\cdots \left(\int_{a_1}^{b_1} f(\gamma_1(t_1), \ldots, \gamma_n(t_n))\gamma_1'(t_1) \ldots \gamma_n'(t_n)\mathrm{d}t_1 \right) \cdots \right) \mathrm{d}t_n$$

$$= \int_{R} f(\gamma_1(t_1), \ldots, \gamma_n(t_n))\gamma_1'(t_1) \ldots \gamma_n'(t_n)\mathrm{d}\lambda(t)$$

mit $R = \prod_{j=1}^{n} [a_j, b_j]$ ist unabhängig von der Integrationsreihenfolge. Durch Induktion nach n folgt

$$\left| \int_{\gamma} f(z)\mathrm{d}z \right| \leq L(\gamma)\|f\|_{\mathrm{Sp}(\gamma)},$$

wobei $L(\gamma) = \prod_{1 \leq \nu \leq n} L(\gamma_\nu)$ das Produkt der Längen $L(\gamma_\nu)$ der Kurven γ_ν bezeichnet. Sei $r = (r_j)$ ein n-Tupel positiver reeller Zahlen und seien $a \in \mathbb{C}^n$, $P = P_r(a)$. Wir definieren

$$\partial_0 P = \{z \in \mathbb{C}^n; \ |z_j - a_j| = r_j \ \text{für } j = 1, \ldots, n\}$$

und schreiben im Spezialfall $\gamma_j(t) = a_j + r_j e^{it}$ $(0 \leq t \leq 2\pi)$

$$\int_{\partial_0 P} f \, \mathrm{d}z = \int_{\gamma} f \, \mathrm{d}z$$

für das oben definierte iterierte Kurvenintegral über $\gamma = (\gamma_1, \ldots, \gamma_n)$.

Satz 1.2 (Iterierte Cauchy-Formel)
Seien $a \in \mathbb{C}^n$, $r = (r_j) \in (\mathbb{R}_+^*)^n$ und $P = P_r(a)$. Sei $f \in C(\overline{P})$ so, dass die Funktionen

$$D_{r_j}(a) \to \mathbb{C}, \quad \lambda \mapsto f(z_1, \ldots, z_{j-1}, \lambda, z_{j+1}, \ldots, z_n) \quad (1 \leq j \leq n)$$

für jedes $z \in \overline{P}$ holomorph sind. Dann gilt für jedes $z = (z_1, \ldots, z_n) \in P$

$$f(z) = \left(\frac{1}{2\pi i} \right)^n \int\limits_{\partial_0 P} \frac{f(\xi)}{(\xi_1 - z_1) \ldots (\xi_n - z_n)} \, d\xi_1 \ldots d\xi_n.$$

Beweis Für $z \in P$ ist der Integrand stetig als Funktion von $\xi \in \partial_0 P$. Für $n = 1$ ist $f \in C(\overline{D}_r(a))$ und $f|D_r(a)$ ist holomorph. Ist $z \in D_r(a)$, so gilt für $|z - a| < \rho < r$ nach der üblichen Cauchyschen Integralformel (siehe etwa Theorem 3.1 in [8])

$$f(z) = \frac{1}{2\pi i} \int\limits_{\partial D_\rho(a)} \frac{f(\xi)}{\xi - z} d\xi = \frac{1}{2\pi i} \int\limits_0^{2\pi} \frac{f(a + \rho e^{it})}{a + \rho e^{it} - z} \rho i e^{it} dt.$$

Da der Integrand stetig in $(t, \rho) \in [0, 2\pi] \times]|z - a|, r]$ ist, folgt die Behauptung durch Grenzübergang $\rho \to r$.

Sei $n > 1$ und sei die Behauptung gezeigt für den Fall von $n - 1$ Variablen. Für $z = (z_1, \ldots, z_n) \in P$ liefert die Induktionsvoraussetzung

$$
\begin{aligned}
f(z) \;\; &= \left(\frac{1}{2\pi i} \right)^{n-1} \int\limits_{\partial_0 Q} \frac{f(z_1, \xi_2, \ldots, \xi_n)}{(\xi_2 - z_2) \ldots (\xi_n - z_n)} d\xi_2 \ldots d\xi_n \\
&= \left(\frac{1}{2\pi i} \right)^{n} \int\limits_{\partial_0 Q} \frac{1}{(\xi_2 - z_2) \ldots (\xi_n - z_n)} \left(\int\limits_{\partial D_{r_1}(a_1)} \frac{f(\xi_1, \xi_2, \ldots, \xi_n)}{\xi_1 - z_1} d\xi_1 \right) d\xi_2 \ldots d\xi_n \\
&= \left(\frac{1}{2\pi i} \right)^{n} \int\limits_{\partial_0 P} \frac{f(\xi)}{(\xi_1 - z_1) \ldots (\xi_n - z_n)} d\xi_1 \ldots d\xi_n,
\end{aligned}
$$

wobei $Q = \prod_{\nu=2}^{n} D_{r_\nu}(a_\nu)$ sei. $\qquad\qquad\qquad\qquad\qquad\qquad\qquad\qquad\qquad\qquad\qquad$ □

1.2   Potenzreihen

Wie im eindimensionalen Fall sind die komplex differenzierbaren Funktionen von n Veränderlichen genau die Funktionen, die lokal eine Potenzreihenentwicklung besitzen. Die auftretenden Potenzreihen sind Mehrfachreihen, genauer unendliche Summen, deren Indexmenge die $\mathbb{N}^n$ ist. Bevor wir uns mit Potenzreihen beschäftigen, definieren wir die Konvergenz solcher Mehrfachreihen und beschreiben ihre wichtigsten Eigenschaften.

▶ **Definition 1.3** Seien $a_j \in \mathbb{C}$ für $j \in \mathbb{N}^n$.

(a) Man nennt $\sum_{j \in \mathbb{N}^n} a_j$ eine *konvergente Reihe* mit Wert $a \in \mathbb{C}$, wenn für jedes $\varepsilon > 0$ eine endliche Menge $J_0 = J_0(\varepsilon) \subset \mathbb{N}^n$ existiert so, dass

$$\left| a - \sum_{j \in K} a_j \right| < \varepsilon$$

ist für alle endlichen Teilmengen $K \subset \mathbb{N}^n$ mit $J_0 \subset K$. Abkürzend hierfür schreiben wir $\sum_{j \in \mathbb{N}^n} a_j = a$.

(b) Man nennt $\sum_{j \in \mathbb{N}^n} a_j$ *absolut konvergent*, wenn die Reihe $\sum_{j \in \mathbb{N}^n} |a_j|$ konvergiert.

Ähnlich wie für gewöhnliche Reihen gilt auch für Mehrfachreihen ein *Cauchy-Kriterium*.

Satz 1.4
Seien $a_j \in \mathbb{C}$ für $j \in \mathbb{N}^n$. Die Reihe $\sum_{j \in \mathbb{N}^n} a_j$ ist konvergent genau dann, wenn für jedes $\varepsilon > 0$ eine endliche Menge $J_0 = J_0(\varepsilon) \subset \mathbb{N}^n$ existiert mit $|\sum_{j \in K} a_j| < \varepsilon$ für jede endliche Indexmenge $K \subset \mathbb{N}^n \setminus J_0$.

Beweis Ist $\sum_{j \in \mathbb{N}^n} a_j = a$ und ist $J_0 = J_0(\varepsilon) \subset \mathbb{N}^n$ wie in Teil (a) von Definition 1.3 zu $\varepsilon > 0$ gewählt, so gilt für jede endliche Menge $K \subset \mathbb{N}^n \setminus J_0$

$$\left| \sum_{j \in K} a_j \right| = \left| \left(\sum_{j \in J_0 \cup K} a_j \right) - a + a - \sum_{j \in J_0} a_j \right| < 2\varepsilon.$$

Ist umgekehrt die im Satz angegebene Bedingung erfüllt, so wähle man für $k \in \mathbb{N}^*$ eine endliche Menge $J_k = J_0(\frac{1}{k}) \subset \mathbb{N}^n$, die die Cauchy-Bedingung mit $\varepsilon = \frac{1}{k}$ erfüllt. Man kann immer erreichen, dass zusätzlich $J_k \subset J_{k+1}$ für alle $k \geq 1$ gilt. Da für $q \geq p \geq 1$ gilt

$$\left| \sum_{j \in J_q} a_j - \sum_{j \in J_p} a_j \right| = \left| \sum_{j \in J_q \setminus J_p} a_j \right| < \frac{1}{p},$$

ist $\left(\sum_{j \in J_k} a_j \right)_{k \geq 1}$ eine Cauchy-Folge in $\mathbb{C}$. Für den Limes a dieser Folge gilt

$$\left| a - \sum_{j \in J_p} a_j \right| \leq \frac{1}{p} \quad (p \geq 1).$$

Ist $K \supset J_k$ eine endliche Indexmenge, so gilt

$$\left| a - \sum_{j \in K} a_j \right| \leq \left| a - \sum_{j \in J_k} a_j \right| + \left| \sum_{j \in K \setminus J_k} a_j \right| < \frac{2}{k}.$$

Also konvergiert die Reihe $\sum_{j \in \mathbb{N}^n} a_j$ gegen a.   □

Auch für Mehrfachreihen impliziert die absolute Konvergenz die Konvergenz.

Korollar 1.5 *Die Reihe $\sum_{j \in \mathbb{N}^n} a_j$ ist absolut konvergent genau dann, wenn*

$$\sup \left\{ \sum_{j \in K} |a_j|; \; K \subset \mathbb{N}^n \text{ endlich} \right\} < \infty.$$

In diesem Fall ist die Reihe $\sum_{j \in \mathbb{N}^n} a_j$ konvergent.

Beweis Ist $a = \sum_{j \in \mathbb{N}^n} |a_j|$ konvergent, so konvergiert die Reihe $\sum_{j \in \mathbb{N}^n} a_j$ nach dem Cauchy-Kriterium (Satz 1.4), und es gibt eine endliche Menge $J_0 \subset \mathbb{N}^n$ so, dass für alle endlichen Indexmengen $K \supset J_0$ gilt

$$\sum_{j \in K} |a_j| \in \;]a - 1, a + 1[.$$

Offensichtlich ist dann auch $\sum_{j \in K} |a_j| < a + 1$ für jede endliche Indexmenge $K \subset \mathbb{N}^n$. Ist umgekehrt das Supremum

$$s = \sup \left\{ \sum_{j \in K} |a_j|; \; K \subset \mathbb{N}^n \text{ endlich} \right\}$$

endlich, so gibt es zu gegebenem $\varepsilon > 0$ eine endliche Indexmenge $J_0 \subset \mathbb{N}^n$ mit $s - \varepsilon < \sum_{j \in J_0} |a_j| \leq s$. Diese Ungleichungen bleiben richtig, wenn man J_0 durch eine beliebige endliche Obermenge $J \subset \mathbb{N}^n$ ersetzt.   □

Den Wert einer konvergenten Mehrfachreihe kann man mit Hilfe von Rechteck- oder Diagonalabzählungen des $\mathbb{N}^n$ berechnen.

Satz 1.6
Für $a, a_j \in \mathbb{C} \, (j \in \mathbb{N}^n)$ sind äquivalent:

(i) $\sum_{j \in \mathbb{N}^n} a_j = a$;

(ii) *für jede Abzählung* $\varphi : \mathbb{N} \to \mathbb{N}^n$ *ist* $a = \sum_{k=0}^{\infty} a_{\varphi(k)}$.

In diesem Fall gilt insbesondere

$$a = \lim_{N \to \infty} \sum_{j_1=0}^{N} \left(\ldots \sum_{j_n=0}^{N} a_{(j_1,\ldots,j_n)} \right) = \sum_{k=0}^{\infty} \left(\sum_{|j|=k} a_j \right).$$

Beweis (i) $\Rightarrow$ (ii). Sei $\varphi : \mathbb{N} \to \mathbb{N}^n$ eine Abzählung und sei $\varepsilon > 0$. Wähle dazu $J_0 = J_0(\varepsilon) \subset \mathbb{N}^n$ wie in Teil (a) von Definition 1.3. Ist $N \in \mathbb{N}$ so groß, dass $J_0 \subset \{\varphi(0), \ldots, \varphi(N)\}$, so gilt für alle $k \geq N$

$$\left| a - \sum_{\nu=0}^{k} a_{\varphi(\nu)} \right| < \varepsilon.$$

Um zu sehen, dass auch der Zusatz gilt, wähle man Bijektionen $\varphi, \psi : \mathbb{N} \to \mathbb{N}^n$, die nacheinander die Mengen

$$\left\{ (j_1, \ldots, j_n) \in \mathbb{N}^n; \ \max_{\nu=1,\ldots,n} j_\nu = k \right\} \quad (k = 0, 1, 2, \ldots)$$

bzw. die Mengen

$$\{ j \in \mathbb{N}^n; \ |j| = k \} \quad (k = 0, 1, 2, \ldots)$$

abzählen.

(ii) $\Rightarrow$ (i). Wir nehmen an, dass die Bedingung (ii) erfüllt ist und dass (i) nicht gilt. Sei $\varphi : \mathbb{N} \to \mathbb{N}^n$ eine beliebige Abzählung von $\mathbb{N}^n$. Nach Voraussetzung gibt es ein $\varepsilon > 0$ so, dass zu jeder endlichen Menge $J_0 \subset \mathbb{N}^n$ eine endliche Obermenge $J \supset J_0$ existiert mit

$$\left| a - \sum_{i \in J} a_i \right| \geq \varepsilon.$$

Wir konstruieren rekursiv eine streng monoton wachsende Folge $(n_k)_{k \in \mathbb{N}}$ in $\mathbb{N}$ und eine Folge $(I_k)_{k \in \mathbb{N}}$ endlicher Mengen $I_k \subset \mathbb{N}$ so, dass $n_0 = 0$ ist, für jedes $k \in \mathbb{N}$ die Inklusion

$$\{0, \ldots, n_k\} \subset I_k \subset \{0, \ldots, n_{k+1} - 1\}$$

gilt und mit $J_k = \varphi(I_k)$ die Abschätzung

$$\left| a - \sum_{i \in J_k} a_i \right| \geq \varepsilon$$

erfüllt ist. Für jedes $k \in \mathbb{N}$ seien

$$I_k \setminus \{0, \ldots, n_k\} = \{n_1^k, \ldots, n_{r_k}^k\} \text{ und } \{0, \ldots, n_{k+1}\} \setminus I_k = \{m_1^k, \ldots, m_{s_k}^k\}$$

mit $r_k + s_k = n_{k+1} - n_k$. Man erhält eine neue Abzählung $\psi : \mathbb{N} \to \mathbb{N}^n$, indem man $\psi(0) = \varphi(0)$ und für $k \in \mathbb{N}$

$$\psi(n_k + i) = \varphi(n_i^k) \qquad\qquad (i = 1, \ldots, r_k),$$

$$\psi(n_k + r_k + i) = \varphi(m_i^k) \qquad (i = 1, \ldots, s_k)$$

setzt. Nach Konstruktion gilt

$$\left| a - \sum_{\nu=0}^{n_k + r_k} a_{\psi(\nu)} \right| \geq \varepsilon \qquad (k \in \mathbb{N})$$

im Widerspruch zur Voraussetzung (ii).   □

Bemerkung 1.7 Ist $a = \sum_{j \in \mathbb{N}^n} a_j$ konvergent und ist $\varphi : \mathbb{N} \to \mathbb{N}^n$ eine Abzählung, so konvergiert nach Satz 1.6 jede Umordnung der Reihe $\sum_{k=0}^{\infty} a_{\varphi(k)}$ gegen den Grenzwert a. Nach einem wohlbekannten Satz der Analysis ist $\sum_{k=0}^{\infty} a_{\varphi(k)}$ absolut konvergent. Nach Korollar 1.5 konvergiert in diesem Fall auch die Reihe $\sum_{j \in \mathbb{N}^n} a_j$ absolut. Also sind die in Definition 1.3 eingeführten Begriffe der Konvergenz und absoluten Konvergenz für Mehrfachreihen äquivalent.

Satz 1.8
Sei $a = \sum_{j \in \mathbb{N}^n} a_j$ konvergent und sei $1 \leq m < n$. Dann konvergiert für jedes $k \in \mathbb{N}^m$ die Reihe $c_k = \sum_{\ell \in \mathbb{N}^{n-m}} a_{(k,\ell)}$ und $a = \sum_{k \in \mathbb{N}^m} c_k$.

Beweis Seien $p : \mathbb{N}^n \to \mathbb{N}^m$, $(k,\ell) \mapsto k$ und $q : \mathbb{N}^n \to \mathbb{N}^{n-m}$, $(k,\ell) \mapsto \ell$ die Projektionen von $\mathbb{N}^n$ auf die ersten m bzw. letzten $n - m$ Koordinaten.
Nach dem Cauchy-Kriterium (Satz 1.4) gibt es zu gegebenem $\varepsilon > 0$ eine endliche Menge $J_0 \subset \mathbb{N}^n$ so, dass für alle endlichen Indexmengen $K \subset \mathbb{N}^n \setminus J_0$ gilt

$$\left| \sum_{j \in K} a_j \right| < \varepsilon.$$

Ist $I \subset \mathbb{N}^{n-m}$ disjunkt zu $q(J_0)$ und endlich, so gilt

$$\left| \sum_{\ell \in I} a_{(k,\ell)} \right| < \varepsilon \qquad (k \in \mathbb{N}^m).$$

Sei $\varepsilon > 0$ fest gegeben und dazu $J_\varepsilon \subset \mathbb{N}^n$ endlich gewählt so, dass

$$\left| a - \sum_{j \in K} a_j \right| < \varepsilon/2$$

ist für alle endlichen Obermengen K von J_ε. Definiere $K_\varepsilon = p(J_\varepsilon)$. Sei $K \subset \mathbb{N}^m$ eine endliche Obermenge von K_ε. Indem man für jedes $k \in K$ eine endliche Obermenge $I_k \subset \mathbb{N}^{n-m}$ von $q(J_\varepsilon)$ wählt mit

$$\left| c_k - \sum_{\ell \in I_k} a_{(k,\ell)} \right| < \varepsilon/(2|K|),$$

erhält man die Abschätzung

$$\left| a - \sum_{k \in K} c_k \right| \leq \left| a - \sum_{k \in K} \sum_{\ell \in I_k} a_{(k,\ell)} \right| + \left| \sum_{k \in K} \left(\sum_{\ell \in I_k} a_{(k,\ell)} - c_k \right) \right| < \varepsilon.$$

$\square$

Um das Verhalten von Potenzreihen untersuchen zu können, betrachten wir zunächst beliebige Funktionenreihen.

▶ **Definition 1.9** Seien $f_j : D \to \mathbb{C}$ $(j \in \mathbb{N}^n)$ Funktionen auf einer Menge $D \subset \mathbb{C}^n$.

(a) Man nennt $\sum_{j \in \mathbb{N}^n} f_j$ *gleichmäßig konvergent*, falls die Reihen $\sum_{j \in \mathbb{N}^n} f_j(z)$ für jedes $z \in D$ konvergieren und falls für jedes $\varepsilon > 0$ die Menge $J_0(\varepsilon)$ aus Definition 1.3(a) unabhängig von $z \in D$ wählbar ist.

(b) Die Funktionenreihe $\sum_{j \in \mathbb{N}^n} f_j$ heißt *kompakt gleichmäßig konvergent*, falls für jede kompakte Menge $K \subset D$ die Reihe $\sum_{j \in \mathbb{N}^n} (f_j|K)$ gleichmäßig konvergiert.

Aus dem Beweis von Satz 1.6 folgt eine erste nützliche Beobachtung.

Bemerkung 1.10 Ist $\sum_{j\in\mathbb{N}^n} f_j$ (kompakt) gleichmäßig konvergent auf D, so konvergiert für jede Abzählung $\varphi : \mathbb{N} \to \mathbb{N}^n$ die Funktionenreihe $\sum_{k=0}^{\infty} f_{\varphi(k)}$ (kompakt) gleichmäßig auf D gegen die Funktion

$$f : D \to \mathbb{C}, \quad f(z) = \sum_{j\in\mathbb{N}^n} f_j(z).$$

Insbesondere gilt dies für

$$\left(\sum_{j_1=1}^{N} \cdots \sum_{j_n=1}^{N} f_{(j_1,\ldots,j_n)} \right)_{N\in\mathbb{N}} \quad \text{und} \quad \left(\sum_{k=0}^{N} \left(\sum_{|j|=k} f_j \right) \right)_{N\in\mathbb{N}}.$$

Die für uns wichtigsten Resultate über die Konvergenz allgemeiner Funktionenreihen sind enthalten im folgenden Satz. Der erste Teil enthält eine Verallgemeinerung des *Weierstraßschen Majorantenkriteriums* auf den Fall von Mehrfachreihen.

Satz 1.11

Seien $f_j : D \to \mathbb{C}$ ($j \in \mathbb{N}^n$) Funktionen auf einer Menge $D \subset \mathbb{C}^n$.

(a) *Gibt es $c_j \in [0,\infty)$ ($j \in \mathbb{N}^n$) mit*
   (i) *$|f_j(z)| \le c_j$ für alle $j \in \mathbb{N}^n$ und $z \in D$,*
   (ii) *$\sum_{j\in\mathbb{N}^n} c_j < \infty$,*
   so konvergiert $\sum_{j\in\mathbb{N}^n} f_j$ gleichmäßig auf D.
(b) *Sind zusätzlich alle Funktionen f_j stetig und ist $\gamma = (\gamma_1,\ldots,\gamma_n)$ ein Tupel stetig differenzierbarer Kurven $\gamma_j : [a_j,b_j] \to \mathbb{C}$ mit $Sp(\gamma) \subset D$, so gilt*

$$\int_{\gamma} \left(\sum_{j\in\mathbb{N}^n} f_j \right) \mathrm{d}z = \sum_{j\in\mathbb{N}^n} \left(\int_{\gamma} f_j \mathrm{d}z \right).$$

Beweis (a) Wähle eine Folge $(J_k)_{k\ge 1}$ endlicher Mengen $J_k \subset \mathbb{N}^n$ mit $J_k \subset J_{k+1}$ und

$$\sum_{j\in K} c_j < 1/k$$

für alle endlichen Indexmengen $K \subset \mathbb{N}^n \setminus J_k$. Dann gilt für $q \ge p \ge 1$ auf ganz D

$$\left| \sum_{j\in J_q} f_j - \sum_{j\in J_p} f_j \right| < 1/p.$$

Insbesondere existiert der Limes $f(z) = \lim_{k\to\infty} \sum_{j\in J_k} f_j(z) \in \mathbb{C}$ für jedes $z \in D$ und es gilt

$$\left| f(z) - \sum_{j\in J_p} f_j(z) \right| \leq 1/p \qquad (z \in D,\ p \geq 1).$$

Genau wie im Beweis von Satz 1.4 folgt für jede endliche Indexmenge $K \supset J_k$ gleichmäßig für $z \in D$ die Abschätzung

$$\left| f(z) - \sum_{j\in K} f_j(z) \right| \leq \left| f(z) - \sum_{j\in J_k} f_j(z) \right| + \left| \sum_{j\in K\backslash J_k} f_j(z) \right| < \frac{2}{k}.$$

(b) Nach Bemerkung 1.10 und der Standardabschätzung für iterierte Kurvenintegrale gilt für jede Abzählung $\varphi : \mathbb{N} \to \mathbb{N}^n$

$$\int_\gamma \left(\sum_{j\in\mathbb{N}^n} f_j \right) \mathrm{d}z = \int_\gamma \left(\sum_{k=0}^\infty f_{\varphi(k)} \right) \mathrm{d}z = \sum_{k=0}^\infty \left(\int_\gamma f_{\varphi(k)} \mathrm{d}z \right).$$

Als Anwendung von Satz 1.6 folgt die Behauptung. $\square$

Für $z \in \mathbb{C}^n$ und $j = (j_1,\dots,j_n) \in \mathbb{N}^n$ benutzen wir wie üblich die Abkürzungen

$$z^j = z_1^{j_1} \cdot \ldots \cdot z_n^{j_n},\ \ |j| = j_1 + \ldots + j_n,\ \ j! = j_1! \cdot \ldots \cdot j_n!.$$

Satz 1.12 (Potenzreihen)
Seien $a_j \in \mathbb{C}$ $(j \in \mathbb{N}^n)$ und $w \in (\mathbb{C} \setminus \{0\})^n$ mit

$$M = \sup_{j\in\mathbb{N}^n} |a_j w^j| < \infty.$$

Dann konvergiert die Potenzreihe $\sum_{j\in\mathbb{N}^n} a_j z^j$ kompakt gleichmäßig auf dem Polyzylinder $P = P_{(|w_1|,\dots,|w_n|)}(0)$.

Beweis Sei $K \subset P$ eine beliebige kompakte Menge. Dann gibt es eine reelle Zahl $0 < r < 1$ so, dass $K \subset rP = \prod_{\nu=1}^n D_{r|w_\nu|}(0)$. Da für alle $z \in K$ und $j \in \mathbb{N}^n$

$$|a_j z^j| = |a_j w^j|\, |z^j/w^j| \leq M r^{|j|}$$

und für alle $N \in \mathbb{N}$ die Abschätzung

$$\sum_{j_1,\dots,j_n=0}^{N} M r^{|j|} = M \left(\sum_{j=0}^{N} r^j \right)^n \leq \frac{M}{(1-r)^n}$$

gilt, folgt die gleichmäßige Konvergenz von $\sum_{j \in \mathbb{N}^n} a_j z^j$ auf K mit Hilfe des Weierstraß-schen Majorantenkriteriums (Satz 1.11(a)). $\square$

Beispiel 1.13

Die Reihe $\sum_{j \in \mathbb{N}^n} z^j$ konvergiert kompakt gleichmäßig auf $P_1(0)$ und

$$\sum_{j \in \mathbb{N}^n} z^j = \lim_{N \to \infty} \sum_{j_1,\dots,j_n=0}^{N} z_1^{j_1} \dots z_n^{j_n} = \lim_{N \to \infty} \prod_{\nu=1}^{n} \left(\sum_{j=0}^{N} z_\nu^j \right) = \prod_{\nu=1}^{n} (1-z_\nu)^{-1}.$$

Die Holomorphie von Funktionen, die eine Potenzreihendarstellung besitzen, lässt sich direkt auf das entsprechende eindimensionale Resultat zurückführen.

Lemma 1.14 *Sei $r \in (\mathbb{R}_+^*)^n$ und sei $P = P_r(a)$ der offene Polyzylinder mit Multiradius r um $a \in \mathbb{C}^n$. Ist*

$$f : P \to \mathbb{C}, \quad f(z) = \sum_{j \in \mathbb{N}^n} a_j (z-a)^j$$

definiert durch eine punktweise konvergente Potenzreihe, so ist f holomorph.

Beweis Nach Satz 1.12 und Bemerkung 1.10 ist f kompakt gleichmäßiger Limes einer Folge stetiger Funktionen auf P. Also ist f stetig.
Da für $w = (w_2, \dots, w_n) \in \prod_{\nu=2}^{n} D_{r_\nu}(a_\nu)$ und $a' = (a_2, \dots, a_n)$ die Funktion $f(\cdot, w)$ die Potenzreihenentwicklung

$$f(z,w) = \sum_{k=0}^{\infty} \left(\sum_{\ell \in \mathbb{N}^{n-1}} a_{(k,\ell)} (z-a_1)^k (w-a')^\ell \right) = \sum_{k=0}^{\infty} \left(\sum_{\ell \in \mathbb{N}^{n-1}} a_{(k,\ell)} (w-a')^\ell \right) (z-a_1)^k$$

auf $D_{r_1}(a_1)$ besitzt (Satz 1.8), ist f nach z_1 partiell komplex differenzierbar. Die partielle komplexe Differenzierbarkeit in den übrigen Variablen folgt analog. $\square$

Die partiellen Ableitungen von Potenzreihen erhält man wie im eindimensionalen Fall durch gliedweises Differenzieren.

Satz 1.15

Ist $f : P = P_r(a) \to \mathbb{C}, f(z) = \sum_{j \in \mathbb{N}^n} a_j(z-a)^j$ wie in Lemma 1.14 durch eine punktweise konvergente Potenzreihe definiert, so gilt

$$\frac{\partial f}{\partial z_\nu}(z) = \sum_{j \in \mathbb{N}^n} a_{j+e_\nu}(j_\nu + 1)(z-a)^j$$

für $z \in P$ und $\nu = 1, \ldots, n$.

Beweis Wir fixieren $\nu \in \{1, \ldots, n\}$ und setzen $f_j(z) = a_{j+e_\nu}(j_\nu + 1)(z-a)^j$ für $j \in \mathbb{N}^n$ und $z \in P$. Wir zeigen zunächst, dass die Reihe mit diesen Summanden kompakt gleichmäßig auf P konvergiert.

Seien dazu reelle Zahlen $0 < s_i < r_i$ $(i = 1, \ldots, n)$ gegeben. Setze $s = (s_1, \ldots, s_n)$. Wähle $0 < t < 1$ mit $s_i/t < r_i$ für $i = 1, \ldots, n$ und beachte, dass für jedes $z \in P_s(a)$ und alle $j \in \mathbb{N}^n$ gilt

$$|f_j(z)| \leq \left(\frac{t}{s_\nu} \left| a_{j+e_\nu} \left(\frac{s}{t}\right)^{j+e_\nu} \right| \right)(j_\nu + 1)t^{|j|}.$$

Da für alle $N \in \mathbb{N}$ gilt

$$\sum_{j_1,\ldots,j_n=0}^{N} (j_\nu + 1)t^{|j|} \leq \left(\frac{1}{1-t}\right)^{n-1} \sum_{j=0}^{\infty} (j+1)t^j,$$

konvergiert die Reihe $\sum_{j \in \mathbb{N}^n} f_j$ nach dem Weierstraßschen Majorantenkriterium gleichmäßig auf $P_s(a)$.

Sei $\nu = 1$. Mit den Bezeichnungen aus dem Beweis von Lemma 1.14 gilt

$$\frac{\partial f}{\partial z}(z, w) = \sum_{k=0}^{\infty} \left(\sum_{\ell \in \mathbb{N}^{n-1}} a_{(k+1,\ell)}(w-a')^\ell \right)(k+1)(z-a_1)^k = \sum_{j \in \mathbb{N}^n} f_j(z, w)$$

für alle $(z, w) \in P$. Entsprechend zeigt man die Gültigkeit der behaupteten Formel für $\nu = 2, \ldots, n$. $\qquad\square$

Durch wiederholte Anwendung der letzten beiden Ergebnisse erhält man, dass Funktionen mit einer Potenzreihendarstellung unendlich oft komplex differenzierbar sind. Wir bezeichnen die partiellen komplexen Ableitungen höherer Ordnung einer Funktion f mit $\partial^\alpha f/\partial z^\alpha$ oder einfach $\partial^\alpha f$.

Korollar 1.16 *Sei $r \in (\mathbb{R}_+^*)^n$ und sei $\sum_{j \in \mathbb{N}^n} a_j(z-a)^j$ konvergent für $z \in P = P_r(a)$. Dann ist die Funktion*

$$f : P \to \mathbb{C}, \quad f(z) = \sum_{j \in \mathbb{N}^n} a_j(z-a)^j$$

unendlich oft partiell komplex differenzierbar. Die partiellen Ableitungen von f sind unabhängig von der Reihenfolge, und für alle $\alpha \in \mathbb{N}^n$, $z \in P$ gilt

(i) $\frac{\partial^\alpha f}{\partial z^\alpha}(z) = \sum_{j \in \mathbb{N}^n} a_{j+\alpha}(j_1 + 1) \ldots (j_1 + \alpha_1) \ldots (j_n + 1) \ldots (j_n + \alpha_n)(z-a)^j$,

(ii) $a_\alpha = \frac{\partial^\alpha f}{\partial z^\alpha}(a)/\alpha!$.

Beweis Nach Lemma 1.14 und Satz 1.15 ist f unendlich oft partiell komplex differenzierbar und alle partiellen Ableitungen sind wieder holomorph. Für $1 \le \mu, \nu \le n$ gilt mit $b_j = a_{j+e_\nu}(j_\nu + 1)$

$$\frac{\partial f}{\partial z_\nu}(z) = \sum_{j \in \mathbb{N}^n} b_j(z-a)^j \qquad (z \in P)$$

und

$$\frac{\partial^2 f}{\partial z_\mu \partial z_\nu}(z) = \sum_{j \in \mathbb{N}^n} c_j(z-a)^j \qquad (z \in P)$$

mit

$$c_j = b_{j+e_\mu}(j_\mu + 1) = \begin{cases} a_{j+2e_\nu}(j_\nu + 2)(j_\nu + 1); & \nu = \mu, \\ a_{j+e_\mu+e_\nu}(j_\nu + 1)(j_\mu + 1); & \nu \ne \mu. \end{cases}$$

Also sind die partiellen komplexen Ableitungen unabhängig von der Reihenfolge. Die Gültigkeit der behaupteten Potenzreihendarstellungen für $\frac{\partial^\alpha f}{\partial z^\alpha}$ ($\alpha \in \mathbb{N}^n$) folgt durch Induktion nach $|\alpha|$ mit Hilfe von Satz 1.15. Indem man beide Seiten von (i) im Punkt $z = a$ auswertet, erhält man die in (ii) behauptete Darstellung der Koeffizienten a_α. $\qquad\qquad \square$

1.3 Taylorreihen und Cauchy-Riemannsche Differentialgleichungen

Wir haben gesehen, dass Funktionen mit einer Potenzreihendarstellung holomorph sind. Indem man den Cauchy-Kern in der iterierten Cauchy-Formel (Satz 1.2) in eine Potenzreihe entwickelt, folgt umgekehrt, dass jede holomorphe Funktion lokal in eine Potenzreihe entwickelt werden kann. Gleichzeitig erhält man eine iterierte Cauchysche Integralformel für die partiellen Ableitungen.

Satz 1.17

Sei $R \in (\mathbb{R}_+^*)^n$ und sei $f : P_R(a) \to \mathbb{C}$ eine holomorphe Funktion auf dem offenen Polyzylinder $P_R(a)$ um a. Dann ist f unendlich oft partiell komplex differenzierbar, alle partiellen komplexen Ableitungen sind holomorph und es gilt:

(i) $f(z) = \sum_{j \in \mathbb{N}^n} \left(\frac{\partial^j f}{\partial z^j}(a)/j! \right)(z - a)^j$ *für $z \in P_R(a)$, wobei die Reihe kompakt gleichmäßig konvergiert,*

(ii) $\frac{\partial^j f}{\partial z^j}(a) = \frac{j!}{(2\pi i)^n} \int_{\partial_0 P} \frac{f(\xi)}{(\xi - a)^{j+e}} d\xi$ *für $j \in \mathbb{N}^n$ und jeden Polyzylinder $P = P_r(a)$ mit $r = (r_1, \ldots, r_n), 0 < r_i < R_i$.*

Hierbei ist definitionsgemäß $e = (1, 1, \ldots, 1)$.

Beweis Sei $r = (r_1, \ldots, r_n)$ mit $0 < r_\nu < R_\nu$ für $\nu = 1, \ldots, n$. Nach Satz 1.2 gilt für jedes $z \in P = P_r(a)$ (siehe auch Beispiel 1.13)

$$
\begin{aligned}
f(z) &= (2\pi i)^{-n} \int_{\partial_0 P} \frac{f(\xi)}{(\xi_1 - z_1) \ldots (\xi_n - z_n)} d\xi \\
&= (2\pi i)^{-n} \int_{\partial_0 P} \frac{f(\xi)}{(\xi_1 - a_1) \ldots (\xi_n - a_n)} \prod_{\nu=1}^n \left(1 - \frac{z_\nu - a_\nu}{\xi_\nu - a_\nu} \right)^{-1} d\xi \\
&= (2\pi i)^{-n} \int_{\partial_0 P} \left(\sum_{j \in \mathbb{N}^n} \frac{f(\xi)}{(\xi - a)^{j+e}}(z - a)^j \right) d\xi.
\end{aligned}
$$

Da sich die Terme der obigen Reihe gleichmäßig für $\xi \in \partial_0 P$ nach oben abschätzen lassen gegen

$$
\|f\|_{\partial_0 P} \, (1/r^e) \left(\left(\frac{|z_\nu - a_\nu|}{r_\nu} \right) \right)^j,
$$

darf man die Integration und Summation vertauschen (Satz 1.11). Damit ergeben sich alle Behauptungen als direkte Anwendung von Korollar 1.16. $\square$

Sei $U \subset \mathbb{C}^n$ offen und $f : U \to \mathbb{C}$ partiell komplex differenzierbar. Vermöge der Identifizierung

$$
\mathbb{R}^{2n} \xrightarrow{\sim} \mathbb{C}^n, \quad (x_1, y_1, \ldots, x_n, y_n) \mapsto (x_1 + iy_1, \ldots, x_n + iy_n)
$$

wird f zu einer Funktion von $2n$ reellen Variablen. Für $u = \mathrm{Re} f, v = \mathrm{Im} f$ erhält man mit den Cauchy-Riemannschen Differentialgleichungen

$$
\begin{aligned}
\frac{\partial f}{\partial z_j}(z) &= \frac{d}{dz} f(z_1, \ldots, z, \ldots, z_n)|_{z=z_j} = u_{x_j}(z) + i v_{x_j}(z) \\
&= \frac{1}{2}\left[(u_{x_j} + v_{y_j}) + i(v_{x_j} - u_{y_j}) \right](z) = \frac{1}{2}\left(\frac{\partial f}{\partial x_j} + \frac{1}{i}\frac{\partial f}{\partial y_j} \right)(z)
\end{aligned}
$$

und

$$\frac{1}{2}\left(\frac{\partial f}{\partial x_j} - \frac{1}{i}\frac{\partial f}{\partial y_j}\right)(z) = \frac{1}{2}\left[(u_{x_j} - v_{y_j}) + i(v_{x_j} + u_{y_j})\right](z) = 0.$$

Diese Beobachtungen nehmen wir zum Anlass für die folgende Definition.

▶   **Definition 1.18** Sei $f : U \to \mathbb{C}$ eine im reellen Sinne partiell differenzierbare Funktion auf der offenen Menge $U \subset \mathbb{C}^n \cong \mathbb{R}^{2n}$. Man definiert

$$\partial_j f\left(= \frac{\partial f}{\partial z_j}\right) = \frac{1}{2}\left(\frac{\partial f}{\partial x_j} + \frac{1}{i}\frac{\partial f}{\partial y_j}\right)$$

und

$$\overline{\partial}_j f\left(= \frac{\partial f}{\partial \overline{z}_j}\right) = \frac{1}{2}\left(\frac{\partial f}{\partial x_j} - \frac{1}{i}\frac{\partial f}{\partial y_j}\right)$$

für $1 \le j \le n$.

Man rechnet leicht nach, dass für partiell differenzierbare Funktionen $f, g : U \to \mathbb{C}$ und $1 \le j \le n$ gilt

(i) $\overline{\partial}_j(\overline{f}) = \overline{\partial_j f}$,   (ii) $\partial_j(f + g) = \partial_j f + \partial_j g$, $\partial_j(fg) = (\partial_j f)g + f(\partial_j g)$.

Die Regeln unter (ii) bleiben richtig für $\overline{\partial}_j$ statt ∂_j.

Satz 1.19
Für eine Funktion $f : U \to \mathbb{C}$ auf einer offenen Menge $U \subset \mathbb{C}^n$ sind äquivalent:

(i) *f ist holomorph;*
(ii) *f ist lokal (oder äquivalent auf jedem offenen Polyzylinder $P \subset U$) durch eine Potenzreihe darstellbar;*
(iii) *$f \in C^{\infty}(U)$ mit $\overline{\partial}_j f = 0$ für $j = 1, \dots, n$;*
(iv) *$f \in C^1(U)$ mit $\overline{\partial}_j f = 0$ für $j = 1, \dots, n$.*

Beweis Die Äquivalenz von (i) und (ii) folgt aus Lemma 1.14 und Satz 1.17.
Ist $f = u + iv$ mit reellwertigen Funktionen u und v lokal durch eine Potenzreihe darstellbar, so folgt aus Korollar 1.16, dass f unendlich oft partiell komplex differenzierbar ist.

Mit den eindimensionalen Cauchy-Riemannschen Differentialgleichungen erhält man die Stetigkeit der Funktionen

$$\frac{\partial f}{\partial z_j} = u_{x_j} + iv_{x_j} = v_{y_j} - iu_{y_j} \quad (1 \leq j \leq n).$$

Also ist $f \in C^1(U)$, und wie in den Bemerkungen vor Definition 1.18 folgt, dass $\overline{\partial}_j f = 0$ ist für $j = 1, \ldots, n$. Indem man dieses Argument wiederholt, folgt induktiv für alle $k \in \mathbb{N}$, dass $u, v \in C^k(U)$ sind und dass alle partiellen Ableitungen $D^\alpha u$, $D^\alpha v$ mit $|\alpha| = k$ Realteil oder äquivalent Imaginärteil geeigneter holomorpher Funktionen auf U sind. Also ist $f \in C^\infty(U)$.

Ist $f \in C^1(U)$ mit $\overline{\partial}_j f = 0$ für $j = 1, \ldots, n$, so ist f insbesondere total differenzierbar im reellen Sinne. Mit der Definition der $\overline{\partial}$-Ableitungen sowie den Bemerkungen vor Definition 1.18 folgt

$$u_{x_j} = v_{y_j}, \quad v_{x_j} = -u_{y_j} \quad (1 \leq j \leq n).$$

Als stetige Funktion, die in jeder Koordinatenrichtung stetig partiell differenzierbar ist und die Cauchy-Riemannschen Differentialgleichungen erfüllt, ist f holomorph im Sinne von Definition 1.1.   □

Eine Funktion, die sich lokal in eine Potenzreihe entwickeln lässt, nennen wir wie üblich *analytisch*. Der letzte Satz zeigt also insbesondere, dass auch in mehreren Veränderlichen eine Funktion genau dann holomorph ist, wenn sie analytisch ist. Man kann zeigen, dass sogar jede partiell komplex differenzierbare Funktion $f : U \to \mathbb{C}$ auf einer offenen Menge $U \subset \mathbb{C}^n$ holomorph ist. Die zusätzliche Forderung der Stetigkeit von f in unserer Definition der Holomorphie ist also eigentlich unnötig. Dieses erstaunliche Ergebnis geht zurück auf eine Arbeit von Hartogs aus dem Jahre 1906. Einen Beweis findet man etwa in [20] (Theorem 2.2.8).

Aufgaben

1.1 Sei $\tau : \mathbb{C}^n \to [0, \infty)^n$ definiert durch $\tau(a) = (|a_1|, \ldots, |a_n|)$. Eine offene Menge $\Omega \subset \mathbb{C}^n$ heißt *Reinhardt-Bereich*, falls $\tau^{-1}(\{\tau(a)\}) \subset \Omega$ für alle $a \in \Omega$ gilt. Ein Reinhardt-Bereich Ω heißt *vollständig*, falls $P_{\tau(a)}(0) \subset \Omega$ für alle $a \in \Omega$ gilt. Man zeige:

(a) Für alle $a = (a_1, \ldots, a_n) \in \mathbb{C}^n$ ist

$$\tau^{-1}(\{\tau(a)\}) = \{(a_1 e^{i\theta_1}, \ldots, a_n e^{i\theta_n}); \theta_1, \ldots, \theta_n \in [0, 2\pi]\}.$$

(b) Eine Menge $\Omega \subset \mathbb{C}^n$ ist genau dann ein Reinhardt-Bereich, wenn es eine offene Menge $W \subset [0, \infty)^n$ gibt mit $\Omega = \tau^{-1}(W)$.

(c) Ein Reinhardt-Bereich $\Omega \subset \mathbb{C}^n$ ist durch $\tau(\Omega)$ eindeutig bestimmt.

(d) Eine offene Menge $\Omega \subset \mathbb{C}^n$ ist genau dann ein vollständiger Reinhardt-Bereich, wenn es eine Familie $(P_i)_{i \in I}$ offener Polyzylinder $P_i \subset \mathbb{C}^n$ um $0 \in \mathbb{C}^n$ gibt mit $\Omega = \bigcup_{i \in I} P_i$.

1.2 (a) Man zeige, dass für $R > 0$ und $r \in (0, \infty)^n$ die Mengen $B_R(0)$ und $P_r(0)$ vollständige Reinhardt-Bereiche in $\mathbb{C}^n$ sind.

(b) Für $z \in \mathbb{C}^n$ sei $z' = (z_1, \ldots, z_{n-1}) \in \mathbb{C}^{n-1}$. Man zeige, dass für $n \geq 2$ und $r \in (0, 1)^n$ die Menge

$$H(r) = \{z \in \mathbb{C}^n;\ z' \in P_{r'}(0),\ |z_n| < 1\} \cup \{z \in \mathbb{C}^n;\ z' \in P_1(0),\ r_n < |z_n| < 1\}$$

ein nicht vollständiger Reinhardt-Bereich in $\mathbb{C}^n$ ist. Man skizziere $\tau(H(r))$ für $n = 2$.

1.3 Sei $f : D \to \mathbb{C}$ holomorph auf einer offenen Menge $D \subset \mathbb{C}^n$. Für $z = (z_1, \ldots, z_n)$ sei $\bar{z} = (\bar{z}_1, \ldots, \bar{z}_n)$ das komplex konjugierte Tupel. Man zeige, dass die Funktion

$$\tilde{f} : D^* = \{\bar{z};\ z \in D\} \to \mathbb{C},\ \tilde{f}(z) = \overline{f(\bar{z})}$$

holomorph ist und dass $\tilde{f}^{(\alpha)}(z) = (f^{(\alpha)})^{\sim}(z)$ für alle $\alpha \in \mathbb{N}^n$ und $z \in D^*$ gilt. (Hinweis: Man kann Potenzreihenentwicklungen benutzen.)

1.4 Seien $a = \sum_{j \in \mathbb{N}^n} a_j, b = \sum_{j \in \mathbb{N}^n} b_j$ absolut konvergente Reihen und sei

$$c_l = \sum_{j+k=l} a_j b_k \qquad (l \in \mathbb{N}^n).$$

(a) Man zeige, dass die Reihen $\sum_{l \in \mathbb{N}^n} c_l$ und $\sum_{(j,k) \in \mathbb{N}^{2n}} a_j b_k$ absolut konvergieren.

(b) Man benutze Satz 1.8 und Satz 1.6, um zu zeigen, dass

$$\sum_{(j,k) \in \mathbb{N}^{2n}} a_j b_k = ab = \sum_{l \in \mathbb{N}^n} c_l.$$

Elementare Eigenschaften holomorpher Funktionen

Zu den wichtigsten Ergebnissen der Funktionentheorie einer Veränderlichen gehören der Satz über die Gebietstreue, der Identitätssatz, das Maximumprinzip, der Satz von Weierstraß über die Vererbung von Holomorphie unter kompakt gleichmäßiger Konvergenz und der Satz von Montel. Wir zeigen, dass alle diese Resultate richtig bleiben in der mehrdimensionalen Funktionentheorie. Danach beweisen wir komplexe Versionen der Kettenregel, des Satzes über implizite Funktionen und als Anwendung einen Satz über lokale Biholomorphie. Wir zeigen, dass holomorphe Funktionen auf kreisförmigen Gebieten durch kompakt gleichmäßig konvergente Reihen homogener Polynome dargestellt werden können, beweisen Cartans Satz über biholomorphe Abbildungen zwischen beschränkten kreisförmigen Gebieten und bestimmen als Anwendung die Automorphismengruppe des Einheitspolyzylinders. Als erstes Indiz für grundlegende Unterschiede zur eindimensionalen Funktionentheorie beweisen wir Poincarés Satz über die holomorphe Inäquivalenz von Einheitskugel und Einheitspolyzylinder.

2.1 Grundprinzipien

Die iterierte Cauchysche Integralformel erlaubt es wie in der Funktionentheorie einer Veränderlichen Abschätzungen für das Wachstum der Taylorkoeffizienten holomorpher Funktionen herzuleiten.

> **Satz 2.1 (Cauchysche Ungleichungen)**
> Sei $R \in (\mathbb{R}_+^*)^n$ und sei $f \in \mathcal{O}(P_R(a))$ eine holomorphe Funktion auf dem Polyzylinder $P_R(a)$ um a. Dann gilt für alle $\alpha \in \mathbb{N}^n$ und alle Multiradien $r = (r_i)$ mit $0 < r_i < R_i$

© Springer-Verlag GmbH Deutschland 2017

J. Eschmeier, *Funktionentheorie mehrerer Veränderlicher*, Springer-Lehrbuch Masterclass, https://doi.org/10.1007/978-3-662-55542-2_2

$(1 \le i \le n)$ *die Abschätzung*

$$|\partial^\alpha f(a)| \le (\alpha!/r^\alpha)\, \|f\|_{\partial_0 P_r(a)}.$$

Ist f beschränkt, so gilt für alle $\alpha \in \mathbb{N}^n$

$$|\partial^\alpha f(a)| \le (\alpha!/R^\alpha)\, \|f\|_{P_R(a)}.$$

Beweis Nach Satz 1.17 und der Standardabschätzung für iterierte Kurvenintegrale folgt für $P = P_r(a)$

$$|\partial^\alpha f(a)| = \left| (\alpha!/(2\pi i)^n) \int\limits_{\partial_0 P} \frac{f(\xi)}{(\xi - a)^{\alpha + e}}\, d\xi \right| \le (\alpha!/r^\alpha)\|f\|_{\partial_0 P}.$$

Die zweite Aussage von Satz 2.1 folgt hieraus durch den Grenzübergang $r \to R$. $\qquad\square$

Mit Hilfe der Cauchyschen Abschätzungen kann man zeigen, dass die kompakt gleichmäßige Konvergenz einer Folge holomorpher Funktionen die kompakt gleichmäßige Konvergenz aller partiellen Ableitungen impliziert.

Korollar 2.2 *Sei $U \subset \mathbb{C}^n$ offen und seien $f_k \in \mathcal{O}(U)$ ($k \in \mathbb{N}$) analytische Funktionen. Konvergiert die Folge (f_k) kompakt gleichmäßig auf U gegen eine Funktion $f : U \to \mathbb{C}$, so ist f analytisch und für jedes $\alpha \in \mathbb{N}^n$ konvergiert die Folge $(\partial^\alpha f_k)_{k \in \mathbb{N}}$ kompakt gleichmäßig auf U gegen $\partial^\alpha f$.*

Beweis Als kompakt gleichmäßiger Limes einer Folge stetiger Funktionen ist f stetig. Für jedes $a \in U$ und jeden Index $1 \le j \le n$ ist

$$\{z \in \mathbb{C};\ (a_1, \dots, a_{j-1}, z, a_{j+1}, \dots, a_n) \in U\} \to \mathbb{C}, \quad z \mapsto f(a_1, \dots, z, \dots, a_n)$$

holomorph als kompakt gleichmäßiger Limes einer Folge holomorpher Funktionen einer Veränderlichen. Also ist $f \in \mathcal{O}(U)$.

Ist $a \in U$ und sind $R, r > 0$ reelle Zahlen mit $\overline{P}_{R+r}(a) \subset U$, so folgt mit Hilfe der Cauchyschen Abschätzungen (Satz 2.1) für alle $\alpha \in \mathbb{N}^n$ und $w \in \overline{P}_R(a)$ mit $P = \overline{P}_{R+r}(a)$ die Ungleichung

$$|\partial^\alpha(f - f_k)(w)| \le (\alpha!/r^{|\alpha|})\|f - f_k\|_P \overset{(k \to \infty)}{\longrightarrow} 0.$$

Also konvergiert für jedes $\alpha \in \mathbb{N}^n$ die Folge $(\partial^\alpha f_k)_{k \in \mathbb{N}}$ lokal und damit auch kompakt gleichmäßig auf U gegen $\partial^\alpha f$. $\square$

Wie im eindimensionalen Fall folgt aus dem Satz über die Taylorentwicklung holomorpher Funktionen (Satz 1.17) eine mehrdimensionale Version des Identitätssatzes.

> **Satz 2.3 (Identitätssatz)**
> *Sei $G \subset \mathbb{C}^n$ ein Gebiet (das heißt eine zusammenhängende offene oder, äquivalent, wegzusammenhängende offene Menge) und sei $f \in \mathcal{O}(G)$ eine holomorphe Funktion. Dann sind äquivalent:*
>
>   (i) *Es gibt eine offene Menge $\varnothing \neq U \subset G$ mit $f|U \equiv 0$;*
> (ii) *es gibt einen Punkt $a \in G$ mit $\partial^\alpha f(a) = 0$ für alle $\alpha \in \mathbb{N}^n$;*
> (iii) *$f \equiv 0$.*

Beweis   Es genügt die Implikation (ii) $\Rightarrow$ (iii) zu beweisen. Diese folgt jedoch direkt aus dem Zusammenhang von G, da die Mengen

$$U = \{z \in G;\ \partial^\alpha f(z) = 0 \text{ für alle } \alpha \in \mathbb{N}^n\},$$
$$V = G \setminus U = \bigcup_{\alpha \in \mathbb{N}^n} \{z \in G;\ \partial^\alpha f(z) \neq 0\}$$

nach Satz 1.17 beide offen sind. $\square$

Wie etwa das Beispiel der Koordinatenfunktionen $\pi_i : \mathbb{C}^n \to \mathbb{C}$ zeigt, kann man im Falle $n > 1$ die Bedingung (i) aus Satz 2.3 nicht abschwächen zu der Bedingung, dass f auf einer nicht diskreten Teilmenge von G verschwindet.

> **Satz 2.4 (Prinzip der offenen Abbildung)**
> *Sei $f \in \mathcal{O}(G)$ eine nicht konstante holomorphe Funktion auf einem Gebiet $G \subset \mathbb{C}^n$. Dann ist $f(U) \subset \mathbb{C}$ offen für jede offene Menge $U \subset G$.*

Beweis Sei $a \in U$ und sei $r > 0$ so, dass $P = P_r(a) \subset U$ ist. Es genügt zu zeigen, dass $f(P)$ eine Umgebung von $f(a)$ ist. Nach Satz 2.3 gibt es ein $z \in P$ mit $f(z) \neq f(a)$. Setze

$$k = \min\{\nu = 1, \ldots, n;\ f(z_1, \ldots, z_\nu, a_{\nu+1}, \ldots, a_n) \neq f(a)\}.$$

Dann ist die holomorphe Funktion

$$h : D_r(a_k) \to \mathbb{C}, \ h(\xi) = f(z_1, \ldots, z_{k-1}, \xi, a_{k+1} \ldots, a_n)$$

nicht konstant mit $h(a_k) = f(a)$. Nach dem Satz der Gebietstreue aus der eindimensionalen Funktionentheorie enthält $f(P)$ die offene Umgebung $h(D_r(a_k))$ von $f(a)$.   □

Bemerkung 2.5 Mit der Idee aus dem Beweis von Satz 2.4 folgt auch, dass eine holomorphe Funktion $f \in \mathcal{O}(G)$ auf einem Gebiet $G \subset \mathbb{C}^n$ mit $\partial_\nu f \equiv 0$ für $\nu = 1, \ldots, n$ konstant ist.

Das Prinzip der offenen Abbildung impliziert das Maximumprinzip für $\mathbb{C}$-wertige holomorphe Funktionen von n Veränderlichen.

Satz 2.6 (Maximumprinzip)
Sei $U \subset \mathbb{C}^n$ offen und sei $f \in \mathcal{O}(U)$.

(a) *Hat $|f|$ in einem Punkt $a \in U$ ein lokales Maximum, so ist f konstant auf der Komponente C von a in U.*
(b) *Ist U beschränkt, $g \in C(\overline{U})$ und $g|U$ holomorph, so gilt*

$$|g(z)| \leq \|g\|_{\partial U} \quad (z \in \overline{U}).$$

Beweis (a) Ist $|f| \leq |f(a)|$ auf einem Polyzylinder $P_r(a) \subset U$, so ist $f(a) \in \partial f(P_r(a))$. Also ist $f(P_r(a))$ nicht offen. Nach Satz 2.4 ist f konstant auf der Komponente von a in U.
(b) Da g stetig ist auf dem Kompaktum $\overline{U}$, existiert ein $a \in \overline{U}$ mit $|g(a)| = \|g\|_{\overline{U}}$. Ist $a \in U$, so gilt nach Teil (a)

$$g|C \equiv g(a)$$

auf der Komponente C von a in U. Da $\emptyset \neq \partial C \subset \partial U$ und da $g|\partial C \equiv g(a)$ ist, folgt in jedem Fall die Behauptung.   □

Sei $U \subset \mathbb{C}^n$ offen. Eine Menge $M \subset \mathcal{O}(U)$ heißt beschränkt, falls

$$\sup_{f \in M} \|f\|_K < \infty$$

ist für jede kompakte Menge $K \subset U$.

Satz 2.7 (Satz von Montel)

Sei $U \subset \mathbb{C}^n$ offen und $\{f_k; \; k \in \mathbb{N}\} \subset \mathcal{O}(U)$ beschränkt. Dann hat $(f_k)_{k \in \mathbb{N}}$ eine kompakt gleichmäßig konvergente Teilfolge.

Beweis (i) Sei $M \subset \mathcal{O}(U)$ beschränkt. Wir zeigen zunächst, dass M in jedem Punkt $a \in U$ gleichstetig ist. Dazu wählen wir einen Polyzylinder $P = P_r(a)$ mit $\overline{P} \subset U$ ($r \in \mathbb{R}_+^*$) und setzen

$$s = \sup\{\|f\|_{\partial_0 P}; \; f \in M\}.$$

Nach der iterierten Cauchyschen Integralformel (Satz 1.2) gilt für alle $z \in P_{\frac{r}{2}}(a)$

$$|f(z) - f(a)| \quad = \quad \left| \left(\tfrac{1}{2\pi i}\right)^n \int_{\partial_0 P} \left(\frac{f(\xi)}{(\xi - z)^e} - \frac{f(\xi)}{(\xi - a)^e} \right) d\xi \right|$$

$$= \quad \left| \left(\tfrac{1}{2\pi i}\right)^n \int_{\partial_0 P} \frac{(\xi - a)^e - (\xi - z)^e}{(\xi - z)^e (\xi - a)^e} f(\xi) \, d\xi \right|.$$

Für $\xi \in \partial_0 P$ und $z \in P_{\frac{r}{2}}(a)$ gilt

$$|(\xi - a)^e - (\xi - z)^e| =$$

$$\left| \sum_{\nu=1}^{n} (\xi_1 - a_1) \cdot \ldots \cdot (\xi_{\nu-1} - a_{\nu-1})(z_\nu - a_\nu)(\xi_{\nu+1} - z_{\nu+1}) \cdot \ldots \cdot (\xi_n - z_n) \right|$$

$$\leq n(2r)^{n-1} \|z - a\|,$$

wobei das erste Gleichheitszeichen durch einfache Induktion nach n folgt. Also ist

$$|f(z) - f(a)| \leq n \, 2^{n-1} 2^n \frac{r^{n-1}}{r^n} s \|z - a\|$$

für alle $z \in P_{\frac{r}{2}}(a)$ und alle $f \in M$.

(ii) Mit dem Satz von Arzela-Ascoli (Theorem 7.6.1 in [24]) oder direkt mit einem Diagonalverfahren (vgl. Satz 7.2.2 in [23]) folgt aus der Gleichstetigkeit und der punktweisen Beschränktheit von $\{f_k; \, k \in \mathbb{N}\}$ die Existenz einer kompakt gleichmäßig konvergenten Teilfolge. Da dieses Argument identisch ist mit dem entsprechenden Beweis im eindimensionalen Fall, führen wir die Einzelheiten nicht aus. $\qquad\square$

2.2   Komposition holomorpher Abbildungen

Eine grundlegende Rolle in der reellen mehrdimensionalen Analysis spielt die Kettenregel. Als Anwendung der reellen Kettenregel beweisen wir einen entsprechen Satz für die im ersten Kapitel definierten komplexen partiellen Ableitungen stetig partiell differenzierbarer Funktionen auf offenen Mengen in $\mathbb{C}^n$.

▶   **Definition 2.8** Sei $U \subset \mathbb{C}^n$ offen. Eine Abbildung $f = (f_1, \dots, f_m) : U \to \mathbb{C}^m$ heißt *holomorph*, falls alle $f_j : U \to \mathbb{C}$ $(j = 1, \dots, m)$ holomorph sind. Wir schreiben

$$\mathcal{O}(U, \mathbb{C}^m) = \{f;\ f : U \to \mathbb{C}^m \text{ ist holomorph}\}.$$

Wie zuvor identifizieren wir $\mathbb{R}^{2n}$ mit $\mathbb{C}^n$ vermöge

$$\mathbb{R}^{2n} \cong \mathbb{C}^n, \quad (x_1, y_1, \dots, x_n, y_n) \mapsto (x_1 + iy_1, \dots, x_n + iy_n)$$

und entsprechend $\mathbb{R}^{2m} \cong \mathbb{C}^m$. Ist $f = (f_1, \dots, f_m) : U \to \mathbb{C}^m, f_j = u_j + iv_j$ (u_j, v_j reellwertig) im reellen Sinne total differenzierbar in $a \in U$, so bezeichnet wie üblich

$$J_f^{\mathbb{R}}(a) = \begin{pmatrix} \frac{\partial u_1}{\partial x_1}(a) & \frac{\partial u_1}{\partial y_1}(a) & \cdots & \frac{\partial u_1}{\partial y_n}(a) \\ \frac{\partial v_1}{\partial x_1}(a) & \frac{\partial v_1}{\partial y_1}(a) & \cdots & \frac{\partial v_1}{\partial y_n}(a) \\ \vdots & & & \vdots \\ \frac{\partial v_m}{\partial x_1}(a) & \frac{\partial v_m}{\partial y_1}(a) & \cdots & \frac{\partial v_m}{\partial y_n}(a) \end{pmatrix}$$

die reelle *Jacobi-Matrix* von f in a. Wir schreiben rg$A$ für den Rang einer Matrix A.

Lemma 2.9 *Ist $f \in \mathcal{O}(U, \mathbb{C}^m)$ eine holomorphe Abbildung auf der offenen Menge U in $\mathbb{C}^n$, so ist für jedes $a \in U$ das reelle totale Differential*

$$Df(a) : \mathbb{C}^n = \mathbb{R}^{2n} \to \mathbb{C}^m = \mathbb{R}^{2m}$$

$\mathbb{C}$-*linear, und*

$$J_f(a) = \begin{pmatrix} \partial_1 f_1(a) & \cdots & \partial_n f_1(a) \\ \vdots & & \vdots \\ \partial_1 f_m(a) & \cdots & \partial_n f_m(a) \end{pmatrix} \in M(m \times n, \mathbb{C})$$

ist die darstellende Matrix von $Df(a)$ bezüglich der kanonischen Basen von $\mathbb{C}^n$ und $\mathbb{C}^m$. Für $n = m$ gilt

$$\det J_f^{\mathbb{R}}(a) = |\det J_f(a)|^2.$$

Beweis (i) Sei $T = Df(a) : \mathbb{R}^{2n} \to \mathbb{R}^{2m}$ das reelle totale Differential von f in $a \in U$. Die $\mathbb{R}$-lineare Abbildung T ist $\mathbb{C}$-linear genau dann, wenn $T(ie_\nu) = iTe_\nu$ ($\nu = 1, \ldots, 2n$) für die kanonischen Basisvektoren e_ν des $\mathbb{R}^{2n}$ gilt. Wegen

$$ie_{2\nu-1} = e_{2\nu}, \quad ie_{2\nu} = -e_{2\nu-1} \quad (\nu = 1, \ldots, n)$$

ist die $\mathbb{C}$-Linearität von T äquivalent zur Gültigkeit der Gleichungen

$$\frac{\partial u_\mu}{\partial y_\nu}(a) = -\frac{\partial v_\mu}{\partial x_\nu}(a), \quad \frac{\partial v_\mu}{\partial y_\nu}(a) = \frac{\partial u_\mu}{\partial x_\nu}(a)$$

für $\mu = 1, \ldots, m$ und $\nu = 1, \ldots, n$. Dies sind genau die Cauchy-Riemannschen Differentialgleichungen (vgl. Definition 1.18)

$$\bar{\partial}_\nu f_\mu(a) = 0 \quad (\mu = 1, \ldots, m, \ \nu = 1, \ldots, n).$$

Nach Satz 1.19 gelten diese Gleichungen für jede Funktion $f \in \mathcal{O}(U, \mathbb{C}^m)$.
(ii) Die ν-te Spalte ($1 \leq \nu \leq n$) der komplexen darstellenden Matrix von $Df(a)$ ist

$$Df(a)e_{2\nu-1} = \begin{pmatrix} \frac{\partial u_1}{\partial x_\nu}(a) \\ \frac{\partial v_1}{\partial x_\nu}(a) \\ \vdots \\ \frac{\partial v_m}{\partial x_\nu}(a) \end{pmatrix} = \begin{pmatrix} \frac{\partial f_1}{\partial z_\nu}(a) \\ \vdots \\ \frac{\partial f_m}{\partial z_\nu}(a) \end{pmatrix} \in \mathbb{C}^m.$$

(iii) Sei $n = m$. Durch zweimaliges Anwenden derselben Permutation (einmal auf die Zeilen, einmal auf die Spalten) erhält man die erste der folgenden Identitäten:

$$\det J_f^{\mathbb{R}}(a) = \det \left(\begin{array}{c|c} \left(\frac{\partial u_\mu}{\partial x_\nu}(a)\right)_{\mu,\nu} & \left(\frac{\partial u_\mu}{\partial y_\nu}(a)\right)_{\mu,\nu} \\ \hline \left(\frac{\partial v_\mu}{\partial x_\nu}(a)\right)_{\mu,\nu} & \left(\frac{\partial v_\mu}{\partial y_\nu}(a)\right)_{\mu,\nu} \end{array} \right)$$

$$= \det_{\mathbb{C}} \left(\begin{array}{c|c} \left(\frac{\partial u_\mu}{\partial x_\nu}(a) + i\frac{\partial v_\mu}{\partial x_\nu}(a)\right)_{\mu,\nu} & \left(i\frac{\partial u_\mu}{\partial x_\nu}(a) - \frac{\partial v_\mu}{\partial x_\nu}(a)\right)_{\mu,\nu} \\ \hline \left(\frac{\partial v_\mu}{\partial x_\nu}(a)\right)_{\mu,\nu} & \left(\frac{\partial u_\mu}{\partial x_\nu}(a)\right)_{\mu,\nu} \end{array} \right)$$

$$= \det_{\mathbb{C}} \left(\begin{array}{c|c} \left(\frac{\partial f_\mu}{\partial z_\nu}(a)\right)_{\mu,\nu} & 0 \\ \hline * & \overline{\left(\frac{\partial f_\mu}{\partial z_\nu}(a)\right)}_{\mu,\nu} \end{array} \right)$$

$$= |\det J_f(a)|^2.$$

Die übrigen Identitäten folgen durch offensichtliche elementare Zeilen- und Spaltenumformungen und Anwendung der Cauchy-Riemannschen Differentialgleichungen. $\qquad \square$

Die $\mathbb{R}$-linearen Abbildungen

$$dz_k : \mathbb{C}^n \to \mathbb{C}, \quad (z_1, \ldots, z_n) \mapsto z_k,$$
$$d\bar{z}_k : \mathbb{C}^n \to \mathbb{C}, \quad (z_1, \ldots, z_n) \mapsto \bar{z}_k$$

$(1 \le k \le n)$ bilden eine Basis des $\mathbb{C}$-Vektorraumes

$$\Lambda = \{\varphi; \ \varphi : \mathbb{C}^n \to \mathbb{C} \text{ ist } \mathbb{R}\text{-linear}\}.$$

Denn die Koordinatenprojektionen auf $\mathbb{C}^n \cong \mathbb{R}^{2n}$

$$dx_k : \mathbb{C}^n \to \mathbb{C}, \ (z_1, \ldots, z_n) \mapsto \operatorname{Re} z_k, \quad dy_k : \mathbb{C}^n \to \mathbb{C}, \ (z_1, \ldots, z_n) \mapsto \operatorname{Im} z_k$$

$(1 \le k \le n)$ bilden eine Basis des $\mathbb{C}$-Vektorraumes Λ, und es gilt

$$\left(\begin{array}{ccc} \begin{pmatrix} 1 & i \\ 1 & -i \end{pmatrix} & & 0 \\ & \ddots & \\ 0 & & \begin{pmatrix} 1 & i \\ 1 & -i \end{pmatrix} \end{array} \right) \begin{pmatrix} dx_1 \\ dy_1 \\ \vdots \\ dx_n \\ dy_n \end{pmatrix} = \begin{pmatrix} dz_1 \\ d\bar{z}_1 \\ \vdots \\ dz_n \\ d\bar{z}_n \end{pmatrix},$$

wobei die Matrix in $\mathrm{GL}(2n, \mathbb{C})$ liegt. Hierbei bezeichnen wir wie üblich mit $\mathrm{GL}(m, \mathbb{C})$ die Menge der invertierbaren komplexen $m \times m$-Matrizen.

Sei $U \subset \mathbb{C}^n \cong \mathbb{R}^{2n}$ offen und $f \in C^1(U)$. Dann gilt für alle $a \in U$

$$\begin{aligned} Df(a) &= \sum_{\nu=1}^{n} \left(\frac{\partial f}{\partial x_\nu}(a) dx_\nu + \frac{\partial f}{\partial y_\nu}(a) dy_\nu \right) \\ &= \sum_{\nu=1}^{n} \frac{1}{2} \left(\frac{\partial f}{\partial x_\nu}(a) + \frac{1}{i} \frac{\partial f}{\partial y_\nu}(a) \right) (dx_\nu + i dy_\nu) + \frac{1}{2} \left(\frac{\partial f}{\partial x_\nu}(a) - \frac{1}{i} \frac{\partial f}{\partial y_\nu}(a) \right) (dx_\nu - i dy_\nu) \\ &= \sum_{\nu=1}^{n} \left(\frac{\partial f}{\partial z_\nu}(a) dz_\nu + \frac{\partial f}{\partial \bar{z}_\nu}(a) d\bar{z}_\nu \right), \end{aligned}$$

wobei wir Definition 1.18 benutzt haben.

Lemma 2.10 (Kettenregel) *Seien $U \subset \mathbb{C}^n$, $V \subset \mathbb{C}^m$ offen und $f \in C^1(U, \mathbb{C}^m)$, $g \in C^1(V)$ mit $f(U) \subset V$. Dann gilt für $\nu = 1, \ldots, n$*

$$\partial_\nu(g \circ f) = \sum_{\mu=1}^{m} (\partial_\mu g) \circ f(\partial_\nu f_\mu) + (\overline{\partial}_\mu g) \circ f(\partial_\nu \bar{f}_\mu),$$
$$\overline{\partial}_\nu(g \circ f) = \sum_{\mu=1}^{m} (\partial_\mu g) \circ f(\overline{\partial}_\nu f_\mu) + (\overline{\partial}_\mu g) \circ f(\overline{\partial}_\nu \bar{f}_\mu).$$

Sind g und f holomorph, so ist auch $g \circ f$ holomorph.

Beweis Sei $a \in U$. Durch zweimaliges Anwenden der Lemma 2.10 vorausgehenden Bemerkungen folgt mit Hilfe der reellen Kettenregel

$$\sum_{\nu=1}^{n} \partial_{\nu}(g \circ f)(a)dz_{\nu} + \overline{\partial}_{\nu}(g \circ f)(a)d\overline{z}_{\nu}$$

$$= D(g \circ f)(a) = (Dg)(f(a)) \circ Df(a)$$

$$= \sum_{\mu=1}^{m} (\partial_{\mu}g)(f(a))(dz_{\mu} \circ Df(a)) + (\overline{\partial}_{\mu}g)(f(a))(d\overline{z}_{\mu} \circ Df(a)).$$

Indem man dieselben Argumente auf die Spezialfälle $g = z_{\mu}$ und $g = \overline{z}_{\mu}$ anwendet, erhält man

$$dz_{\mu} \circ Df(a) = D(z_{\mu} \circ f)(a) = \sum_{\nu=1}^{n} (\partial_{\nu}f_{\mu})(a)dz_{\nu} + (\overline{\partial}_{\nu}f_{\mu})(a)d\overline{z}_{\nu},$$

$$d\overline{z}_{\mu} \circ Df(a) = D(\overline{z}_{\mu} \circ f)(a) = \sum_{\nu=1}^{n} (\partial_{\nu}\overline{f}_{\mu})(a)dz_{\nu} + (\overline{\partial}_{\nu}\overline{f}_{\mu})(a)d\overline{z}_{\nu}.$$

Durch Einsetzen der beiden letzten Identitäten und Vergleich der Koeffizienten bei dz_{ν} und $d\overline{z}_{\nu}$ folgt die Behauptung.

Sind g und f holomorph, so ist nach Satz 1.19 auch die Komposition $g \circ f$ eine holomorphe Funktion. $\square$

Für die komplexe Jacobi-Matrix einer Komposition holomorpher Abbildungen gilt dieselbe Formel wie für die Jacobi-Matrix einer Komposition reell total differenzierbarer Funktionen.

Korollar 2.11 *Seien $U \subset \mathbb{C}^n$, $V \subset \mathbb{C}^m$ offen. Sind $f \in \mathcal{O}(U, \mathbb{C}^m)$ und $g \in \mathcal{O}(V, \mathbb{C}^k)$ holomorphe Abbildungen mit $f(U) \subset V$, so ist $g \circ f \in \mathcal{O}(U, \mathbb{C}^k)$, und für $a \in U$ gilt*

$$J_{g \circ f}(a) = J_g(f(a)) \cdot J_f(a).$$

Beweis Nach Lemma 2.10 ist $g \circ f \in \mathcal{O}(U, \mathbb{C}^k)$, und es gilt

$$\partial_{\nu}(g_j \circ f) = \sum_{\mu=1}^{m} (\partial_{\mu}g_j) \circ f \ (\partial_{\nu}f_{\mu})$$

für $j = 1, \dots, k$, $\nu = 1, \dots, n$. $\square$

2.3   Implizite Funktionen und Biholomorphie

Aus dem Satz über implizite Funktionen aus der reellen Analysis lässt sich sehr einfach eine komplexe Version herleiten. Analog zum Satz über die lokale reelle C^k-Invertierbarkeit erhält man als Folgerung einen Satz über die lokale Biholomorphie holomorpher Abbildungen von n Veränderlichen mit Werten in $\mathbb{C}^n$.

Satz 2.12 (Implizite Funktionen)
Seien $U_1 \subset \mathbb{C}^k$, $U_2 \subset \mathbb{C}^m$ offene Umgebungen der Punkte $a \in \mathbb{C}^k$, $b \in \mathbb{C}^m$. Ist

$$F : U_1 \times U_2 \to \mathbb{C}^m, \quad (z, w) \mapsto F(z, w)$$

holomorph mit $F(a, b) = 0$ und

$$\frac{\partial F}{\partial w}(a, b) \left(= \left(\frac{\partial F_\mu}{\partial w_\nu}(a, b) \right)_{1 \le \mu, \nu \le m} \right) \in \mathrm{GL}(m, \mathbb{C}),$$

so gibt es offene Umgebungen $V_1 \subset U_1$ von a, $V_2 \subset U_2$ von b und eine holomorphe Abbildung $g : V_1 \to V_2$ mit

$$\{(z, w) \in V_1 \times V_2;\ F(z, w) = 0\} = \{(z, g(z));\ z \in V_1\}.$$

Beweis Nach eventuellem Verkleinern von U_1 und U_2 dürfen wir annehmen, dass $\frac{\partial F}{\partial w}(z, w) \in \mathrm{GL}(m, \mathbb{C})$ ist für alle $(z, w) \in U_1 \times U_2$. Da nach Lemma 2.9 die reelle Jacobi-Matrix

$$J^{\mathbb{R}}_{F(a, \cdot)}(b) \in \mathrm{GL}(2m, \mathbb{R})$$

invertierbar ist, gibt es nach dem reellen Satz über implizite Funktionen eine C^∞-Abbildung $g : V_1 \to V_2$ zwischen offenen Umgebungen $V_1 \subset U_1$ von a und $V_2 \subset U_2$ von b mit

$$\{(z, w) \in V_1 \times V_2;\ F(z, w) = 0\} = \{(z, g(z));\ z \in V_1\}.$$

Die Kettenregel (Lemma 2.10), angewendet auf die Identität $F(z, g(z)) = 0$, ergibt

$$0 = \overline{\partial}_\nu \left(F_j(z, g(z)) \right) = \sum_{\mu=1}^{m} \left(\frac{\partial F_j}{\partial w_\mu} \right) (z, g(z))(\overline{\partial}_\nu g_\mu)(z)$$

für $j = 1, \ldots, m$ und $\nu = 1, \ldots, k$. Da nach Voraussetzung die partiellen Jacobi-Matrizen von F invertierbar sind, folgt aus

$$\frac{\partial F}{\partial w}(z, g(z)) \cdot \left((\overline{\partial}_\nu g_\mu)(z) \right)_{\mu, \nu} = 0,$$

dass $g : V_1 \to V_2$ holomorph ist. $\qquad \square$

Wie in der reellen Analysis kann man als Folgerung einen Satz über lokale (holomorphe) Invertierbarkeit beweisen.

Satz 2.13 (Lokale Biholomorphie)
Sei $U \subset \mathbb{C}^n$ offen und sei $f : U \to \mathbb{C}^n$ eine holomorphe Abbildung. Ist $a \in U$ ein Punkt mit $J_f(a) \in \mathrm{GL}(n, \mathbb{C})$, so existieren offene Umgebungen $W \subset U$ von a und $V \subset \mathbb{C}^n$ von $f(a)$ mit $f(W) = V$ und so, dass die von f induzierte Abbildung $f : W \to V$ biholomorph ist.

Beweis Setzt man $b = f(a)$, so definiert

$$F : \mathbb{C}^n \times U \to \mathbb{C}^n, \quad (z, w) \mapsto z - f(w)$$

eine holomorphe Abbildung mit $F(b, a) = 0$ und $\frac{\partial F}{\partial w}(b, a) = -J_f(a)$. Nach dem Satz über implizite Funktionen (Satz 2.12) existieren offene Umgebungen V von b und $W \subset U$ von a sowie eine holomorphe Abbildung $g : V \to W$ mit

$$\{(z, w) \in V \times W; \; z = f(w)\} = \{(z, g(z)); \; z \in V\}.$$

Indem man W gegebenenfalls verkleinert zu $W \cap f^{-1}(V)$, darf man annehmen, dass zusätzlich $f(W) \subset V$ gilt. Offensichtlich ist dann $f(W) = V$, und die von f induzierte Abbildung $f : W \to V$ ist bijektiv mit g als Umkehrabbildung. $\qquad \square$

Alle bisher bewiesenen Resultate sind mehrdimensionale oder komplexe Versionen wohlbekannter Ergebnisse aus der Funktionentheorie einer Variablen oder der reellen Analysis mehrerer Veränderlicher. Der folgende, auf Poincaré zurückgehende Satz macht zum ersten Mal deutlich, dass in der mehrdimensionalen Funktionentheorie neue Phänomene auftreten können. Im Folgenden bezeichnen wir mit $\mathbb{D}$ den offenen Einheitskreis in $\mathbb{C}$ und mit $\mathbb{D}^n = P_1(0)$ den offenen Einheitspolyzylinder in $\mathbb{C}^n$.

Satz 2.14 (Poincaré)

Für $n > 1$ gibt es keine biholomorphe Abbildung

$$f : \mathbb{D}^n \longrightarrow B_1(0) = \{z \in \mathbb{C}^n;\ \|z\| < 1\}.$$

Beweis Wir nehmen an, dass eine biholomorphe Abbildung $f : \mathbb{D}^n \to B_1(0)$ existiert. Wir schreiben die Elemente von $\mathbb{C}^n$ in der Form (z, w) mit $z \in \mathbb{C}^{n-1}$, $w \in \mathbb{C}$ und fixieren einen Punkt $b \in \mathbb{D}$. Um einen Widerspruch herzuleiten, zeigen wir zunächst, dass für die durch

$$f_b : \mathbb{D}^{n-1} \to \mathbb{C}^n, \quad f_b(z) = \left(\frac{\partial f_1}{\partial w}(z, b), \ldots, \frac{\partial f_n}{\partial w}(z, b) \right)$$

definierte holomorphe Funktion gilt

$$\lim_{\|z\|_\infty \to 1} f_b(z) = 0.$$

Sei dazu (z_k) eine Folge in $\mathbb{D}^{n-1}$ mit $\lim_{k \to \infty} \|z_k\|_\infty = 1$. Es genügt zu zeigen, dass eine Teilfolge von $\left(f_b(z_k) \right)_{k \in \mathbb{N}}$ existiert, die gegen 0 konvergiert. Indem man den Satz von Montel sukzessive auf die Koordinatenfunktionen von $\left(f(z_k, \cdot) \right)_{k \in \mathbb{N}}$ anwendet, darf man nach n-maligem Übergang zu einer Teilfolge annehmen, dass die Folge $\left(f(z_k, \cdot) \right)_{k \in \mathbb{N}}$ kompakt gleichmäßig auf $\mathbb{D}$ gegen eine holomorphe Abbildung $h = (h_1, \ldots, h_n) \in \mathcal{O}(\mathbb{D}, \mathbb{C}^n)$ konvergiert. Gäbe es ein $w \in \mathbb{D}$ mit $h(w) \in B_1(0)$, so würde gelten

$$\lim_{k \to \infty} (z_k, w) = f^{-1}(h(w)) \in \mathbb{D}^n.$$

Also ist $h(\mathbb{D}) \subset \partial B_1(0)$ und daher

$$0 = \partial \overline{\partial}(1) = \sum_{\nu=1}^{n} (\partial h_\nu)(\overline{\partial h_\nu}) = \sum_{\nu=1}^{n} |h_\nu'|^2$$

auf $\mathbb{D}$. Nach Konstruktion folgt

$$\lim_{k \to \infty} f_b(z_k) = \lim_{k \to \infty} \left(f_\nu(z_k, \cdot)'(b) \right)_{\nu=1}^{n} = \left(h_\nu'(b) \right)_{\nu=1}^{n} = 0.$$

Die obigen Überlegungen zeigen, dass für jedes feste $b \in \mathbb{D}$ gilt

$$\lim_{\|z\|_\infty \to 1} \frac{\partial f_\nu}{\partial w}(z, b) = 0 \quad (\nu = 1, \ldots, n).$$

Nach dem Maximumprinzip (Satz 2.6(b)) gilt

$$\frac{\partial f_\nu}{\partial w} \equiv 0 \quad (\nu = 1, \ldots, n),$$

und man erhält den Widerspruch, dass $f(z, \cdot)$ konstant auf $\mathbb{D}$ sein müsste für jedes $z \in \mathbb{D}^{n-1}$. Also kann es keine biholomorphe Abbildung zwischen $\mathbb{D}^n$ und der Einheitskugel $B_1(0)$ geben. $\qquad\qquad\square$

Der oben gegebene Beweis von Satz 2.14 zeigt, dass es für $k > 1$ und $n \geq 1$ keine eigentliche holomorphe Abbildung

$$f : \{z \in \mathbb{C}^k;\ \|z\|_\infty < 1\} \to \{z \in \mathbb{C}^n;\ \|z\| < 1\}$$

geben kann. Dabei heißt eine stetige Abbildung $f : X \to Y$ zwischen topologischen Räumen *eigentlich*, falls $f^{-1}(K) \subset X$ kompakt ist für jede kompakte Menge $K \subset Y$. Eine stetige Abbildung f vom offenen Einheitspolyzylinder in $\mathbb{C}^k$ in die offene Einheitskugel in $\mathbb{C}^n$ ist eigentlich genau dann, wenn

$$\lim_{\|z\|_\infty \to 1} \|f(z)\| = 1.$$

2.4   Homogene Entwicklungen und der Satz von Cartan

Holomorphe Funktionen auf kreisförmigen Gebieben in $\mathbb{C}^n$, das heißt auf Gebieten G mit $e^{it}G \subset G$ für alle $t \in \mathbb{R}$, lassen sich in kompakt gleichmäßig konvergente Reihen homogener Polynome entwickeln. Als Anwendung erält man eine teilweise Verallgemeinerung des Schwarzschen Lemmas sowie einige schöne Resultate über biholomorphe Abbildungen zwischen kreisförmigen Gebieten.

Wir benötigen ein einfaches Resultat über parameterabhängige Integrale. Unter einem *Integrationsweg* in $\mathbb{C}$ verstehen wir eine stetige Abbildung $\gamma : [a, b] \to \mathbb{C}$ auf einem reellen Intervall $[a, b]$, die stückweise stetig differenzierbar ist.

Lemma 2.15 *Sei $U \subset \mathbb{C}^n$ offen, γ ein Integrationsweg in $\mathbb{C}$ und $f : U \times \mathrm{Sp}(\gamma) \to \mathbb{C}$ eine stetige Funktion mit $f(\cdot, \xi) \in \mathcal{O}(U)$ für alle $\xi \in \mathrm{Sp}(\gamma)$. Dann definiert*

$$F : U \to \mathbb{C}, \quad F(z) = \int_\gamma f(z, \xi) \mathrm{d}\xi$$

eine holomorphe Funktion.

Beweis Sei $\gamma : [a, b] \to \mathbb{C}$ stetig und sei $a = t_0 < t_1 < \ldots < t_r = b$ eine Teilung des Intervalles $[a, b]$ so, dass $\gamma |[t_{i-1}, t_i]$ stetig differenzierbar ist für jedes $i = 1, \ldots, r$. Dann ist

$$F(z) = \sum_{i=1}^{r} \int_{t_{i-1}}^{t_i} f(z, \gamma(t))\gamma'(t)\mathrm{d}t$$

nach einem wohlbekannten Resultat aus der Analysis stetig als Funktion von $z \in U$.
Für den Beweis der partiellen Holomorphie genügt es, den Fall $n = 1$ zu betrachten. Sei
$n = 1$ und $\Delta \subset U(\subset \mathbb{C})$ ein abgeschlossenes Dreieck, das mit seinem Inneren ganz in U
liegt. Dann folgt mit dem Satz von Fubini und dem Cauchyschen Integralsatz

$$\int_{\partial\Delta} F(z)\mathrm{d}z = \int_{\partial\Delta} \left(\int_{\gamma} f(z,\xi)\mathrm{d}\xi \right) \mathrm{d}z = \sum_{i,j} \int_{s_{j-1}}^{s_j} \left(\int_{t_{i-1}}^{t_i} f(\delta(s), \gamma(t))\gamma'(t)\delta'(s)\mathrm{d}t \right) \mathrm{d}s$$

$$= \sum_{i,j} \int_{t_{i-1}}^{t_i} \left(\int_{s_{j-1}}^{s_j} f(\delta(s), \gamma(t))\gamma'(t)\delta'(s)\mathrm{d}s \right) \mathrm{d}t = \int_{\gamma} \left(\int_{\partial\Delta} f(z,\xi)\mathrm{d}z \right) \mathrm{d}\xi = 0.$$

Hierbei sei der Rand von Δ kanonisch parametrisiert durch die Funktionen $\delta : [s_{j-1}, s_j] \to$
$\mathbb{C}$. Nach dem Satz von Morera aus der Funktionentheorie einer Veränderlichen ist F
analytisch. $\square$

Auf kreisförmigen Gebieten lässt sich jede holomorphe Funktion in eine kompakt gleichmäßig konvergente Reihe homogener Polynome entwickeln. Wie üblich nennen wir ein
Polynom $p \in \mathbb{C}[z_1, \ldots, z_n]$ *homogen vom Grade k* oder *k-homogen*, falls $p(\lambda z) = \lambda^k p(z)$
für alle $\lambda \in \mathbb{C}$ und $z \in \mathbb{C}^n$ gilt.

Satz 2.16
*Sei $G \subset \mathbb{C}^n$ ein Gebiet mit $0 \in G$ und $e^{it}G \subset G$ für alle $t \in \mathbb{R}$. Dann hat jede
Funktion $f \in \mathcal{O}(G)$ eine eindeutige Entwicklung*

$$f(z) = \sum_{k=0}^{\infty} f_k(z)$$

*in eine auf G kompakt gleichmäßig konvergente Reihe k-homogener Polynome f_k. Es
gilt*

$$f_k(z) = \sum_{|\alpha|=k} \frac{f^{(\alpha)}(0)}{\alpha!} z^{\alpha} = \frac{1}{2\pi} \int_0^{2\pi} \frac{f(e^{it}z)}{e^{itk}} \, \mathrm{d}t \quad (k \in \mathbb{N}, z \in G).$$

Beweis Definiere $f_k : G \to \mathbb{C}$ durch

$$f_k(z) = \frac{1}{2\pi i} \int\limits_{\partial D_1(0)} \frac{f(\xi z)}{\xi^{k+1}}\, \mathrm{d}\xi = \frac{1}{2\pi} \int\limits_0^{2\pi} \frac{f(e^{it} z)}{e^{itk}}\, \mathrm{d}t\,.$$

Nach Lemma 2.15 sind die so definierten Funktionen f_k $(k \in \mathbb{N})$ holomorph. Sei $K \subset G$ kompakt. Dann ist die Menge

$$U_K = \{\xi \in \mathbb{C}\,;\ \xi K \subset G\} \subset \mathbb{C}$$

offen. Denn wenn (ξ_k) eine konvergente Folge in $\mathbb{C} \setminus U_K$ mit Limes $\xi \in \mathbb{C}$ ist und Punkte $z_k \in K$ gewählt sind mit $\xi_k z_k \notin G$, so kann man durch Übergang zu Teilfolgen erreichen, dass $z = \lim_{k\to\infty} z_k \in K$ existiert. Wegen $\xi z = \lim_{k\to\infty} \xi_k z_k \notin G$ ist $\xi \in \mathbb{C} \setminus U_K$. Wegen $e^{it}G \subset G$ für alle $t \in \mathbb{R}$ können wir eine reelle Zahl $r > 1$ wählen mit

$$\{\xi \in \mathbb{C}\,;\ 1 \le |\xi| \le r\} \subset U_K.$$

Für feste $z \in K$ ist die Funktion $U_K \to \mathbb{C}$, $\xi \mapsto f(\xi z)$ holomorph und der Cauchysche Integralsatz zeigt, dass

$$f_k(z) = \frac{1}{2\pi i} \int\limits_{\partial D_r(0)} \frac{f(\xi z)}{\xi^{k+1}}\, \mathrm{d}\xi \quad (k \in \mathbb{N})$$

gilt. Setzt man

$$M = \sup\{|f(\xi z)|\,;\ \xi \in \partial D_r(0) \text{ und } z \in K\},$$

so folgt mit der Standardabschätzung für Kurvenintegrale

$$|f_k(z)| \le \frac{M}{r^k} \quad (z \in K,\ k \in \mathbb{N}).$$

Nach dem Weierstraßschen Majorantenkriterium konvergiert die Reihe $\sum_{k=0}^{\infty} f_k$ gleichmäßig auf K. Da $K \subset G$ ein beliebiges Kompaktum war, ist die Reihe kompakt gleichmäßig konvergent auf G und stellt dort eine holomorphe Funktion $g : G \to \mathbb{C}$ dar.
Sei $s > 0$ mit $P_s(0) \subset G$ und seien

$$p_j(z) = \sum_{|\alpha|=j} \frac{f^{(\alpha)}(0)}{\alpha!}\, z^{\alpha} \quad (j \in \mathbb{N})$$

die homogenen Polynome aus der Taylorentwicklung von f. Dann konvergiert die Reihe

$$f(z) = \sum_{j=0}^{\infty} p_j(z)$$

nach Satz 1.17 und Bemerkung 1.10 kompakt gleichmäßig auf $P_s(0)$. Sei $f(z) = \sum_{j=0}^{\infty} q_j(z)$ irgendeine Darstellung von f als Grenzwert einer kompakt gleichmäßig konvergenten Reihe auf $P_s(0)$ mit j-homogenen Polynomen q_j. Dann gilt für $z \in P_s(0)$

$$f_k(z) \quad = \quad \frac{1}{2\pi i} \int\limits_{\partial D_1(0)} \frac{f(\xi z)}{\xi^{k+1}} \, d\xi = \sum_{j=0}^{\infty} \frac{1}{2\pi i} \int\limits_{\partial D_1(0)} \frac{q_j(\xi z)}{\xi^{k+1}} \, d\xi$$

$$= \quad \sum_{j=0}^{\infty} \left(\frac{1}{2\pi i} \int\limits_{\partial D_1(0)} \frac{d\xi}{\xi^{(k-j)+1}} \right) q_j(z) = q_k(z)$$

für alle $k \in \mathbb{N}$. Nach dem Identitätssatz (Satz 2.3) ist $f_k = q_k$ und $g = f$ auf ganz G. Damit sind alle Behauptungen bewiesen.   □

Das Schwarzsche Lemma aus der Funktionentheorie einer Veränderlichen impliziert, dass die einzige holomorphe Abbildung $f : D_1(0) \to D_1(0)$ mit $f(0) = 0$ und $f'(0) = 1$ die identische Abbildung $f(z) = z$ ist. Als nächstes wollen wir zeigen, dass ein entsprechendes Resultat für holomorphe Abbildungen mehrerer Veränderlicher gilt.

Seien $U, V \subset \mathbb{C}^n$ offen und seien $F : U \to \mathbb{C}^n, G : V \to \mathbb{C}$ holomorph mit $F(U) \subset V$. Dann ist $G \circ F$ holomorph und nach der Kettenregel (Korollar 2.11) gilt

$$\partial_i(G \circ F) = \sum_{l=1}^{n} (\partial_l G) \circ F \, \partial_i F_l \quad (1 \le i \le n).$$

Eine nochmalige Anwendung der Kettenregel zeigt, dass

$$\partial_{i_2} \partial_{i_1} (G \circ F) = \sum_{l_1, l_2 = 1}^{n} (\partial_{l_2} \partial_{l_1} G) \circ F (\partial_{i_2} F_{l_2})(\partial_{i_1} F_{l_1}) + \sum_{l=1}^{n} (\partial_l G) \circ F (\partial_{i_2} \partial_{i_1} F_l)$$

für $1 \le i_1, i_2 \le n$ gilt. Induktiv erhält man, dass sich für $r \ge 3$ die partiellen Ableitungen $\partial_{i_r} \dots \partial_{i_1} (G \circ F)$ von $G \circ F$ schreiben lassen als

$$\sum_{l_1, \dots, l_r = 1}^{n} (\partial_{l_r} \dots \partial_{l_1} G) \circ F (\partial_{i_r} F_{l_r}) \cdots (\partial_{i_1} F_{l_1}) + \sum_{l=1}^{n} (\partial_l G) \circ F (\partial_{i_r} \dots \partial_{i_1} F_l)$$

plus eine endliche Summe von Termen der Art

$$(\partial^\alpha G) \circ F \prod_{i=1}^{t} \partial^{\beta_i} F_{l_i} \quad (t \ge 1, 2 \le |\alpha| < r, 1 \le |\beta_i| < r, l_1, \dots, l_t \in \{1, \dots, n\}).$$

Satz 2.17

Sei $G \subset \mathbb{C}^n$ ein beschränktes Gebiet mit $0 \in G$ und sei $F : G \to G$ eine holomorphe Abbildung mit $F(0) = 0$ und $J_F(0) = E_n$ (Einheitsmatrix). Dann ist $F(z) = z$ für alle $z \in G$.

Beweis   Seien $0 < r < R$ reelle Zahlen mit $B_r(0) \subset G \subset B_R(0)$. Für $m \geq 1$ bezeichne $F^m : G \to G, F^m(z) = F \circ \ldots \circ F(z)$ die m-fache Komposition von F. Wir schreiben $F_j^m : G \to \mathbb{C}$ für die j-te Koordinatenfunktion von F^m. Nach Satz 2.16 besitzt F auf $B_r(0)$ eine kompakt gleichmäßig konvergente homogene Entwicklung $F(z) = \sum_{k=1}^{\infty} p_k^F(z)$ mit

$$p_k^F(z) = \sum_{|\alpha|=k} \frac{(F_j^{(\alpha)}(0))_{1 \leq j \leq n}}{\alpha!} z^{\alpha}.$$

Entsprechend schreiben wir $F^m(z) = \sum_{k=1}^{\infty} p_k^{F^m}(z)$ für die homogene Entwicklung von F^m auf $B_r(0)$.

Mit der Kettenregel und Induktion nach m erhält man für $i, j = 1, \ldots, n$ und $m \geq 1$

$$\partial_i F_j^{m+1}(0) = \partial_i (F_j^m \circ F)(0) = \partial_i F_j^m(0) = \delta_{ij}.$$

Genauso folgt induktiv (siehe die Vorbemerkungen zum Satz), dass für $i_1, i_2, j = 1, \ldots, n$ und $m \geq 1$ gilt

$$\partial_{i_2} \partial_{i_1} F_j^{m+1}(0) = \partial_{i_2} \partial_{i_1} (F_j^m \circ F)(0) = \partial_{i_2} \partial_{i_1} F_j^m(0) + \partial_{i_2} \partial_{i_1} F_j(0) = (m+1) \partial_{i_2} \partial_{i_1} F_j(0).$$

Der Beweis von Satz 2.16 zeigt, dass für $j = 1, \ldots, n$ und $z \in B_r(0)$ die Abschätzungen

$$\left| \sum_{|\alpha|=2} \frac{\partial^{\alpha} F_j(0)}{\alpha!} z^{\alpha} \right| = \frac{1}{m} \left| \sum_{|\alpha|=2} \frac{\partial^{\alpha} F_j^m(0)}{\alpha!} z^{\alpha} \right|$$

$$= \frac{1}{m} \left| \frac{1}{2\pi} \int_0^{2\pi} \frac{F_j^m(e^{it}z)}{e^{2it}} \mathrm{d}t \right| \leq \frac{R}{m}$$

für alle $m \geq 1$ gelten. Also ist $p_2^F \equiv 0$. Da die Abbildungen $F^m : G \to G$ dieselben Voraussetzungen erfüllen wie F, ist auch $p_2^{F^m} \equiv 0$ für alle $m \geq 1$.

Die in den Satz 2.17 vorausgehenden Bemerkungen erklärte Formel für die partiellen Ableitungen von $G \circ F$ der Ordnung $r \geq 3$ und eine einfache Induktion zeigen, dass für alle $i_1, i_2, i_3, j = 1, \ldots, n$ und $m \geq 1$ gilt

$$\partial_{i_3} \partial_{i_2} \partial_{i_1} F_j^{m+1}(0) = \partial_{i_3} \partial_{i_2} \partial_{i_1} (F_j^m \circ F)(0) = \partial_{i_3} \partial_{i_2} \partial_{i_1} F_j^m(0) + \partial_{i_3} \partial_{i_2} \partial_{i_1} F_j(0)$$

$$= (m + 1)\partial_{i_3}\partial_{i_2}\partial_{i_1}F_j(0).$$

Wie im vorhergehenden Schritt erlaubt es die im Beweis von Satz 2.16 gegebene Integraldarstellung für die Polynome in der homogenen Entwicklung von F^m zu schließen, dass
$p_3^{F^m} \equiv 0$ ist für alle $m \geq 1$. Indem man dieses Verfahren wiederholt, erhält man induktiv,
dass $p_k^F \equiv 0$ ist für alle $k \geq 2$. Also ist

$$F(z) = \sum_{k=1}^{\infty} p_k^F(z) = p_1^F(z) = z \quad (z \in B_r(0)).$$

Nach dem Identitätssatz ist $F(z) = z$ für alle $z \in G$. $\square$

Als Anwendung erhält man ein auf Henri Cartan zurückgehendes Ergebnis über biholomorphe Abbildungen zwischen Gebieten in $\mathbb{C}^n$, die invariant sind gegenüber Drehungen.

Korollar 2.18 (Cartan) *Seien $G_1, G_2 \subset \mathbb{C}^n$ Gebiete mit $0 \in G_j$ und $e^{it}G_j \subset G_j$ für $j = 1, 2$
und $t \in \mathbb{R}$. Sei $F : G_1 \to G_2$ biholomorph mit $F(0) = 0$. Ist G_1 beschränkt, so gibt es eine
invertierbare Matrix $A \in M(n, \mathbb{C})$ mit*

$$F(z) = Az \quad (z \in G_1).$$

Beweis Da F biholomorph ist, ist die Matrix $A = J_F(0)$ invertierbar. Fixiere ein beliebiges
$t \in \mathbb{R}$. Die Funktion $G : G_1 \to G_1$ definiert durch

$$G(z) = F^{-1}\left(e^{it}F(e^{-it}z)\right)$$

ist holomorph mit $G(0) = 0$ und $J_G(0) = E_n$. Nach Satz 2.17 ist $G(z) = z$ für alle $z \in G_1$
oder, äquivalent

$$e^{it}F(z) = F(e^{it}z) \quad (z \in G_1).$$

Da diese Formel für alle $t \in \mathbb{R}$ gilt, impliziert der Eindeutigkeitsteil des Satzes über die
homogene Entwicklung holomorpher Funktionen (Satz 2.16), dass in der homogenen Entwicklung der Koordinatenfunktionen von F nur die homogenen Polynome 1. Grades von
Null verschieden sein können. Also ist $F(z) = Az$ für alle $z \in G_1$. $\square$

2.5   Die Automorphismen des Einheitspolyzylinders

Für eine offene Menge $U \subset \mathbb{C}^n$ bezeichnen wir mit

$$\mathrm{Aut}(U) = \{f; f : U \to U \text{ ist biholomorph}\}$$

die Menge der biholomorphen Abbildungen von U auf sich. Mit der Komposition von Abbildungen wird Aut(U) zu einer Gruppe. Man nennt Aut(U) die *Automorphismengruppe von U*. Mit Hilfe von Korollar 2.18 bestimmen wir die Automorphismengruppe Aut($\mathbb{D}^n$) des Einheitspolyzylinders $\mathbb{D}^n = P_1(0)$.

Satz 2.19

Ist $f \in$ Aut($\mathbb{D}^n$), so gibt es Automorphismen $f_1,\dots,f_n \in$ Aut($\mathbb{D}$) und eine Permutation $\pi : \{1,\dots,n\} \to \{1,\dots,n\}$ mit

$$f(z) = (f_1(z_{\pi(1)}),\dots,f_n(z_{\pi(n)}))\ \textit{für}\ (z_1,\dots,z_n) \in \mathbb{D}^n.$$

Umgekehrt definiert diese Vorschrift eine Abbildung $f \in$ Aut($\mathbb{D}^n$).

Beweis Offensichtlich ist die angegebene Funktion $f : \mathbb{D}^n \to \mathbb{C}^n$ holomorph mit $f(\mathbb{D}^n) \subset \mathbb{D}^n$. Ersetzt man in der Definition von f das Tupel $(f_1,\dots,f_n)$ durch $(g_1,\dots,g_n)$ mit $g_i = f_{\pi^{-1}(i)}^{-1}$ sowie die Permutation π durch π^{-1} und bezeichnet man die resultierende holomorphe Abbildung mit $g : \mathbb{D}^n \to \mathbb{D}^n$, so gilt

$$f(g(z)) = z = g(f(z)) \quad (z \in \mathbb{D}^n).$$

Also ist jede Funktion f der angegebenen Form eine Abbildung in Aut($\mathbb{D}^n$).

Sei umgekehrt $f : \mathbb{D}^n \to \mathbb{D}^n$ eine beliebige biholomorphe Abbildung. Setzt man $a = f^{-1}(0)$ und definiert $\varphi \in$ Aut($\mathbb{D}^n$) durch

$$\varphi(z_1,\dots,z_n) = \left(\frac{z_1 + a_1}{1 + \overline{a}_1 z_1},\dots,\frac{z_n + a_n}{1 + \overline{a}_n z_n} \right),$$

so ist $F = f \circ \varphi : \mathbb{D}^n \to \mathbb{D}^n$ biholomorph mit $F(0) = 0$. Gemäß Korollar 2.18 gibt es eine invertierbare Matrix $A = (a_{ij}) \in M(n,\mathbb{C})$ mit

$$F(z) = Az \quad (z \in \mathbb{D}^n).$$

Da für jeden Punkt z in der offenen, nicht-leeren Menge $\{w \in \mathbb{D}^n; A^{-1}w \in \mathbb{D}^n\} \subset \mathbb{D}^n$ die Identität

$$F(F^{-1}(z)) = z = A(A^{-1}z) = F(A^{-1}z)$$

gilt, können wir mit dem Identitätssatz (Satz 2.3) schließen, dass $F^{-1}(z) = A^{-1}z$ für alle $z \in \mathbb{D}^n$ ist. Aus $A\mathbb{D}^n \subset \mathbb{D}^n$ und $A^{-1}\mathbb{D}^n \subset \mathbb{D}^n$ folgt, dass $\|Az\|_\infty = \|z\|_\infty$ für alle $z \in \mathbb{C}^n$ ist. Wegen

$$\|(a_{ij})_{i=1}^n\|_\infty = \|Ae_j\|_\infty = 1 \quad (j = 1, \ldots, n)$$

existiert für jedes $j = 1, \ldots, n$ ein Index $i(j) \in \{1, \ldots, n\}$ mit $|a_{ij}| = 1$.
Seien $c_{ij} \in \mathbb{C}$ mit $|c_{ij}| = 1$ und $c_{ij}a_{ij} = |a_{ij}|$ für $i, j = 1, \ldots, n$. Dann gilt für $i = 1, \ldots, n$

$$\sum_{j=1}^n |a_{ij}| = \left| \sum_{j=1}^n a_{ij}c_{ij} \right| \le 1.$$

Insbesondere sind die Zahlen $i(1), \ldots, i(n) \in \{1, \ldots, n\}$ paarweise verschieden und
$Ae_j = \epsilon_j e_{i(j)}$ für $j = 1, \ldots, n$ mit geeigneten komplexen Zahlen ϵ_j vom Betrag 1. Sind
$\pi(1), \ldots, \pi(n) \in \{1, \ldots, n\}$ die Zahlen mit $i(\pi(j)) = j$, so folgt für $z \in \mathbb{D}^n$

$$f(\varphi(z)) = F(z) = \sum_{j=1}^n z_j Ae_j = (\epsilon_{\pi(j)} z_{\pi(j)})_{j=1}^n$$

oder äquivalent

$$f(z) = F(\varphi^{-1}(z)) = \left(\epsilon_{\pi(j)} \frac{z_{\pi(j)} - a_{\pi(j)}}{1 - \overline{a}_{\pi(j)} z_{\pi(j)}} \right)_{j=1}^n.$$

Damit ist die Behauptung gezeigt.   □

Aufgaben

2.1 Sei $G \subset \mathbb{C}^n$ ein Gebiet und $f \in \mathcal{O}(G)$ eine holomorphe Funktion mit $\partial_j f \equiv 0$ auf G für
$j = 1, \ldots, n$. Man zeige, dass f auf G konstant ist.

2.2 Sei $G \subset \mathbb{C}^n$ offen. Man zeige:

(a) Für $f, g \in \mathcal{O}(G)$ und $j = 1, \ldots, n$ gilt $\partial_j \overline{\partial}_j (f\overline{g}) = (\partial_j f)(\overline{\partial_j g})$.
(b) Ist G ein Gebiet und $h : G \to \mathbb{C}^m$ eine holomorphe Abbildung, für die die Funktion
$\|h\| : G \to \mathbb{R}$ konstant ist, so ist h konstant auf G.
(c) Teil (b) bleibt nicht richtig, wenn man die euklidische Norm $\| \cdot \|$ auf $\mathbb{C}^m$ ersetzt durch
die Maximumsnorm $\|(z_i)_{i=1}^m\|_\infty = \max_{1 \le i \le m} |z_i|$.

2.3 Sei $P = P_r(a)$ ein offener Polyzylinder in $\mathbb{C}^n$ mit ausgezeichnetem Rand
$\partial_0 P = \prod_{i=1}^n \partial D_{r_i}(a_i)$ und sei $A(P) = \{f \in C(\overline{P}); f|_P \text{ ist holomorph}\}$. Man zeige:

(a) Ist $f \in A(P)$, so sind für jedes $z \in \overline{P}$ die Funktionen

$$f_{z,j} : D_{r_j}(a_j) \to \mathbb{C}, w \mapsto f(z_1, \ldots, z_{j-1}, w, z_{j+1}, \ldots, z_n) \, (1 \le j \le n)$$

holomorph.

(b) Für $f \in A(P)$ und $z \in \overline{P}$ ist $|f(z)| \leq \|f\|_{\partial_0 P}$.

(c) Ist $S \subset \overline{P}$ eine abgeschlossene Menge mit $\|f\|_{\overline{P}} = \|f\|_S$ für alle $f \in A(P)$, so ist $\partial_0 P \subset S$.

2.4 Seien $U \subset \mathbb{C}^n, V \subset \mathbb{C}^m$ offen und $f : U \to V$ biholomorph. Man zeige, dass $n = m$ ist.

2.5 Eine stetige Abbildung $f : X \to Y$ zwischen topologische Räumen heißt eigentlich, wenn $f^{-1}(K) \subset X$ kompakt ist für jede kompakte Menge $K \subset Y$. Seien $U, V \subset \mathbb{C}^n$ offen und $f : U \to V$ stetig. Man zeige:

(a) Ist $f : U \to V$ biholomorph, so ist f eigentlich. Die umgekehrte Implikation braucht nicht zu gelten.

(b) Sind U und V beschränkt, so ist f genau dann eigentlich, wenn $\mathrm{dist}(f(z_k), \partial V) \overset{k}{\to} 0$ für jede Folge (z_k) in U mit $\mathrm{dist}(z_k, \partial U) \overset{k}{\to} 0$. Hierbei sei $\mathrm{dist}(z, A) = \inf\{\|z - a\| ; a \in A\}$ der Abstand eines Punktes $a \in \mathbb{C}^n$ zu einer Menge $A \subset \mathbb{C}^n$.

(c) Für $n > 1$ gibt es keine eigentliche holomorphe Abbildung $f : P_1(0) \to B_1(0)$ vom Einheitspolyzylinder $P_1(0)$ in die euklidische Einheitskugel $B_1(0)$.

2.6 Sei $\Omega \subset \mathbb{C}^n$ eine offene Menge mit $0 \in \Omega$ und sei $f \in \mathcal{O}(\Omega)$ analytisch mit homogener Entwicklung $f(z) = \sum_{k=0}^{\infty} f_k(z)$. Man zeige:

(a) Die Menge $\Omega_0 = \{z \in \Omega ; e^{it}z \in \Omega$ für alle $t \in \mathbb{R}\}$ ist offen und nicht-leer.

(b) Für die Zusammenhangskomponenten C von Ω_0 gilt $e^{it}C \subset C$ für alle $t \in \mathbb{R}$.

(c) Ist G die Zusammenhangskomponente von 0 in Ω_0, so gilt für alle $z \in G$ und $k \in \mathbb{N}$ die Integraldarstellung

$$f_k(z) = \frac{1}{2\pi} \int_0^{2\pi} \frac{f(e^{it}z)}{e^{ikt}}\, \mathrm{d}t.$$

2.7 Sei $f \in \mathcal{O}(\mathbb{D}^n)$ eine holomorphe Abbildung mit $|f| \leq 1$ auf $\mathbb{D}^n$. Man zeige:

(a) Es gilt $\sum_{i=1}^{n} |\partial_i f(0)| \leq 1$. (Hinweis: Satz 2.16.)

(b) Für alle $a \in \mathbb{D}^n$ gilt $\sum_{i=1}^{n} |\partial_i f(a)|(1 - |a_i|^2) \leq 1 - |f(a)|^2$. Man benutze dabei Teil (a) und geeignete konforme Abbildungen $\varphi_b : \mathbb{D} \to \mathbb{D}$, $\varphi_a : \mathbb{D}^n \to \mathbb{D}^n$.

Komplexe Mannigfaltigkeiten in $\mathbb{C}^n$

3

Die Nullstellenmengen reeller C^∞-Funktionen von n reellen Variablen bilden in allen regulären Punkten, das heißt allen Punkten mit nicht verschwindender Funktionaldeterminante, lokal eine reelle C^∞-Untermannigfaltigkeit in $\mathbb{R}^n$. In diesem Kapitel definieren wir komplexe Untermannigfaltigkeiten in $\mathbb{C}^n$, geben die wichtigsten Charakterisierungen solcher Untermannigfaltigkeiten und zeigen, dass die Menge der regulären Punkte eine dichte Teilmenge der Nullstellenmenge einer holomorphen Abbildung bildet. Als Anwendung beweisen wir, dass jede injektive holomorphe Funktion von n Variablen mit Werten in $\mathbb{C}^n$ eine biholomorphe Abbildung aufs Bild definiert.

3.1 Untermannigfaltigkeiten

Eine p-dimensionale komplexe Untermannigfaltigkeit in $\mathbb{C}^n$ ist eine Teilmenge vom $\mathbb{C}^n$, die in jedem Punkt lokal so aussieht wie der p-dimensionale euklidische Vektorraum $\mathbb{C}^p$, aufgefasst als Teilvektorraum vom $\mathbb{C}^n$.

▶ **Definition 3.1** Sei $p \in \{0, \ldots, n\}$. Eine nicht-leere Menge $M \subset \mathbb{C}^n$ heißt p-dimensionale komplexe Untermannigfaltigkeit des $\mathbb{C}^n$, falls für jeden Punkt $a \in M$ eine biholomorphe Abbildung $f : V \to W$ zwischen geeigneten offenen Umgebungen $V \subset \mathbb{C}^n$ von a und $W \subset \mathbb{C}^n$ von 0 existiert mit $f(a) = 0$ und

$$f(M \cap V) = \{w \in W;\ w_{p+1} = \ldots = w_n = 0\}.$$

Die Zahl p ist eindeutig bestimmt durch die in Definition 3.1 an den Punkt $a \in M$ gestellte Bedingung. So kann man etwa zeigen, dass p die Dimension des komplexen Tangentialraumes von M im Punkt a ist (Aufgabe 3.4). Analog zum reellen Fall erhält man die folgende Charakterisierung komplexer Untermannigfaltigkeiten des $\mathbb{C}^n$.

© Springer-Verlag GmbH Deutschland 2017
J. Eschmeier, *Funktionentheorie mehrerer Veränderlicher*, Springer-Lehrbuch
Masterclass, https://doi.org/10.1007/978-3-662-55542-2_3

Satz 3.2

Sei $M \subset \mathbb{C}^n$ und $a \in M$. Für $p \in \{1, \ldots n-1\}$ sind äquivalent:

(i) *M erfüllt die Bedingung aus Definition 3.1 im Punkt a;*

(ii) *es gibt offene Umgebungen Ω von $0 \in \mathbb{C}^p$, $V \subset \mathbb{C}^n$ von a und einen Homöo-morphismus $g : \Omega \to M \cap V$ so, dass $g : \Omega \to \mathbb{C}^n$ eine holomorphe Abbildung mit $g(0) = a$ und $\operatorname{rg} J_g(0) = p$ ist;*

(iii) *es gibt eine holomorphe Abbildung $h \in \mathcal{O}(U, \mathbb{C}^{n-p})$ auf einer geeigneten offenen Umgebung U von a in $\mathbb{C}^n$ mit*

$$M \cap U = \{z \in U;\ h(z) = 0\} \text{ und } \operatorname{rg} J_h(a) = n - p.$$

Beweis (i) $\Rightarrow$ (ii). Sei $f : V \to W$ eine biholomorphe Abbildung wie in Definition 3.1. Dann ist $\Omega = \{w \in \mathbb{C}^p;\ (w, 0) \in W\} \subset \mathbb{C}^p$ eine offene Nullumgebung und $g : \Omega \to \mathbb{C}^n$, $g(w) = f^{-1}(w, 0)$ definiert eine holomorphe Abbildung mit $g(\Omega) = M \cap V$. Die Kettenregel (Korollar 2.11), angewendet auf $g = f^{-1} \circ j$ mit $j : \Omega \to \mathbb{C}^n$, $w \mapsto (w, 0)$, liefert die Identität

$$\operatorname{rg}(J_g(0)) = \dim(J_{f^{-1}}(0)\mathbb{C}^p \times \{0\}) = p.$$

Offensichtlich ist $g : \Omega \to M \cap V$ ein Homöomorphismus mit Umkehrfunktion $g^{-1}(z) = \pi_{\mathbb{C}^p}(f(z))$.

(ii) $\Rightarrow$ (iii). Sei $g : \Omega \to M \cap V$ ein Homöomorphismus wie in Bedingung (ii) beschrieben. Wähle Vektoren $u_{p+1}, \ldots, u_n \in \mathbb{C}^n$ so, dass die Vektoren $\frac{\partial g}{\partial z_1}(0), \ldots, \frac{\partial g}{\partial z_p}(0), u_{p+1}, \ldots, u_n$ eine Basis des $\mathbb{C}^n$ bilden. Dann definiert

$$\tilde{g} : \Omega \times \mathbb{C}^{n-p} \to \mathbb{C}^n, \quad z \mapsto g(z_1, \ldots, z_p) + \sum_{j=p+1}^{n} z_j u_j$$

eine holomorphe Abbildung mit

$$J_{\tilde{g}}(0) = (J_g(0), u_{p+1}, \ldots, u_n) \in \operatorname{GL}(n, \mathbb{C}).$$

Nach dem Satz über die lokale Biholomorphie (Satz 2.13) gibt es offene Umgebungen $\Omega_0 \times \Omega_1 \subset \Omega \times \mathbb{C}^{n-p}$ von 0 und $W \subset \mathbb{C}^n$ von a so, dass $\tilde{g} : \Omega_0 \times \Omega_1 \to W$ biholomorph ist. Da g ein Homöomorphismus von Ω nach $M \cap V$ ist, gibt es eine offene Umgebung $U \subset W$ von a mit

$$\tilde{g}(\Omega_0 \times \{0\}) = g(\Omega_0) = M \cap U.$$

Die gesuchte Abbildung $h : U \to \mathbb{C}^{n-p}$ kann man definieren durch $h(z) = \pi_{\mathbb{C}^{n-p}}(\tilde{g}^{-1}(z))$.

(iii) $\Rightarrow$ (i). Ist $h : U \to \mathbb{C}^{n-p}$ eine holomorphe Abbildung wie in Bedingung (iii) beschrieben, so gibt es Indizes $1 \leq j_1 < \ldots < j_{n-p} \leq n$ mit

$$\left(\frac{\partial h_\mu}{\partial z_{j_\nu}}(a)\right)_{1\le\mu,\nu\le n-p} \in \mathrm{GL}(n-p,\mathbb{C}).$$

Seien $1 \le i_1 < \ldots < i_p \le n$ die Indizes mit $\{i_1,\ldots,i_p,j_1,\ldots,j_{n-p}\} = \{1,\ldots,n\}$. Dann definiert $\tilde{f} : U \to \mathbb{C}^n$,

$$\tilde{f}(z) = (z_{i_1} - a_{i_1}, \ldots, z_{i_p} - a_{i_p}, h(z))$$

eine holomorphe Abbildung mit $\tilde{f}(a) = 0$ und $J_{\tilde{f}}(a) \in \mathrm{GL}(n,\mathbb{C})$. Wieder erlaubt es das Prinzip der lokalen Biholomorphie (Satz 2.13), offene Umgebungen $V \subset U$ von a und $W \subset \mathbb{C}^n$ von 0 so zu wählen, dass die von $\tilde{f}$ induzierte Abbildung $f : V \to W, z \mapsto \tilde{f}(z)$ biholomorph ist. Nach Konstruktion gilt

$$f(M \cap V) = W \cap (\mathbb{C}^p \times \{0\}). \qquad \square$$

Im Falle $p = 0$ machen die Bedingungen (i) und (iii) aus Satz 3.2 nach wie vor Sinn und sind äquivalent dazu, dass a ein isolierter Punkt von M ist. Für $p = n$ machen die Bedingungen (i) und (ii) von Satz 3.2 Sinn und bedeuten, dass a ein innerer Punkt von M ist. Entsprechendes gilt für Bedingung (iii), wenn man $\mathbb{C}^0 = \{0\}$ setzt und die Funktion h für $p = n$ als die Nullfunktion interpretiert.

▶ **Definition 3.3** Sei $p \in \{1,\ldots,n\}$ und sei $M \subset \mathbb{C}^n$ eine p-dimensionale komplexe Untermannigfaltigkeit in $\mathbb{C}^n$. Man nennt einen Homöomorphismus $g : \Omega \to V$ zwischen einer offenen Menge $\Omega \subset \mathbb{C}^p$ und einer offenen Menge V in M, für den $g : \Omega \to \mathbb{C}^n$ holomorph ist und

$$\mathrm{rg} J_g(z) = p$$

ist für alle $z \in \Omega$, eine *Parametrisierung* von M. Abkürzend hierfür schreiben wir, dass $g : \Omega \tilde{\to} V \subset M$ eine Parametrisierung von M ist. Die Inverse $g^{-1} : V \to \Omega$ einer solchen Parametrisierung bezeichnet man als *Karte* von M.

Ist $g : \Omega \to M \cap V$ eine Abbildung wie in Bedingung (ii) von Satz 3.2 beschrieben, so gibt es Indizes $1 \le i_1 < \ldots < i_p \le n$ derart, dass die Matrix

$$\left(\frac{\partial g_{i_\mu}}{\partial z_\nu}(z)\right)_{1\le\mu,\nu\le p}$$

im Punkt $z = 0$ invertierbar ist. Da die Menge der invertierbaren $(p \times p)$-Matrizen offen in der Menge $M(p,\mathbb{C})$ aller $(p \times p)$-Matrizen ist und da die obigen Matrizen stetig von z abhängen, sind sie invertierbar für alle Punkte z in einer kleineren Nullumgebung $\Omega_0 \subset \Omega$. Also gibt es zu jeder p-dimensionalen komplexen Untermannigfaltigkeit $M \subset \mathbb{C}^n$ mit $p \ge 1$ eine Familie von Parametrisierungen $g_i : \Omega_i \tilde{\to} V_i \subset M$ $(i \in I)$, deren Bilder $V_i = g(\Omega_i)$ ganz M überdecken.

3.2   Nullstellenmengen

Nullstellenmengen holomorpher Abbildungen sind im Allgemeinen keine Untermannigfaltigkeiten. Aber es stellt sich heraus, dass die regulären Punkte eine ziemlich große Teilmenge der Nullstellenmenge bilden.

Für eine beliebige Funktion $f : D \to \mathbb{C}^m$ auf einer Menge $D \subset \mathbb{C}^n$ und eine Teilmenge $M \subset D$ definieren wir

$$Z(f, M) = \{z \in M;\ f(z) = 0\}.$$

Statt $Z(f, D)$ schreiben wir kürzer $Z(f)$.

Bemerkung 3.4   Ist $U \subset \mathbb{C}^n$ offen und $f \in \mathcal{O}(U)$ holomorph mit $Z(f) \neq \varnothing$ und

$$\mathrm{grad} f(z) = (\partial_1 f(z), \dots, \partial_n f(z)) \neq 0$$

für alle $z \in Z(f)$, so ist $Z(f) \subset \mathbb{C}^n$ nach Satz 3.2 eine $(n-1)$-dimensionale komplexe Untermannigfaltigkeit.

Allgemein erhält man für Nullstellenmengen holomorpher Abbildungen zumindest noch das folgende lokale Resultat.

Satz 3.5
Sei $G \subset \mathbb{C}^n$ ein Gebiet und $f = (f_1, \dots, f_r) : G \to \mathbb{C}^r$ holomorph mit $Z(f) \neq \varnothing$. Dann gibt es ein $p \in \{0, \dots, n\}$ und eine offene Menge $U \subset G$ so, dass $Z(f, U)$ eine p-dimensionale komplexe Untermannigfaltigkeit in $\mathbb{C}^n$ ist.

Beweis   Wir beweisen die Behauptung durch Induktion nach n. Für $n = 1$ ist entweder $Z(f) = G$ oder $Z(f) \subset G$ eine diskrete Teilmenge von G. Im ersten Fall ist $Z(f)$ eine 1-dimensionale, im zweiten Fall eine 0-dimensionale komplexe Untermannigfaltigkeit in $\mathbb{C}$. Sei die Behauptung gezeigt für $n - 1$ und seien G und f wie im Satz gegeben. Ist $f \equiv 0$, so gilt die Behauptung mit $p = n$ und $U = G$. Also dürfen wir annehmen, dass $f_1 \not\equiv 0$ ist. Nach dem Identitätssatz (Satz 2.3) ist die Menge

$$M = \{k \in \mathbb{N};\ \partial^\alpha f_1(z) = 0 \text{ für alle } z \in Z(f) \text{ und alle } \alpha \in \mathbb{N}^n \text{ mit } |\alpha| \leq k\}$$

endlich. Sei $\alpha \in \mathbb{N}^n$ mit $|\alpha| = \max M$. Dann gibt es ein $i \in \{1, \dots, n\}$ und einen Punkt $a \in Z(f)$ so, dass für die holomorphe Funktion $h = \partial^\alpha f_1 \in \mathcal{O}(G)$ gilt

$$(\partial_i h)(a) \neq 0,\ Z(f) \subset Z(h).$$

Nach Satz 3.2, angewendet mit $M = Z(h)$, und den Bemerkungen nach Definition 3.3 gibt es offene Umgebungen $\Omega \subset \mathbb{C}^{n-1}$ von 0 und $V \subset G$ von a in $\mathbb{C}^n$ sowie einen Homöomorphismus $g : \Omega \to M \cap V$ mit $g(0) = a$ so, dass $g : \Omega \to \mathbb{C}^n$ holomorph ist mit $\mathrm{rg} J_g(z) = n - 1$ für alle $z \in \Omega$. Durch Verkleinern von Ω und V kann man zusätzlich erreichen, dass Ω ein Gebiet ist. Dann ist $M \cap V \subset \mathbb{C}^n$ eine $(n-1)$-dimensionale komplexe Untermannigfaltigkeit und $g : \Omega \xrightarrow{\sim} M \cap V$ eine Parametrisierung von $M \cap V$. Die Abbildung $f \circ g : \Omega \to \mathbb{C}^r$ ist holomorph mit $0 \in Z(f \circ g)$. Nach Induktionsvoraussetzung gibt es eine offene Menge $\varnothing \neq \Omega_0 \subset \Omega$ und ein $p \in \{0, \dots, n-1\}$ so, dass die Menge $A = Z(f \circ g, \Omega_0)$ eine p-dimensionale komplexe Untermannigfaltigkeit in $\mathbb{C}^n$ ist. Sei $U \subset G$ eine offene Menge mit $g(\Omega_0) = Z(h) \cap U$. Dann ist $Z(f, U) = g(A)$ nach Aufgabe 3.5 eine p-dimensionale komplexe Untermannigfaltigkeit in $\mathbb{C}^n$. $\qquad\Box$

Ist in der Situation vom letzten Satz die Funktion $f : G \to \mathbb{C}$ eine skalarwertige holomorphe Funktion mit $\varnothing \neq Z(f) \neq G$, so zeigt der induktive Beweis, dass eine offene Menge $\varnothing \neq U \subset G$ existiert so, dass $Z(f, U)$ eine $(n-1)$-dimensionale komplexe Untermannigfaltigkeit in $\mathbb{C}^n$ ist. Für $n = 1$ ist dies klar. Im Induktionsschritt ist entweder $f \circ g : \Omega \to \mathbb{C}$ nicht identisch 0 und die Behauptung folgt aus der Induktionsvoraussetzung, oder aber es ist

$$Z(h) \cap V = g(\Omega) \subset Z(f) \cap V \subset Z(h) \cap V$$

und die Behauptung folgt, da $Z(h) \cap V$ eine $(n-1)$-dimensionale komplexe Untermannigfaltigkeit in $\mathbb{C}^n$ ist.

Als Folgerung zeigen wir, dass jede injektive holomorphe Abbildung $f : D \to \mathbb{C}^n$ auf einer offenen Menge $D \subset \mathbb{C}^n$ offen ist und eine biholomorphe Abbildung zwischen D und $f(D)$ induziert.

Satz 3.6
Sei $D \subset \mathbb{C}^n$ offen und $f : D \to \mathbb{C}^n$ eine injektive holomorphe Abbildung. Dann ist $f(D) \subset \mathbb{C}^n$ offen und $f : D \to f(D)$ ist biholomorph.

Beweis Nach Satz 2.13 genügt es zu zeigen, dass

$$J_f(z) \in \mathrm{GL}(n, \mathbb{C})$$

für alle $z \in D$ gilt. Wir beweisen dies durch Induktion nach n. Der Fall $n = 1$ ist ein klassischer Satz der eindimensionalen Funktionentheorie. Sei $n > 1$ und die Behauptung gezeigt für $n - 1$. Sei $f : D \to \mathbb{C}^n$ eine Abbildung, die den Voraussetzungen des Satzes genügt. Nach Bemerkung 2.5 gibt es Punkte $a \in D$, in denen $J_f(a) \neq 0$ ist.

Wir zeigen in einem ersten Schritt, dass $\det J_f(a) \neq 0$ ist für alle Punkte $a \in D$ mit $J_f(a) \neq 0$. Sei dazu $a \in D$ so, dass $\frac{\partial f_\mu}{\partial z_\nu}(a) \neq 0$ für geeignete $\mu, \nu \in \{1, \dots, n\}$ gilt. Indem man die Funktion f gegebenenfalls ersetzt durch die Abbildung

$$F : \varphi^{-1}(D) \xrightarrow{\varphi} D \xrightarrow{f} \mathbb{C}^n \xrightarrow{\psi} \mathbb{C}^n,$$

wobei $\varphi : \mathbb{C}^n \to \mathbb{C}^n$ die Variablen z_ν und z_n und ψ die Variablen z_μ und z_n vertauscht, kann man die Behauptung reduzieren auf den Fall $\mu = \nu = n$. In diesem Fall existieren nach Satz 2.13 offene Umgebungen $V \subset D$ von a und $W = P_r(b)$ von $b = (a_1, \ldots, a_{n-1}, f_n(a))$ so, dass die Abbildung

$$\rho : V \to W, \quad \rho(z) = (z_1, \ldots, z_{n-1}, f_n(z))$$

biholomorph ist. Dann ist die durch

$$g = (g_1, \ldots, g_n) = f \circ \rho^{-1} : W \to \mathbb{C}^n$$

definierte Funktion g holomorph und injektiv mit

$$g(w) = (g_1(w), \ldots, g_{n-1}(w), w_n) \quad (w \in W).$$

Indem man die Elemente $w \in W = P_r(b)$ schreibt in der Form $w = (w', w_n)$ mit $w' \in \mathbb{C}^{n-1}$, $w_n \in \mathbb{C}$, kann man eine injektive holomorphe Abbildung $G : P_r(b') \to \mathbb{C}^{n-1}$ definieren durch

$$G(w') = (g_1(w', b_n), \ldots, g_{n-1}(w', b_n)).$$

Nach Induktionsvoraussetzung ist

$$J_g(b) = \begin{pmatrix} J_G(b') & * \\ 0 & 1 \end{pmatrix}$$

invertierbar. Also ist auch $J_f(a)$ invertierbar.

Im zweiten Schritt zeigen wir, dass $J_f(a)$ invertierbar ist für alle a in D. Sonst wäre $h = \det(J_f) \in \mathcal{O}(D)$ eine analytische Funktion (Satz 1.17) mit $Z(h) \neq \varnothing$. Nach Satz 3.5 und den anschließenden Bemerkungen enthält $Z(h)$ eine $(n-1)$-dimensionale komplexe Untermannigfaltigkeit $M \subset \mathbb{C}^n$. Nach dem ersten Teil des Beweises wissen wir, dass $J_f|Z(h) \equiv 0$ ist. Wir wählen eine holomorphe Parametrisierung $g : \Omega \xrightarrow{\sim} M \cap V$ von M in irgendeinem Punkt von M. Nach der Kettenregel ist

$$J_{f \circ g}(z) = J_f(g(z)) \cdot J_g(z) = 0 \quad (z \in \Omega).$$

Nach Bemerkung 2.5 ist $f \circ g$ konstant auf allen Komponenten von Ω im Widerspruch zur Injektivität von f. Damit war die Annahme falsch, und wir haben gezeigt, dass $J_f(a)$ invertierbar ist für alle $a \in D$. $\square$

Für die meisten der nachfolgend bewiesenen Resultate aus der Funktionentheorie für holomorphe Funktionen von n komplexen Veränderlichen gibt es allgemeinere Versionen für holomorphe Abbildungen zwischen komplexen Mannigfaltigkeiten oder noch allgemeiner definierten komplexen Räumen. An die Stelle der Holomorphiegebiete, die wir in Kap. 5 einführen werden, treten dabei die Steinschen Mannigfaltigkeiten oder Steinschen Räume (siehe etwa Kap. 5 und 7 in Hörmander [20] oder Grauert und Remmert [15, 16]).

Aufgaben

3.1 Man zeige, dass eine Menge $\varnothing \neq M \subset \mathbb{C}^n$ genau dann komplexe Untermannigfaltigkeit der Dimension $p = 0$ (bzw. $p = n$) ist, wenn jeder Punkt $a \in M$ isolierter Punkt von M (bzw. $M \subset \mathbb{C}^n$ offen) ist.

3.2 Man zeige, dass die Menge $M = \{(z, w) \in \mathbb{C}^2; z^2 = w^3\} \subset \mathbb{C}^2$ die Nullstellenmenge einer holomorphen Funktion ist, aber keine Untermannigfaltigkeit.

3.3 Sei $N \geq 2$ und $f \in \mathcal{O}(U)$ eine holomorphe Funktion auf einer offenen Menge $U \subset \mathbb{C}^n$. Man zeige, dass die Nullstellenmenge $Z(f) = \{z \in U; f(z) = 0\}$ keine isolierten Punkte besitzen kann.

3.4 Sei $p \in \{0, \ldots, n\}$ und sei $M \subset \mathbb{C}^n$ eine p-dimensionale komplexe Untermannigfaltigkeit im Punkt $a \in M$ (das heißt die Bedingung aus Definition 3.1 gelte im Punkt a). Sei $T_a(M)$ die Menge aller Vektoren $v \in \mathbb{C}^n$, für die ein $\epsilon > 0$ und eine stetig differenzierbare Abbildung $\psi :] - \epsilon, \epsilon[\to \mathbb{C}^n$ existieren mit $\psi(0) = a, \operatorname{Im}\psi \subset M$ und $\psi'(0) = v$. Man zeige:

(a) Ist $0 < p < n$ und sind $g : \Omega \to M \cap V$ und $h : U \to \mathbb{C}^{n-p}$ Funktionen wie in Satz 3.2, so gilt

$$J_g(0)\mathbb{C}^p = T_a(M) = \{v \in \mathbb{C}^n; \sum_{j=1}^n \partial_j h_i(a)v_j = 0 \text{ für } i = 1, \ldots, n-p\}.$$

(b) $T_a(M) \subset \mathbb{C}^n$ ist ein p-dimensionaler Teilraum.

Man nennt $T_a(M)$ den *komplexen Tangentialraum* von M im Punkt a.

3.5 Seien $p, r \in \{0, \ldots, n\}$, $p \geq 1$. Man zeige: Ist $g : \Omega \xrightarrow{\sim} V \subset M$ eine Parametrisierung einer p-dimensionalen komplexen Untermannigfaltigkeit $M \subset \mathbb{C}^n$ und $A \subset \Omega$ eine r-dimensionale komplexe Untermannigfaltigkeit in $\mathbb{C}^p$, so ist $g(A) \subset \mathbb{C}^n$ eine r-dimensionale komplexe Untermannigfaltigkeit.

Analytische Mengen

4

Analytische Mengen sind Mengen, die sich lokal als gemeinsame Nullstellenmengen endlich vieler holomorpher Funktionen beschreiben lassen. Die einzigen echten analytischen Teilmengen eines Gebietes in $\mathbb{C}$ sind die diskreten Teilmengen. Spezielle Beispiele analytischer Mengen in $\mathbb{C}^n$ sind die im letzten Kapitel behandelten Untermannigfaltigkeiten in $\mathbb{C}^n$. Anders als bei Untermannigfaltigkeiten stellt man bei der Definition von analytischen Mengen aber keinerlei Glattheitsforderungen. Der Weierstraßsche Vorbereitungssatz zeigt, dass die Nullstellenmenge einer holomorphen Funktion nach Anwendung einer geeigneten affin linearen Koordinatentransformation lokal so aussieht wie die Nullstellenmenge eines Polynoms in einer Variablen, dessen Koeffizienten holomorph von den übrigen Variablen abhängen. Eine einfache Folgerung ist, dass holomorphe Funktionen in mindestens zwei Variablen keine isolierten Nullstellen haben können. Als weitere Anwendungen leiten wir eine mehrdimensionale Version des Riemannschen Hebbarkeitssatzes her, beweisen die Endlichkeit kompakter analytischer Mengen und zeigen, dass der Ring der in der Nähe eines Punktes $a \in \mathbb{C}^n$ konvergenten Potenzreihen noethersch ist.

4.1 Weierstraßscher Vorbereitungssatz

Wir führen zunächst die Untersuchung holomorpher Funktionen in der Nähe einer Nullstelle a zurück auf den Fall von Funktionen, die in einer Koordinatenrichtung eine Nullstelle endlicher Ordnung besitzen.

▶ **Definition 4.1** Sei $U \subset \mathbb{C}^n$ offen, $a = (a', a_n) \in U$ ein Punkt in U und $f \in \mathcal{O}(U)$ eine holomorphe Funktion mit $f(a) = 0$. Die Funktion f heißt z_n-regulär in a, falls eine natürliche Zahl $k \geq 1$ existiert so, dass die Funktion

© Springer-Verlag GmbH Deutschland 2017
J. Eschmeier, *Funktionentheorie mehrerer Veränderlicher*, Springer-Lehrbuch Masterclass, https://doi.org/10.1007/978-3-662-55542-2_4

$$\{z \in \mathbb{C};\ (a', z) \in U\} \to \mathbb{C}, \quad z \mapsto f(a', z)$$

eine Nullstelle der Ordnung k in a_n hat. In diesem Fall nennt man f z_n-regulär
von der Ordnung k in a.

Aus der Funktionentheorie einer Veränderlichen folgt, dass $f \in \mathcal{O}(U)$ z_n-regulär von der
Ordnung $k \geq 1$ in einem Punkt $a \in Z(f)$ ist genau dann, wenn $\frac{\partial^j f}{\partial z_n^j}(a) = 0$ für $j = 0, \dots, k-1$
gilt und

$$\frac{\partial^k f}{\partial z_n^k}(a) \neq 0$$

ist. Holomorphe Funktionen mehrerer Veränderlicher brauchen in ihren Nullstellen in
keiner Koordinatenrichtung regulär zu sein. Man betrachte etwa die Funktion

$$f : \mathbb{C}^2 \to \mathbb{C}, \quad f(z_1, z_2) = z_1 z_2$$

im Punkt $a = 0$. Die folgende einfache Beobachtung erlaubt es jedoch in den meisten
Fällen, Aussagen über das Verhalten holomorpher Funktionen in der Nähe einer Nullstelle
auf den Fall z_n-regulärer Funktionen zu reduzieren.

Lemma 4.2 *Sei $a \in \mathbb{C}^n$, $\varepsilon > 0$ und $f \in \mathcal{O}(B_\varepsilon(a)) \setminus \{0\}$ eine analytische Funktion mit
$f(a) = 0$. Dann gibt es eine biholomorphe Abbildung $\varphi : B_\varepsilon(a) \to B_\varepsilon(a)$ der Form*

$$\varphi(z) = a + A(z - a) \quad (A \in \mathrm{GL}(n, \mathbb{C})\ \text{unitär})$$

so, dass $f \circ \varphi : B_\varepsilon(a) \to \mathbb{C}$ z_n-regulär in a ist.

Beweis Sei $B = B_\varepsilon(a)$ und $f \in \mathcal{O}(B) \setminus \{0\}$ eine Funktion mit $f(a) = 0$. Wähle einen Punkt
$p \in B$ mit $f(p) \neq 0$. Sei $A \in M(n, \mathbb{C})$ eine unitäre Matrix mit $A\, e_n = \frac{p-a}{\|p-a\|}$. Dann wird durch

$$\varphi : B \to B, \quad \varphi(z) = a + A(z - a)$$

eine biholomorphe Abbildung definiert mit $f \circ \varphi(a) = 0 \neq f \circ \varphi(a + \|p-a\| e_n)$. Offensichtlich
ist die Funktion $f \circ \varphi$ im Punkt a z_n-regulär. □

Sei $U \subset \mathbb{C}^n$ offen und sei $f \in \mathcal{O}(U)$ z_n-regulär von der Ordnung k im Punkt $a = (a', a_n) \in$
$Z(f)$. Wir nennen ein Paar (δ, r) positiver reeller Zahlen z_n-*zulässig* für f in a, falls

(i) $\overline{P}_\delta(a') \times \overline{D}_r(a_n) \subset U$ ist und

(ii) die Funktion $f(z', \cdot)$ für jedes $z' \in P_\delta(a')$ in $D_r(a_n)$ genau k Nullstellen (in Vielfach-
heiten gezählt) besitzt, aber auf $\partial D_r(a_n)$ keine Nullstelle existiert.

Das folgende Lemma zeigt unter anderem, dass es genügend viele z_n-zulässige Paare (δ, r) für f in a gibt.

Lemma 4.3 *Sei $U \subset \mathbb{C}^n$ offen und sei $f \in \mathcal{O}(U)$ z_n-regulär von der Ordnung k in der Nullstelle $a = (a', a_n) \in Z(f)$. Dann gilt:*

(a) *Es gibt eine reelle Zahl $r_0 > 0$ so, dass für alle $0 < r < r_0$ ein z_n-zulässiges Paar der Form (δ, r) existiert.*

(b) *Sei (δ, r) z_n-zulässig für f in a. Für $z' \in P_\delta(a')$ seien $\alpha_1(z'), \ldots, \alpha_k(z')$ die Nullstellen von $f(z', \cdot)$ in $D_r(a_n)$. Ist $g \in \mathcal{O}(U)$ eine beliebige analytische Funktion, so sind die durch*

$$\prod_{j=1}^{k} \left(\lambda - g(z', \alpha_j(z')) \right) = \lambda^k + \sum_{j=0}^{k-1} c_j(z') \lambda^j \quad (\lambda \in \mathbb{C})$$

bestimmten Koeffizienten $c_0, \ldots, c_{k-1}$ analytische Funktionen von $z' \in P_\delta(a')$.

Beweis (a) Wir wählen $\eta > 0$ mit $\overline{P}_\eta(a) \subset U$ so klein, dass a_n die einzige Nullstelle der Funktion $f(a', \cdot)$ in $D_\eta(a_n)$ ist. Da f gleichmäßig stetig ist auf $\overline{P}_\eta(a)$, existiert zu gegebenem $r \in (0, \eta)$ ein $\delta \in (0, \eta)$ mit

$$|f(z', z_n) - f(a', z_n)| < \min\{ |f(a', \xi)|; \ |\xi - a_n| = r \}$$

für alle $(z', z_n) \in \overline{P}_\delta(a') \times \overline{D}_\eta(a_n)$. Dann ist für jedes $z' \in P_\delta(a')$

$$|f(z', z_n) - f(a', z_n)| < |f(a', z_n)| \quad (z_n \in \partial D_r(a_n)),$$

und nach dem Satz von Rouché (Satz 5.4.4 in [23]) ist das Paar (δ, r) z_n-zulässig für f in a.

(b) Sei (δ, r) z_n-zulässig für f in a und sei $g \in \mathcal{O}(U)$ eine beliebige analytische Funktion. Sei $P = P' \times D$ ein offener Polyzylinder um $a = (a', a_n)$ mit

$$\overline{P}_\delta(a') \times \overline{D}_r(a_n) \subset P \subset \overline{P} \subset U,$$

und sei $c > 0$ eine reelle Zahl mit $\|g\|_P < \frac{1}{c}$. Dann ist

$$h : D_c(0) \times P \to \mathbb{C}, \quad h(\xi, z) = \log(1 - \xi g(z)),$$

wobei log den Hauptzweig des komplexen Logarithmus auf $\mathbb{C} \setminus (-\infty, 0]$ bezeichne, eine holomorphe Funktion. Gemäß Lemma 2.15 ist $H : D_c(0) \times P_\delta(a') \to \mathbb{C}$,

$$H(\xi, z') = \frac{1}{2\pi i} \int\limits_{\partial D_r(a_n)} h(\xi, z', w) \frac{\partial_n f(z', w)}{f(z', w)} dw$$

holomorph. Nach dem Residuensatz (Satz 5.4.1 in [23]) gilt für $(\xi, z') \in D_c(0) \times P_\delta(a')$

$$H(\xi, z') = \sum_{j=1}^{k} h(\xi, z', \alpha_j(z')),$$

denn es ist

$$\mathrm{res}(h(\xi, z', \cdot)\frac{f(z', \cdot)'}{f(z', \cdot)}, \alpha) = h(\xi, z', \alpha)\, \mathrm{ord}_\alpha f(z', \cdot)$$

in jedem Punkt $\alpha \in D_r(a_n)$. Also ist

$$1 + \sum_{j=0}^{k-1} c_j(z')\xi^{k-j} = \prod_{j=1}^{k} (1 - \xi g(z', \alpha_j(z'))) = \exp H(\xi, z')$$

holomorph in $(\xi, z') \in D_c(0) \times P_\delta(a')$. Die Cauchysche Integralformel liefert für $0 < \rho < c$ die Identität

$$c_j(z') = \frac{1}{2\pi i} \int_{\partial D_\rho(0)} \frac{\exp H(\xi, z')}{\xi^{k-j+1}} \mathrm{d}\xi,$$

und nach Lemma 2.15 ist $c_j(z')$ analytisch in $z' \in P_\delta(a')$ für $0 \leq j \leq k - 1$. $\square$

Als Folgerung beweisen wir ein wichtiges klassisches Ergebnis über das lokale Verhalten holomorpher Funktionen mehrerer Veränderlicher. In der Nähe einer z_n-regulären Nullstelle der Ordnung k stimmt die Nullstellenmenge einer holomorphen Funktion f überein mit der Nullstellenmenge eines *Weierstraß-Polynomes* vom Grade k, das heißt eines normierten Polynomes

$$z_n^k + b_1(z')z_n^{k-1} + \ldots + b_{k-1}(z')z_n + b_k(z')$$

der Ordnung k in z_n mit analytischen Funktionen in $z' = (z_1, \ldots, z_{n-1})$ als Koeffizienten.

Satz 4.4 (Weierstraßscher Vorbereitungssatz)
Sei $U \subset \mathbb{C}^n$ eine offene Umgebung von $(0', 0) \in \mathbb{C}^n$. Sei $f \in \mathcal{O}(U)$ z_n-regulär von der Ordnung k in 0, und sei ein Polyzylinder $P = P_\delta(0') \times D_r(0) \subset \overline{P} \subset U$ gegeben so, dass für alle $z' \in P_\delta(0')$ die Funktion $f(z', \cdot)$ in $D_r(0)$ genau k Nullstellen und auf dem Rand $\partial D_r(0)$ keine Nullstelle besitzt. Dann gibt es eindeutig bestimmte Funktionen $w, h \in \mathcal{O}(P)$ mit $Z(h) = \varnothing$, $f = wh$ auf P so, dass w die Form

$$w(z) = z_n^k + b_1(z')z_n^{k-1} + \ldots + b_k(z') \ (z = (z', z_n) \in P)$$

hat mit geeigneten Funktionen $b_1, \ldots, b_k : P_\delta(0') \to \mathbb{C}$. Die Koeffizienten b_i von w sind in diesem Fall automatisch analytische Funktionen auf $P_\delta(0')$ mit $b_j(0') = 0$ für $j = 1, \ldots, k$.

Beweis Nach Lemma 4.3(b), mit g als Projektion auf die n-te Koordinate und $\alpha_1, \ldots, \alpha_k$ wie dort beschrieben, definiert

$$w(z', z_n) = \prod_{j=1}^{k}(z_n - \alpha_j(z')) = z_n^k + b_1(z')z_n^{k-1} + \ldots + b_k(z')$$

eine holomorphe Funktion w auf $P_\delta(0') \times \mathbb{C}$ mit Koeffizientenfunktionen $b_1, \ldots, b_k \in \mathcal{O}(P_\delta(0'))$. Wegen

$$w(0', z_n) = z_n^k \quad (z_n \in D_r(0))$$

ist $b_j(0') = 0$ für $j = 1, \ldots, k$. Für $z' \in P_\delta(0')$ hat das Polynom $w(z', \cdot) \in \mathbb{C}[z_n]$ nur Nullstellen in $D_r(0)$, und für alle $z \in D_r(0)$ gilt

$$\mathrm{ord}_z w(z', \cdot) = \mathrm{ord}_z f(z', \cdot).$$

Also ist für jedes $z' \in P_\delta(0')$ die Funktion

$$\{z \in \mathbb{C}; \ (z', z) \in U\} \to \mathbb{C}, \quad z \mapsto \frac{f(z', z)}{w(z', z)}$$

hebbar in allen Nullstellen des Nenners. Gemäß Lemma 2.15 ist

$$h : P \to \mathbb{C}, \quad h(z', z_n) = \frac{1}{2\pi i} \int\limits_{\partial D_r(0)} \frac{f(z', \xi)}{w(z', \xi)} \frac{1}{\xi - z_n} \, d\xi$$

eine holomorphe Funktion auf P, und nach der Cauchyschen Integralformel ist für z' in $P_\delta(0')$ die Funktion $h(z', \cdot)$ die holomorphe Fortsetzung der Funktion $f(z', \cdot)/w(z', \cdot)$ auf $D_r(0)$. Folglich ist $h \in \mathcal{O}(P)$ eine nullstellenfreie Funktion mit $f = wh$ auf P.

Sind $w, h \in \mathcal{O}(P)$ irgendwelche Funktionen mit den angegebenen Eigenschaften, so ist für jedes feste $z' \in P_\delta(0')$ die Funktion $w(z', \cdot)$ ein normiertes Polynom vom Grade k in z_n mit

$$\mathrm{ord}_{z_n} w(z', \cdot) = \mathrm{ord}_{z_n} f(z', \cdot) \quad (z_n \in D_r(0)).$$

Also hat w die Gestalt

$$w(z', z_n) = \prod_{j=1}^{k}(z_n - \alpha_j(z')) \quad ((z', z_n) \in P).$$

Hierbei seien wie zuvor $\alpha_1(z'), \ldots, \alpha_k(z')$ die entsprechend ihrer Vielfachheit wiederholten Nullstellen von $f(z', \cdot)$ in $D_r(0)$. Dann sind aber w, h und auch die Koeffizientenfunktionen $b_1, \ldots, b_k \in \mathcal{O}(P_\delta(0'))$ eindeutig bestimmt. $\square$

Als einfache Folgerung ergibt sich ein erster wichtiger Unterschied zwischen den Eigenschaften von Nullstellenmengen holomorpher Funktionen in einer und in mehreren Veränderlichen.

Korollar 4.5 *Ist $f \in \mathcal{O}(U)$ eine analytische Funktion auf einer offenen Menge $U \subset \mathbb{C}^n$ mit $n \geq 2$, so hat die Nullstellenmenge $Z(f)$ keine isolierten Punkte.*

Beweis Sei $a \in Z(f)$ und sei $\varepsilon > 0$ so klein, dass $B_\varepsilon(a) \subset U$ ist. Ist $a \notin \mathrm{Int}(Z(f))$, so gibt es nach Lemma 4.2 eine biholomorphe Abbildung $\varphi : B_\varepsilon(a) \to B_\varepsilon(a)$ mit $\varphi(a) = a$ so, dass $f \circ \varphi : B_\varepsilon(a) \to \mathbb{C}$ z_n-regulär in a ist. Nach Lemma 4.3(a) besitzt $f \circ \varphi$ in jeder Umgebung von a mindestens eine von a verschiedene Nullstelle. Da φ stetig und injektiv ist mit $\varphi(a) = a$, gilt dasselbe für die Funktion f. $\square$

4.2   Riemannscher Hebbarkeitssatz und dünne Mengen

Ist $A \subset U$ eine diskrete Teilmenge einer offenen Menge U in $\mathbb{C}$, so lässt sich eine holomorphe Funktion $f \in \mathcal{O}(U \setminus A)$, die in der Nähe eines jeden Punktes $a \in A$ beschränkt ist, nach dem Riemannschen Hebbarkeitssatz fortsetzen zu einer holomorphen Funktion auf ganz U. Wir wollen eine mehrdimensionale Verallgemeinerung dieses Satzes beweisen. Dabei ersetzen wir diskrete Mengen durch Mengen, die lokal Teilmenge der Nullstellenmenge einer nicht identisch verschwindenden analytischen Funktion sind.

▶   **Definition 4.6** Sei $D \subset \mathbb{C}^n$ eine offene Menge und sei $E \subset D$ abgeschlossen in D. Man nennt E *dünn* in D, falls zu jedem Punkt $p \in E$ ein $\varepsilon > 0$ und eine Funktion $h \in \mathcal{O}(B_\varepsilon(p)) \setminus \{0\}$ existieren mit

$$E \cap B_\varepsilon(p) \subset Z(h).$$

Bemerkung 4.7 Ist E dünn in D, so hat E nach dem Identitätssatz (Satz 2.3) keine inneren Punkte.

Das nächste Ergebnis enthält die angekündigte mehrdimensionale Version des Riemannschen Hebbarkeitssatzes.

Satz 4.8 (Riemannscher Hebbarkeitssatz)

Sei D eine offene Menge in $\mathbb{C}^n$ und sei $E \subset D$ dünn in D. Ist $f \in \mathcal{O}(D \setminus E)$ lokal beschränkt auf E, das heißt hat jeder Punkt $p \in E$ eine Umgebung $U \subset D$ so, dass f auf $U \cap (\mathbb{C}^n \setminus E)$ beschränkt ist, dann existiert eine eindeutige Fortsetzung von f zu einer holomorphen Funktion $F \in \mathcal{O}(D)$.

Beweis Es genügt, für jeden Punkt $p \in D$ eine offene Umgebung $U = U(p) \subset D$ von p zu finden so, dass $f|U \cap (\mathbb{C}^n \setminus E)$ eine Fortsetzung zu einer holomorphen Funktion $F_p \in \mathcal{O}(U)$ besitzt. Denn sind $U = U(p)$, $V = U(q)$ und $F_p \in \mathcal{O}(U)$, $F_q \in \mathcal{O}(V)$ wie oben zu zwei Punkten $p, q \in D$ gewählt und ist $U \cap V \neq \varnothing$, so stimmen F_p und F_q nach dem Identitätssatz (Satz 2.3) auf jeder Zusammenhangskomponente C von $U \cap V$ überein.

Also lassen sich die Funktionen $(F_p)_{p \in D}$ zu einer globalen holomorphen Fortsetzung $F \in \mathcal{O}(D)$ von f zusammensetzen. Dieses Argument beweist auch den Eindeutigkeitsteil von Satz 4.8.

Sei jetzt $a = (a', a_n) \in D$. Wir suchen eine holomorphe Fortsetzung von f auf eine Umgebung von a. Da E abgeschlossen in D ist, dürfen wir annehmen, dass $a \in E$ ist. Nach Definition 4.6 und Lemma 4.2 können wir eine Funktion $h \in \mathcal{O}(B_\varepsilon(a)) \setminus \{0\}$ und eine biholomorphe Abbildung $\varphi : B_\varepsilon(a) \to B_\varepsilon(a)$ finden mit $\varphi(a) = a$ so, dass

(i) $E \cap B_\varepsilon(a) \subset Z(h)$ ist,
(ii) $h \circ \varphi : B_\varepsilon(a) \to \mathbb{C}$ z_n-regulär (mit Ordnung k) in a ist und
(iii) $f|B_\varepsilon(a) \cap (\mathbb{C}^n \setminus E)$ beschränkt ist.

Es genügt, eine offene Umgebung $U \subset B_\varepsilon(a)$ von a zu finden so, dass eine holomorphe Fortsetzung $G \in \mathcal{O}(U)$ von $f \circ \varphi|U \cap \varphi^{-1}(\mathbb{C}^n \setminus E)$ auf U existiert. Denn dann ist $\varphi(U) \subset B_\varepsilon(a)$ eine offene Umgebung von a und $G \circ \varphi^{-1} \in \mathcal{O}(\varphi(U))$ ist eine holomorphe Fortsetzung von $f|\varphi(U) \cap (\mathbb{C}^n \setminus E)$.

Nach Lemma 4.3(a) gibt es reelle Zahlen $r, \delta > 0$ mit $\overline{P}_\delta(a') \times \overline{D}_r(a_n) \subset B_\varepsilon(a)$ so, dass für alle $z' \in P_\delta(a')$ die Funktion $h \circ \varphi(z', \cdot)$ in $D_r(a_n)$ genau k Nullstellen hat und auf $\partial D_r(a_n)$ keine Nullstelle besitzt. Wir fixieren einen Punkt $z' \in P_\delta(a')$. Dann ist

$$M(z') = \{z_n \in \overline{D}_r(a_n);\ \varphi(z', z_n) \in B_\varepsilon(a) \cap E\} \subset D_r(a_n)$$

eine endliche Menge, und wegen Bedingung (iii) besitzt die Funktion

$$f \circ \varphi(z', \cdot) : \overline{D}_r(a_n) \setminus M(z') \to \mathbb{C}$$

nach dem Riemannschen Hebbarkeitssatz aus der Funktionentheorie einer Veränderlichen eine stetige Fortsetzung auf $\overline{D}_r(a_n)$, die holomorph auf $D_r(a_n)$ ist. Nach der Cauchyschen Integralformel (Satz 1.2) gilt für alle $z_n \in D_r(a_n) \setminus M(z')$

$$f \circ \varphi(z', z_n) = \frac{1}{2\pi i} \int\limits_{\partial D_r(a_n)} \frac{f \circ \varphi(z', \xi)}{\xi - z_n}\, d\xi,$$

und nach Lemma 2.15 definiert das Integral auf der rechten Seite eine holomorphe Funktion

$$G : P_\delta(a') \times D_r(a_n) \to \mathbb{C}.$$

Diese stimmt auf dem Durchschnitt mit $\varphi^{-1}(\mathbb{C}^n \setminus E)$ mit der entsprechenden Restriktion von $f \circ \varphi$ überein. $\qquad\qquad\square$

Das Herausschneiden einer dünnen Teilmenge aus einem Gebiet G in $\mathbb{C}^n$ ändert nichts am Zusammenhang von G.

Korollar 4.9 *Ist $G \subset \mathbb{C}^n$ ein Gebiet und ist $E \subset G$ dünn in G, so ist auch die Menge $G \setminus E$ ein Gebiet.*

Beweis Ist $G \setminus E = U \cup V$ mit disjunkten offenen Mengen U und V in $\mathbb{C}^n$, so hat die Funktion $f : G \setminus E \to \mathbb{C}$, definiert durch

$$f(z) = 0 \quad (z \in U), \qquad f(z) = 1 \quad (z \in V),$$

nach Satz 4.8 eine Fortsetzung zu einer holomorphen Funktion $F \in \mathcal{O}(G)$. Nach dem Identitätssatz (Satz 2.3) ist $U = \varnothing$ oder $V = \varnothing$. $\qquad\qquad\square$

Sei $\lambda = \lambda_{2n}$ das $(2n)$-dimensionale Lebesgue-Maß auf $\mathbb{C}^n \cong \mathbb{R}^{2n}$. Das nächste Resultat zeigt, dass dünne Mengen auch im Sinne der Maßtheorie sehr klein sind. Gleichzeitig beweisen wir eine Verbesserung des *Identitätssatzes*.

Satz 4.10
Ist $D \subset \mathbb{C}^n$ offen und ist $E \subset D$ dünn in D, so ist $\lambda(E) = 0$. Ist $G \subset \mathbb{C}^n$ ein Gebiet und ist $f \in \mathcal{O}(G)$ eine holomorphe Funktion mit $\lambda(Z(f)) > 0$, so ist $f = 0$.

Beweis Sei $K \subset E$ eine kompakte Menge. Da D eine abzählbare Vereinigung geeigneter kompakter Teilmengen ist, genügt es zu zeigen, dass $\lambda(K) = 0$ ist. Sei dazu $a = (a', a_n) \in K$ beliebig. Nach Definition 4.6 gibt es eine holomorphe Funktion $h \in \mathcal{O}(B_\varepsilon(a)) \setminus \{0\}$ auf einer geeigneten Kugel um a mit $B_\varepsilon(a) \cap K \subset Z(h)$. Gemäß Lemma 4.2 existiert eine biholomorphe Abbildung $\varphi : B_\varepsilon(a) \to B_\varepsilon(a)$ so, dass $h \circ \varphi$ in $a = \varphi(a)$ z_n-regulär ist. Nach Lemma 4.3(a) können wir $r, \delta > 0$ finden mit $P = P_\delta(a') \times D_r(a_n) \subset B_\varepsilon(a)$ so, dass für alle $z' \in P_\delta(a')$ eine endliche Menge $M_{z'} \subset D_r(a_n)$ existiert mit

$$Z(h \circ \varphi, P) \subset \bigcup(\{z'\} \times M_{z'};\ z' \in P_\delta(a')).$$

Bezeichnet A die Nullstellenmenge auf der linken Seite, so liegt die charakteristische Funktion χ_A von A in $\mathcal{L}^1(\mathbb{R}^{2n})$. Mit dem Satz von Fubini folgt

$$\lambda_{2n}(A) = \int_{\mathbb{R}^{2n}} \chi_A \mathrm{d}\lambda_{2n} = \int_{\mathbb{R}^{2n-2}} \left(\int_{\mathbb{R}^2} \chi_A(z', z_n) \mathrm{d}\lambda_2(z_n) \right) \mathrm{d}\lambda_{2n-2}(z') = 0.$$

Da $\varphi : B_\varepsilon(a) \to \mathbb{C}^n$ als holomorphe Funktion insbesondere stetig partiell differenzierbar ist, folgt wiederum mit einem wohlbekannten Resultat aus der Maßtheorie, dass

$$Z(h, \varphi(P)) = \varphi(A)$$

eine Lebesgue-Nullmenge ist. Folglich ist $V_a = \varphi(P)$ eine offene Umgebung von a mit $\lambda(K \cap V_a) = 0$. Ein einfaches Kompaktheitsargument beendet den ersten Teil des Beweises. Ist $f \in \mathcal{O}(G) \setminus \{0\}$ eine nicht-triviale analytische Funktion auf einem Gebiet G in $\mathbb{C}^n$, so ist $Z(f)$ dünn in G und damit eine Lebesgue-Nullmenge. $\qquad\square$

4.3 Analytische Mengen

Komplexe Untermannigfaltigkeiten lassen sich lokal darstellen als Durchschnitt der Nullstellenmengen von endlich vielen holomorphen Funktionen derart, dass die Jacobi-Matrix der aus diesen Funktionen zusammengesetzten holomorphen Abbildung maximalen Rang hat (Satz 3.2). Verzichtet man auf die letzte Bedingung, so erhält man den Begriff der analytischen Menge.

▶ **Definition 4.11** Sei $D \subset \mathbb{C}^n$ offen und sei $A \subset D$ abgeschlossen in D. Man nennt A *analytisch* in D, falls zu jedem Punkt $a \in A$ eine offene Umgebung U von a und eine holomorphe Abbildung $h \in \mathcal{O}(U, \mathbb{C}^{n_a})$ existieren mit

$$A \cap U = Z(h).$$

Eine einfache Überlegung zeigt, dass eine Menge $A \subset D$ analytisch in D ist genau dann, wenn es zu jedem Punkt $a \in D$ eine offene Umgebung U von a und eine holomorphe Abbildung $h \in \mathcal{O}(U, \mathbb{C}^{n_a})$ gibt mit $A \cap U = Z(h)$ (Aufgabe 4.4).

Bemerkung 4.12 Seien D_0 und D offene Mengen in $\mathbb{C}^n$ mit $D_0 \subset D$.

(i) Die leere Menge $\varnothing$ und D sind analytisch in D.
(ii) Mit A_1 und A_2 sind auch $A_1 \cup A_2$ und $A_1 \cap A_2$ analytisch in D. Denn ist $U \subset D$ offene Umgebung eines Punktes $p \in D$ und sind $h^{(i)} \in \mathcal{O}(U, \mathbb{C}^{n_i})$ analytische Funktionen mit $A_i \cap U = Z(h^{(i)})$ für $i = 1, 2$, so folgt

$$(A_1 \cup A_2) \cap U = \bigcap (Z(h_j^{(1)} h_k^{(2)}); \ 1 \le j \le n_1 \text{ und } 1 \le k \le n_2)$$

und

$$A_1 \cap A_2 \cap U = Z(h^{(1)}, h^{(2)}).$$

(iii) Ist $A \subset D$ analytisch, so ist $A \cap D_0 \subset D_0$ analytisch.

(iv) Ist $M \subset \mathbb{C}^n$ eine komplexe Untermannigfaltigkeit und ist $M \subset D$ abgeschlossen in D, dann ist M analytisch in D. Für $\dim M = n$ ist M offen und abgeschlossen in D. Ist $\dim M < n$, so genügt es, Satz 3.2 anzuwenden.

(v) Ist $V \subset \mathbb{C}^m$ offen und $A \subset V$ analytisch, so ist $f^{-1}(A) \subset D$ analytisch für jede holomorphe Abbildung $f : D \to V$. Zum Beweis überlege man sich, dass für jede holomorphe Abbildung $h \in \mathcal{O}(W, \mathbb{C}^k)$ auf einer offenen Umgebung $W \subset V$ eines Punktes $f(p) \in A$ mit $A \cap W = Z(h)$ die Menge $f^{-1}(A) \cap f^{-1}(W)$ genau die Nullstellenmenge der holomorphen Abbildung $h \circ \left(f \,|_{f^{-1}(W)}\right)$ ist.

Satz 4.13

Ist $A \subsetneq G$ analytisch in einem Gebiet G in $\mathbb{C}^n$, so ist A dünn in G.

Beweis Nach Voraussetzung existieren zu jedem Punkt p in G eine Kugel $U_p = B_{\varepsilon_p}(p) \subset G$ und eine holomorphe Abbildung $h_p \in \mathcal{O}(U_p, \mathbb{C}^{n_p})$ mit $A \cap U_p = Z(h_p)$. Wir nehmen an, dass A nicht dünn in G ist. Dann gibt es ein $p \in A$ mit $h_p \equiv 0$. In diesem Fall ist $U_p \subset \mathrm{Int}(A)$. Da für jeden Punkt $q \in \partial_G(\mathrm{Int}(A))$ nach dem Identitätssatz (Satz 2.3) ebenfalls $h_q \equiv 0$ ist, enthält die Menge $\mathrm{Int}(A)$ ihren in G gebildeten Rand. Im Widerspruch zur Voraussetzung müsste $A = G$ sein. □

Im letzten Kapitel haben wir gezeigt (Satz 3.5), dass es zu einer holomorphen Abbildung $h \in \mathcal{O}(G, \mathbb{C}^r)$ offene Teilmengen $U \subset G$ gibt so, dass $Z(h, U)$ eine komplexe Untermannigfaltigkeit in $\mathbb{C}^n$ ist. Wir wollen dieses Ergebnis auf analytische Mengen anwenden.

▶ **Definition 4.14** Sei $D \subset \mathbb{C}^n$ offen und $A \subset D$ analytisch. Man nennt einen Punkt $a \in A$ *regulär* in A, falls ein $p \in \{0, \ldots, n\}$ und eine Funktion $h \in \mathcal{O}(U, \mathbb{C}^{n-p})$ auf einer offenen Umgebung $U \subset D$ von a existieren mit $\mathrm{rg} J_h(a) = n - p$ und $A \cap U = Z(h)$. Die Zahl p heißt *Dimension* von A in a. Ein Punkt $a \in A$ ist definitionsgemäß *singulär* in A, wenn er nicht regulär ist. Wir schreiben $\mathrm{Reg}(A)$ für die Menge der reguären Punkte von A.

Hierbei sei für $p = n$ wie zuvor $\mathbb{C}^0 = \{0\}$ und $h \in \mathcal{O}(U, \mathbb{C}^0)$ die Nullfunktion. Man beachte, dass die Dimension von A nach Satz 3.2 und Aufgabe 3.4 in jedem regulären Punkt eindeutig bestimmt ist.

Man überlegt sich leicht (Aufgabe 4.6), dass die Menge Reg(A) der regulären Punkte von A eine offene Teilmenge von A ist und dass die Zusammenhangskomponenten von Reg(A) komplexe Untermannigfaltigkeiten des $\mathbb{C}^n$ im Sinne von Definition 3.2 sind.

Satz 4.15
Sei $D \subset \mathbb{C}^n$ offen und $A \subset D$ analytisch. Dann ist die Menge Reg(A) dicht in A.

Beweis Sei $a \in A$. Definitionsgemäß gibt es eine offene Umgebung $W \subset \mathbb{C}^n$ von a und eine holomorphe Abbildung $h \in \mathcal{O}(W, \mathbb{C}^r)$ mit $A \cap W = Z(h)$. Nach Satz 3.5 enthält jede Kugel $B_\epsilon(a) \subset W$ eine offene Menge U so, dass $Z(h, U)$ eine komplexe Untermannigfaltigkeit in $\mathbb{C}^n$ ist. Nach Satz 3.2 sind alle Punkte in $Z(h, U) = A \cap U$ reguläre Punkte von A. $\qquad\square$

Sei $f : D \to V$ holomorph zwischen offenen Mengen $D \subset \mathbb{C}^n$ und $V \subset \mathbb{C}^m$. Nach Bemerkung 4.12 ist das Urbild $f^{-1}(A)$ jeder analytischen Menge $A \subset V$ analytisch in D. Für Bilder analytischer Mengen ist die Situation wesentlich komplizierter. Eine einfache Überlegung zeigt, dass für die holomorphe Abbildung $f : \mathbb{C}^2 \to \mathbb{C}^2, (z, w) \mapsto (z, zw)$ die Bildmenge $f(\mathbb{C}^2) = (\mathbb{C}^2 \setminus (\{0\} \times \mathbb{C})) \cup \{(0, 0)\}$ in keiner offenen Obermenge abgeschlossen ist. Insbesondere ist das Bild von f in keiner offenen Obermenge analytisch. Als Anwendung eines sehr viel allgemeineren Satzes von Remmert (*Remmertscher Projektionssatz*) folgt, dass für jede eigentliche holomorphe Abbildung $f : D \to V$ das Bild $f(A)$ jeder analytischen Menge $A \subset D$ analytisch in V ist (Theorem V.C.5 in [18]).

4.4 Kompakte analytische Mengen

Im Folgenden schreiben wir die Elemente von $\mathbb{C}^n$ in der Form (z', z_n) mit $z' \in \mathbb{C}^{n-1}$ und $z_n \in \mathbb{C}$. Es sei $\pi : \mathbb{C}^n \to \mathbb{C}^{n-1}, (z', z_n) \mapsto z'$ die Projektion des $\mathbb{C}^n$ auf die ersten $(n-1)$ Koordinaten.

Satz 4.16 (Projektionssatz)
Sei $D \subset \mathbb{C}^n$ offen, $A \subset D$ analytisch in D und $a = (a', a_n)$ ein Punkt in A so, dass a isolierter Punkt von $A \cap (\{a'\} \times \mathbb{C})$ ist. Dann existiert ein offener Polyzylinder $\Delta \subset D$ um a so, dass $\pi(\Delta \cap A) \subset \pi(\Delta)$ analytisch ist.

Beweis Die Voraussetzung, dass $a = (a', a_n)$ ein isolierter Punkt von $A \cap (\{a'\} \times \mathbb{C})$ ist, erlaubt es uns, einen offenen Polyzylinder $U = U' \times U_n \subset D$ um a und Funktionen $f_1, \ldots, f_r \in \mathcal{O}(U)$ zu wählen mit

$$U \cap A = Z(f_1, \ldots, f_r)$$

so, dass die Funktion $f = f_r$ z_n-regulär in a von der Ordnung $k \geq 1$ ist. Wir dürfen weiter annehmen, dass $r > 1$ ist. Man wähle mit Lemma 4.3(a) ein z_n-zulässiges Paar (δ, r) für $f|U$ in a und setze $\Delta = P_\delta(a') \times D_r(a_n)$.

Für $z' \in P_\delta(a')$ seien $\alpha_1(z'), \ldots, \alpha_k(z')$ die Nullstellen von $f(z', \cdot)$ in $D_r(a_n)$ (entsprechend ihrer Vielfachheit wiederholt). Nach Lemma 4.3(b) ist für jedes $g \in \mathcal{O}(U)$ die Funktion

$$G : P_\delta(a') \to \mathbb{C}, \quad G(z') = \prod_{j=1}^{k} g(z', \alpha_j(z'))$$

holomorph. Man beachte, dass die Menge

$$\pi(\Delta \cap Z(f) \cap Z(g)) = Z(G) \subset P_\delta(a') = \pi(\Delta)$$

analytisch in $\pi(\Delta)$ ist und wähle Vektoren $c^{(i)} = (c_1^{(i)}, \ldots, c_{r-1}^{(i)}) \in \mathbb{C}^{r-1}$ $(i = 1, \ldots, (r-1)k)$ so, dass für jede Wahl von Indizes $1 \leq i_1 < \ldots < i_{r-1} \leq (r-1)k$ die Vektoren

$$c^{(i_1)}, \ldots, c^{(i_{r-1})} \in \mathbb{C}^{r-1}$$

linear unabhängig sind. Um zu sehen, dass solche Vektoren existieren, beachte man, dass für je endlich viele echte Teilräume $M_1, \ldots, M_s \subsetneq \mathbb{C}^{r-1}$ stets gilt

$$\mathbb{C}^{r-1} \neq M_1 \cup \ldots \cup M_s.$$

Dies folgt etwa aus der Subadditivität des $(2n)$-dimensionalen Lebesgue-Maßes auf $\mathbb{C}^n$. Um den Beweis zu beenden, zeigen wir, dass

$$\pi(\Delta \cap A) = \bigcap_{i=1}^{(r-1)k} \pi(\Delta \cap Z(f) \cap Z(g_i))$$

für die durch

$$g_i = \sum_{v=1}^{r-1} c_v^{(i)} f_v \in \mathcal{O}(U) \quad (i = 1, \ldots, (r-1)k)$$

definierten Funktionen gilt. Sei dazu z' ein Element im Durchschnitt der Mengen auf der rechten Seite. Dann gibt es für jedes $i \in \{1, \ldots, (r-1)k\}$ ein $j_i \in \{1, \ldots, k\}$ mit

$$0 = g_i(z', \alpha_{j_i}(z')) = \sum_{v=1}^{r-1} c_v^{(i)} f_v(z', \alpha_{j_i}(z')).$$

Also existiert ein $j \in \{1, \ldots, k\}$ mit $j_i = j$ für mindestens $(r - 1)$ verschiedene Indizes i.
Nach Wahl der Vektoren $c^{(i)}$ folgt, dass

$$(z', \alpha_j(z')) \in \Delta \cap \bigcap_{\nu=1}^{r} Z(f_\nu) = \Delta \cap A.$$

Die umgekehrte Inklusion gilt offensichtlich. □

Eine Teilmenge $A \subsetneq G$ eines Gebietes G in $\mathbb{C}$ ist genau dann analytisch, wenn sie diskret in
G ist. Die kompakten diskreten Teilmengen von G sind genau die endlichen Mengen. Wir
benutzen den Projektionssatz, um eine mehrdimensionale Verallgemeinerung zu beweisen.

Korollar 4.17 *Sei $D \subset \mathbb{C}^n$ offen und sei $A \subset D$ analytisch in D. Ist A kompakt, so ist A
endlich.*

Beweis Da eine kompakte analytische Menge A in D auch analytisch in $\mathbb{C}^n$ ist, dürfen
wir voraussetzen, dass $D = \mathbb{C}^n$. Wir beweisen die Behauptung durch Induktion nach n.
Für $n = 1$ ist nach den Vorbemerkungen nichts mehr zu zeigen. Sei $n \geq 2$ und sei die
Behauptung gezeigt für kompakte analytische Mengen in $\mathbb{C}^{n-1}$. Sei $A \subset \mathbb{C}^n$ analytisch und
kompakt und sei $a' \in \pi(A)$ beliebig. Dann ist die Menge

$$E = \{z \in \mathbb{C}; \ (a', z) \in A\}$$

nicht-leer, kompakt und nach Bemerkung 4.12(v) analytisch. Also gibt es endlich viele
Punkte $a^{(1)}, \ldots, a^{(m)}$ in $\mathbb{C}^n$ mit

$$A \cap (\{a'\} \times \mathbb{C}) = \{a^{(1)}, \ldots, a^{(m)}\}.$$

Nach dem Projektionssatz (Satz 4.16) können wir offene Polyzylinder Δ_i um $a^{(i)}$ wählen
so, dass die Teilmengen

$$\pi(\Delta_i \cap A) \subset \pi(\Delta_i) \quad (i = 1, \ldots, m)$$

analytisch sind. Wähle $r > 0$ mit

$$r < \mathrm{dist}_\infty(A \cap (\Delta_1 \cup \ldots \cup \Delta_m)^c, \{a'\} \times \mathbb{C})$$

so, dass der Polyzylinder $\Delta' = P_r(a')$ enthalten ist im Durchschnitt $\pi(\Delta_1) \cap \ldots \cap \pi(\Delta_m)$.
Hierbei bezeichnet $\mathrm{dist}_\infty(M, N) = \inf\{\|z - w\|_\infty; \ z \in M, w \in N\}$ den bezüglich der
Maximumsnorm gebildeten Abstand zweier Mengen M, N in $\mathbb{C}^n$. Insbesondere gilt dann

$$A \cap (\Delta' \times \mathbb{C}) \subset A \cap (\Delta_1 \cup \ldots \cup \Delta_m)$$

und folglich

$$\pi(A) \cap \Delta' = \bigcup_{i=1}^{m} \Delta' \cap \pi(A \cap \Delta_i).$$

Nach Bemerkung 4.12 (Teile (ii) und (iii)) ist $\pi(A) \cap \Delta' \subset \Delta'$ analytisch. Also gibt es eine offene Umgebung $U \subset \Delta'$ von a' und eine holomorphe Abbildung $h \in \mathcal{O}(U, \mathbb{C}^k)$ mit

$$\pi(A) \cap U = (\pi(A) \cap \Delta') \cap U = Z(h).$$

Da $a' \in \pi(A)$ beliebig war, haben wir gezeigt, dass $\pi(A) \subset \mathbb{C}^{n-1}$ analytisch ist. Nach Induktionsvoraussetzung ist diese Menge endlich. Dann ist aber auch

$$A = \bigcup_{a' \in \pi(A)} A \cap (\{a'\} \times \mathbb{C})$$

endlich. $\square$

4.5   Weierstraßscher Divisionssatz und Potenzreihenringe

Für $K \subset \mathbb{C}^n$ kompakt sei

$$\mathcal{O}(K) = \bigcup (\mathcal{O}(U); U \supset K \text{ offen}).$$

Wir nennen zwei Funktionen $f, g \in \mathcal{O}(K)$ mit Definitionsbereichen $D_f, D_g \supset K$ äquivalent, wenn ihre Einschränkungen auf eine geeignete Umgebung von K übereinstimmen. Für $f \in \mathcal{O}(K)$ bezeichne $[f]$ die Äquivalenzklasse von f bezüglich der so definierten Äquivalenzrelation. Die Menge $\mathcal{O}_K = \mathcal{O}(K)/\sim$ aller Äquivalenzklassen wird zu einem Ring bezüglich der Addition

$$[f] + [g] = [f|_{D_f \cap D_g} + g|_{D_f \cap D_g}]$$

und der entsprechend definierten Multiplikation. Für $a \in \mathbb{C}^n$ bezeichne

$$\mathcal{O}_a = \mathcal{O}_{\mathbb{C}^n,a} = \mathcal{O}(\{a\})/\sim$$

den Ring der Äquivalenzklassen aller auf einer Umgebung von a definierten holomorphen Funktionen. Jedes $[f] \in \mathcal{O}_a$ besitzt eine eindeutig bestimmte Potenzreihe $\sum_{j \in \mathbb{N}^n} a_j (z-a)^j$ als Repräsentanten. Daher nennt man $\mathcal{O}_a$ auch den *Ring der konvergenten Potenzreihen* in a.

Als weitere Anwendung des Weierstraßschen Vorbereitungssatzes wollen wir zeigen, dass die Potenzreihenringe $\mathcal{O}_a$ noethersch sind.

▶ **Definition 4.18** Sei $k \geq 1$ eine natürliche Zahl und $\eta > 0$ eine positive reelle Zahl. Unter einem *Weierstraß-Polynom* der Ordnung k verstehen wir eine Funktion $w : P_\eta(0') \times \mathbb{C} \to \mathbb{C}$ der Form

$$w(z', z_n) = z_n^k + b_1(z')z_n^{k-1} + \ldots + b_k(z') \quad ((z', z_n) \in P_\eta(0') \times \mathbb{C}),$$

wobei $b_1, \ldots, b_k \in \mathcal{O}(P_\eta(0'))$ analytische Funktionen sind mit $b_j(0') = 0$ für jedes $1 \leq j \leq k$.

Sei w ein Weierstraß-Polynom der Ordnung k wie oben. Dann ist w eine z_n-reguläre Funktion der Ordnung k in 0. Der Beweis von Lemma 4.3(a) zeigt, dass zu jedem $r \in (0, \eta)$ ein $\delta \in (0, \eta)$ existiert so, dass für alle $z' \in P_\delta(0')$ die Funktion $w(z', \cdot)$ genau k Nullstellen in $D_r(0)$ und keine Nullstellen auf $\partial D_r(0)$ besitzt.

Satz 4.19 (Weierstraßscher Divisionssatz)
Sei w ein Weierstraß-Polynom der Ordnung k auf $U = P_\eta(0') \times \mathbb{C}$. Dann gibt es zu jedem $r \in (0, \eta)$ einen Polyzylinder $P = P_\delta(0') \times D_r(0) \subset U$ derart, dass $w(z', \cdot)$ für jedes $z' \in P_\delta(0')$ genau k Nullstellen in $D_r(0)$ und keine Nullstelle auf $\partial D_r(0)$ besitzt. Ist P ein solcher Polyzylinder und $f \in \mathcal{O}(\overline{P})$, so existieren eindeutige Funktionen q in $\mathcal{O}(P)$, r in $\mathcal{O}(P_\delta(0'))[z_n]$ so, dass der Grad von r als Polynom in z_n mit Koeffizienten in $\mathcal{O}(P_\delta(0'))$ kleiner als k ist und f auf P die Darstellung

$$f = wq + r$$

besitzt.

Beweis Sei P ein Polyzylinder der im Satz beschriebenen Art. Die Existenz solcher Polyzylinder haben wir in den Bemerkungen vor Satz 4.19 begründet. Sei $f \in \mathcal{O}(\overline{P})$ gegeben. Nach Lemma 2.15 ist die Funktion $q : P \to \mathbb{C}$,

$$q(z', z_n) = \frac{1}{2\pi i} \int_{\partial D_r(0)} \frac{f(z', \xi)}{w(z', \xi)(\xi - z_n)} d\xi$$

holomorph auf P. Für $(z', z_n) \in P$ gilt

$$f(z', z_n) - w(z', z_n)q(z', z_n) = \frac{1}{2\pi i} \int_{\partial D_r(0)} \frac{f(z', \xi)(w(z', \xi) - w(z', z_n))}{w(z', \xi)(\xi - z_n)} d\xi.$$

Besitzt w die in Definition 4.18 beschriebene Form, so folgt für $(z', z_n, \xi) \in P \times \partial D_r(0)$

$$w(z', \xi) - w(z', z_n) = (\xi^k - z_n^k) + \sum_{j=1}^{k-1} b_{k-j}(z')(\xi^j - z_n^j)$$

$$= \left(\sum_{\nu=0}^{k-1} \xi^{k-1-\nu} z_n^{\nu} + \sum_{j=1}^{k-1} \sum_{\nu=0}^{j-1} b_{k-j}(z') \xi^{j-1-\nu} z_n^{\nu} \right) (\xi - z_n).$$

Also ist $r = f - wq \in \mathcal{O}(P_\delta(0'))[z_n]$ ein Polynom vom Grade kleiner als k. Ist $f = w\tilde{q} + \tilde{r}$ eine weitere Darstellung dieser Art auf P, so ist für $z' \in P_\delta(0')$

$$r(z', \cdot) - \tilde{r}(z', \cdot) = w(z', \cdot)(\tilde{q}(z', \cdot) - q(z', \cdot))$$

ein Polynom in z_n vom Grade kleiner als k mit mindestens k Nullstellen. Damit folgt auch die behauptete Eindeutigkeit. $\square$

Als Folgerung zeigen wir, dass für $a \in \mathbb{C}^n$ jedes Ideal in dem Ring $\mathcal{O}_a$ aller konvergenten Potenzreihen in a endlich erzeugt ist.

Korollar 4.20 (Rückertscher Basissatz) *Für $a \in \mathbb{C}^n$ ist $\mathcal{O}_a$ ein noetherscher Ring.*

Beweis Es genügt, den Fall $a = 0$ zu betrachten. Wir zeigen die Behauptung durch Induktion nach n. Sei $n = 1$ und sei $\{0\} \neq I \subsetneq \mathcal{O}_{\mathbb{C},0}$ ein Ideal. Dann ist für jedes $[g] \in I$ die Nullstellenordnung $n_g = \mathrm{ord}_0(g)$ eine endliche positive Zahl mit

$$[g] \in [z^{n_g}]\mathcal{O}_{\mathbb{C},0} \quad \text{und} \quad [z^{n_g}] \in I.$$

Für das Minimum k der Nullstellenordnungen aller Elemente $[g] \in I$ in 0 gilt

$$I = [z^k]\mathcal{O}_{\mathbb{C},0}.$$

Sei jetzt $n \geq 2$ und die Behauptung gezeigt in Dimension $n - 1$. Sei $\{0\} \neq I \subsetneq \mathcal{O}_{\mathbb{C}^n,0}$ ein Ideal und $g : U \to \mathbb{C}$ eine holomorphe Funktion mit $[g] \in I \setminus \{0\}$. Nach Lemma 4.2 existiert eine biholomorphe Abbildung $\varphi : B_\epsilon(0) \to B_\epsilon(0)$ mit $\varphi(0) = 0$ so, dass die Funktion $g \circ \varphi : B_\epsilon(0) \to \mathbb{C}$ z_n-regulär in 0 ist. Da

$$\Phi : \mathcal{O}_{\mathbb{C}^n,0} \to \mathcal{O}_{\mathbb{C}^n,0}, [f] \mapsto [f \circ (\varphi|_{\varphi^{-1}(D_f)})]$$

ein Ringisomorphismus ist mit $[g \circ \varphi] = \Phi([g]) \in \Phi(I)$, dürfen wir annehmen, dass g schon selbst z_n-regulär ist. Nach dem Weierstraßschen Vorbereitungssatz (Satz 4.4) und

Lemma 4.3(a) existieren ein Polyzylinder $P = P_\delta(0') \times D_r(0) \subset \overline{P} \subset U$ und eine Faktorisierung $g = wh$ auf P mit einem Weierstraß-Polynom w und einer nullstellenfreien holomorphen Funktion $h \in \mathcal{O}(P)$. Also dürfen wir annehmen, dass $g = w$ ein Weierstraß-Polynom ist. Die Menge A aller Elemente $[h] \in \mathcal{O}_{\mathbb{C}^n,0}$, für die ein Polyzylinder $Q \subset \mathbb{C}^{n-1}$ um 0 existiert derart, dass $[h]$ einen Repräsentanten in $\mathcal{O}(Q)[z_n]$ besitzt, ist eine Unteralgebra von $\mathcal{O}_{\mathbb{C}^n,0}$. Der Hilbertsche Basissatz ([9], Satz II.2.3.1) und die Induktionsvoraussetzung zeigen, dass der Ring $\mathcal{O}_{\mathbb{C}^{n-1},0}[z_n]$ noethersch ist. Da die Abbildung

$$A \to \mathcal{O}_{\mathbb{C}^{n-1},0}[z_n], \quad \left[\sum_{j=0}^{r} b_j(z')z_n^j \right] \mapsto \sum_{j=0}^{r} [b_j]z_n^j$$

ein Algebrenisomorphismus ist, ist $I \cap A \subset A$ ein endlich erzeugtes Ideal. Sei $([g_1], \ldots, [g_k])$ ein Erzeugendensystem dieses Ideals. Zu $[f] \in I$ existieren nach dem Weierstraßschen Divisionssatz (Satz 4.19) Elemente $[q] \in \mathcal{O}_{\mathbb{C}^n,0}$ und $r \in A$ mit $[f] = [g][q]+r$. Wegen $r, [g] \in I \cap A$ ist

$$[f] \in \sum_{j=1}^{k} [g_j]\mathcal{O}_{\mathbb{C}^n,0}.$$

Also ist I endlich erzeugt und der induktive Beweis beendet. $\square$

In diesem Kapitel haben wir die Theorie der analytischen Mengen nur anreißen können. Weiterführende Ergebnisse, wie etwa die Zerlegung in Primkomponenten, den Kohärenzsatz von Oka und Cartan und die Dimensionstheorie analytischer Mengen, findet man etwa in den Büchern von Grauert und Remmert [16] oder Chirka [6]. In Kap. 6 werden wir eine elementare Definition der Dimension analytischer Mengen geben und damit eine zweite Version des Riemannschen Hebbarkeitssatzes herleiten.

Aufgaben

4.1 Sei $\epsilon > 0$ und $0 \neq f \in \mathcal{O}(B_\epsilon(0))$. Man zeige:

(a) Auf $B_\epsilon(0)$ hat f eine eindeutige kompakt gleichmäßig konvergente Reihenentwicklung der Form $f(z) = \sum_{k=0}^{\infty} p_k(z)$ mit homogenen Polynomen $p_k \in \mathbb{C}[z_1, \ldots, z_n]$ vom Grade k.

(b) Ist m die kleinste natürliche Zahl mit $p_m \neq 0$, so existiert eine unitäre Matrix U in $M(n, \mathbb{C})$ mit der Eigenschaft, dass die Funktion $B_\epsilon(0) \to \mathbb{C}, z \mapsto f(Uz)$ z_n-regulär von der Ordnung m ist.

4.2 Seien $D \subset \mathbb{C}^n, D_1 \subset \mathbb{C}^{n_1}, D_2 \subset \mathbb{C}^{n_2}$ offen. Man zeige:

(a) Endliche Vereinigungen und endliche Durchschnitte von analytischen Mengen in D sind analytisch in D.
(b) Sind $A_i \subset D_i$ analytisch für $i = 1, 2$, so ist $A_1 \times A_2 \subset D_1 \times D_2$ analytisch.
(c) Ist $f : D_1 \to D_2$ holomorph und $A \subset D_2$ analytisch, so ist $f^{-1}(A) \subset D_1$ analytisch.

4.3 Sei $M \subset \mathbb{C}^n$ eine komplexe Untermannigfaltigkeit. Man zeige: Es gibt eine offene Menge $D \subset \mathbb{C}^n$ so, dass $M \subset D$ abgeschlossen in D ist. In dieser Situation ist M eine analytische Teilmenge von D.

4.4 Sei $D \subset \mathbb{C}^n$ offen und $A \subset D$ beliebig. Man zeige:

(a) A ist genau dann analytisch in D, wenn für alle $p \in D$ eine offene Umgebung $U \subset D$ von p und eine holomorphe Funktion $h \in \mathcal{O}(U, \mathbb{C}^m)$ existieren mit $A \cap U = Z(h)$.
(b) Ist $n = 1$, so ist A dünn in D genau dann, wenn A diskret in D ist.

4.5 Sei $U \subset \mathbb{C}^n$ offen und $f \in \mathcal{O}(U)$ z_n-regulär in $0 \in Z(f)$. Man zeige:
Es gibt ein $r > 0$ so, dass jede auf einer Nullumgebung $W \subset \mathbb{C}^{n-1}$ definierte Funktion $\varphi : W \to \mathbb{C}$ mit $|\varphi(z')| < r$ und $f(z', \varphi(z')) = 0$ für alle $z' \in W$ stetig in $0 \in W$ ist.

4.6 Sei $D \subset \mathbb{C}^n$ offen und $A \subset D$ analytisch. Man zeige:

(a) Die Menge Reg(A) der regulären Punkte in A ist offen in A. Die Zusammenhangskomponenten von Reg(A) sind komplexe Untermannigfaltigkeiten des $\mathbb{C}^n$ im Sinne von Definition 3.1.
(b) Ist $a \in A$ regulär von der Dimension p, so gibt es paarweise verschiedene $i_1, \ldots, i_p$ in $\{1, \ldots, n\}$ und offene Umgebungen $V \subset D$ von a, $W \subset \mathbb{C}^p$ von 0 derart, dass die Abbildung $A \cap V \to W, (z_1, \ldots, z_n) \mapsto (z_{i_1} - a_{i_1}, \ldots, z_{i_p} - a_{i_p})$ bijektiv ist.
(a) Die Menge $A = \{(z_1, z_2, z_3) \in \mathbb{C}^3; z_1^2 = z_2 z_3\}$ ist analytisch in $\mathbb{C}^3$. Jeder Punkt a in $A \setminus \{0\}$ ist regulär von der Dimension 2 in A. Der Punkt $0 \in A$ ist singulär in A.

4.7 Sei $G \subset \mathbb{C}^n$ ein beschränktes Gebiet und $f \in A(G) = \{f \in C(\overline{G}); f|_G \text{ holomorph}\}$. Man zeige: Für $n \geq 2$ ist $f(\overline{G}) = f(\partial G)$. Insbesondere ist f konstant, wenn $|f| = 1$ auf ∂G ist.

4.8 Sei $G \subset \mathbb{C}^n$ ein Gebiet. Man zeige: Sind $f, g : G \to \mathbb{C}$ holomorph mit $|f| \leq |g|$ auf G, so gibt es ein $h \in \mathcal{O}(G)$ mit $f = hg$.

4.9 Sei $f \in \mathcal{O}(U)$ eine holomorphe Funktion auf einer offenen Menge $U \subset \mathbb{C}^n$. Für $z \in \mathbb{C}^{n+1}$ und $j = 1, \ldots, n+1$ bezeichne $z(j) \in \mathbb{C}^n$ das Tupel, das durch Weglassen der j-ten Komponente von z entsteht. Man zeige, dass es auf den offenen Mengen

$$U_j = \{z \in \mathbb{C}^{n+1}; z(j), z(j+1) \in U\} \quad (j = 1, \ldots, n)$$

eindeutige holomorphe Funktionen $\Delta_j f \in \mathcal{O}(U_j)$ gibt mit

$$\Delta_j f(z) = \frac{f(z(j+1)) - f(z(j))}{z_j - z_{j+1}}$$

für alle $z \in U_j$ mit $z_j \neq z_{j+1}$. (Hinweis: Riemannscher Hebbarkeitssatz)

Holomorphiegebiete

5

Für jedes Gebiet $G \subset \mathbb{C}$ gibt es eine holomorphe Funktion $f \in \mathcal{O}(G)$, die sich auf kein echt größeres Gebiet $\hat{G} \subset \mathbb{C}$ holomorph fortsetzen lässt. Im Unterschied dazu gibt es in jeder Dimension $n \geq 2$ elementare Beispiele von Gebieten $G_1 \subsetneq G_2$ in $\mathbb{C}^n$, für die sich jede auf G_1 holomorphe Funktion holomorph auf G_2 fortsetzen lässt. Man nennt eine offene Menge $\Omega \subset \mathbb{C}^n$ Existenzbereich einer holomorphen Funktion $f \in \mathcal{O}(\Omega)$, wenn sich f in einem geeigneten Sinne über keinen Randpunkt von Ω hinaus holomorph fortsetzen lässt. Gegenstand dieses Kapitels ist die Cartan-Thullensche Theorie der Existenz- und Holomorphiebereiche in $\mathbb{C}^n$. Wir zeigen, dass die Begriffe Existenzbereich und Holomorphiebereich in $\mathbb{C}^n$ äquivalent sind, dass die Holomorphiebereiche genau die holomorph-konvexen offenen Mengen in $\mathbb{C}^n$ sind und geben konkrete Beispiele von Holomorphiebereichen.

5.1 Holomorphiebereiche und holomorph-konvexe Mengen

Wir beginnen mit der Definition von Existenz- und Holomorphiebereichen in $\mathbb{C}^n$.

▶ **Definition 5.1** Sei $\Omega \subset \mathbb{C}^n$ offen, $K \subset \Omega$ kompakt und $F \in \mathcal{O}(\Omega)$ eine analytische Funktion.

(a) Die Menge Ω heißt *Holomorphiebereich*, wenn es kein Paar (Ω_1, Ω_2) bestehend aus einer offenen Menge Ω_1 und einem Gebiet Ω_2 gibt mit

$$\varnothing \neq \Omega_1 \subset \Omega \cap \Omega_2 \neq \Omega_2$$

© Springer-Verlag GmbH Deutschland 2017
J. Eschmeier, *Funktionentheorie mehrerer Veränderlicher*, Springer-Lehrbuch
Masterclass, https://doi.org/10.1007/978-3-662-55542-2_5

so, dass für jede holomorphe Funktion f in $\mathcal{O}(\Omega)$ eine holomorphe Funktion g in $\mathcal{O}(\Omega_2)$ existiert mit

$$f|\Omega_1 = g|\Omega_1.$$

(b) Die Menge Ω heißt *Existenzbereich* der holomorphen Funktion $F \in \mathcal{O}(\Omega)$, falls kein Paar (Ω_1, Ω_2) wie in Teil (a) beschrieben existiert mit

$$F|\Omega_1 \in \mathcal{O}(\Omega_2)|\Omega_1.$$

(c) Die Menge

$$\hat{K}_\Omega = \{z \in \Omega;\ |f(z)| \leq \|f\|_K \quad \text{für alle } f \in \mathcal{O}(\Omega)\}$$

heißt *holomorph-konvexe Hülle* von K in Ω.
(d) Man nennt die offene Menge Ω *holomorph-konvex*, wenn für jede kompakte Teilmenge $M \subset \Omega$ auch die Menge $\hat{M}_\Omega$ kompakt ist.

Aus der Definition folgt direkt, dass die holomorph-konvexe Hülle $\hat{K}_\Omega$ einer kompakten Menge $K \subset \Omega$ beschränkt ist und abgeschlossen in Ω. Eine Menge $\Omega \subset \mathbb{C}^n$ ist Existenzbereich einer holomorphen Funktion $F \in \mathcal{O}(\Omega)$, falls sich F von keiner offenen Teilmenge $\Omega_1 \subset \Omega$ aus holomorph fortsetzen lässt auf ein Gebiet Ω_2, dass auch Punkte aus $\mathbb{C}^n \setminus \Omega$ enthält (siehe Abb. 5.1). Abkürzend hierfür sagt man, dass sich die Funktion F über keinen Randpunkt von Ω hinaus fortsetzen lässt.

Bemerkung 5.2 (a) Ist $\Omega \subset \mathbb{C}^n$ Existenzbereich einer holomorphen Funktion F in $\mathcal{O}(\Omega)$, so ist Ω ein Holomorphiebereich, und die Funktion F lässt sich insbesondere auf kein Gebiet $\hat{\Omega} \supsetneq \Omega$ holomorph fortsetzen (Benutze das Paar $(\Omega, \hat{\Omega})$).

Abb. 5.1 Zur Definition von Holomorphiebereichen

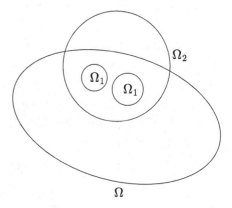

(b) Ist $\Omega \subset \mathbb{C}^n$ offen und ist $K \subset \Omega$ kompakt, so gibt es zu jedem Punkt $w \in \Omega \setminus \hat{K}_\Omega$ und zu jeder reellen Zahl $\varepsilon > 0$ eine Funktion $f \in \mathcal{O}(\Omega)$ mit

$$\|f\|_K < \varepsilon \quad \text{und} \quad |f(w)| > 1/\varepsilon.$$

Zum Beweis dieser Behauptung wähle man eine holomorphe Funktion $g \in \mathcal{O}(\Omega)$ und eine reelle Zahl r mit

$$|g(w)| > r > \|g\|_K$$

und definiere $f = \left(\frac{g}{r}\right)^k$ für genügend großes $k \in \mathbb{N}$.

Unser nächstes Ziel ist es zu zeigen, dass eine offene Menge in $\mathbb{C}^n$ genau dann holomorph-konvex ist, wenn sie Existenzbereich einer holomorphen Funktion ist, und dass auch die Begriffe Existenzbereich einer holomorphen Funktion und Holomorphiebereich äquivalent sind.

Satz 5.3

Jede holomorph-konvexe offene Menge Ω in $\mathbb{C}^n$ ist Existenzbereich einer holomorphen Funktion $f \in \mathcal{O}(\Omega)$.

Beweis Sei $\Omega \subsetneq \mathbb{C}^n$ eine holomorph-konvexe offene Menge. Wir fixieren eine abzählbare dichte Teilmenge $M \subset \Omega$ und definieren für $\xi \in M$

$$r_\xi = \text{dist}(\xi, \mathbb{C}^n \setminus \Omega) \quad \text{und} \quad B_\xi = B_{r_\xi}(\xi).$$

Wir zeigen zunächst, dass es genügt, eine Funktion $f \in \mathcal{O}(\Omega)$ zu finden mit $\|f\|_{B_\xi} = \infty$ für alle $\xi \in M$. Sei f eine solche Funktion. Wir fixieren ein Paar (Ω_1, Ω_2) offener Mengen wie in Teil (a) von Definition 5.1 beschrieben. Sei C eine Zusammenhangskomponente von $\Omega \cap \Omega_2$ mit $C \cap \Omega_1 \neq \emptyset$. Wegen

$$\Omega_2 = (\Omega_2 \cap C) \cup (\Omega_2 \cap \partial C) \cup (\Omega_2 \cap (\mathbb{C}^n \setminus \overline{C}))$$

ist $\Omega_2 \cap \partial C \neq \emptyset$. Wir wählen einen Punkt $w \in \Omega_2 \cap \partial C$ ($\subset \mathbb{C}^n \setminus \Omega$) und ein $r > 0$ mit $B_{2r}(w) \subset \Omega_2$. Da $M \subset \Omega$ dicht ist, existiert ein Punkt $\xi \in B_r(w) \cap C \cap M$. Dann ist

$$r_\xi < r \quad \text{und} \quad \overline{B}_\xi \subset \Omega_2.$$

Nach Wahl von C ist dann auch $B_\xi \subset C$. Gäbe es eine Funktion $F \in \mathcal{O}(\Omega_2)$ mit $F|\Omega_1 = f|\Omega_1$, so wäre nach dem Identitätssatz $F = f$ auf C. Dies würde zu dem Widerspruch

$$\|f\|_{B_\xi} = \|F\|_{\overline{B}_\xi} < \infty$$

führen.

Um eine Funktion $f \in \mathcal{O}(\Omega)$ mit $\|f\|_{B_\xi} = \infty$ für alle $\xi \in M$ zu konstruieren, wählen wir eine Folge $(\xi_j)_{j \in \mathbb{N}}$ in M so, dass für jedes $\xi \in M$ die Menge

$$\{ j \in \mathbb{N}; \ \xi_j = \xi \}$$

unendlich ist. Wir fixieren eine kompakte Ausschöpfung $(K_j)_{j \in \mathbb{N}}$ von Ω und schreiben $\hat{K}_j = \widehat{(K_j)}_\Omega$ für $j \in \mathbb{N}$. Wir setzen $\ell_0 = 0$ und wählen rekursiv eine streng monoton wachsende Folge $(\ell_j)_{j \geq 1}$ in $\mathbb{N}$ sowie eine Folge $(f_j)_{j \geq 1}$ in $\mathcal{O}(\Omega)$ und Punkte

$$z_j \in B_{\xi_j} \cap (\mathbb{C}^n \setminus \hat{K}_{\ell_{j-1}}) \cap K_{\ell_j} \quad (j \geq 1)$$

so, dass

(i) $|f_j(z_j)| > j + 1 + \sum_{\nu=1}^{j-1} |f_\nu(z_j)|$ und

(ii) $\|f_j\|_{K_{\ell_{j-1}}} < 1/2^j$

ist für $j \geq 1$. Wegen (ii) ist $f = \sum_{j=1}^{\infty} f_j \in \mathcal{O}(\Omega)$ eine wohldefinierte holomorphe Funktion. Aus den Bedingungen (i) und (ii) zusammen folgt

$$|f(z_j)| \geq |f_j(z_j)| - \sum_{\substack{\nu=1 \\ \nu \neq j}}^{\infty} |f_\nu(z_j)| > j + 1 - \sum_{\nu=j+1}^{\infty} |f_\nu(z_j)| > j$$

für alle $j \geq 1$. Ist $\xi \in M$, so gibt es unendlich viele $j \geq 1$ mit $\xi_j = \xi$. Also ist $f|B_\xi$ unbeschränkt. $\qquad \square$

5.2   Der Satz von Cartan-Thullen

Offensichtlich ist jeder Existenzbereich einer holomorphen Funktion ein Holomorphiebereich. Wir schließen die Äquivalenzkette mit dem folgenden Ergebnis.

Lemma 5.4 (Satz von Cartan-Thullen) *Jeder Holomorphiebereich Ω in $\mathbb{C}^n$ ist holomorph-konvex.*

Beweis Sei $\Omega \subset \mathbb{C}^n$ ein Holomorphiebereich und sei $K \subset \Omega$ kompakt. Ohne Einschränkung der Allgemeinheit sei $\Omega \neq \mathbb{C}^n$. Wir schreiben $\hat{K} = \hat{K}_\Omega$ und bezeichnen mit

$$\hat{\delta} = \mathrm{dist}_\infty(\hat{K}, \mathbb{C}^n \setminus \Omega), \quad \delta = \mathrm{dist}_\infty(K, \mathbb{C}^n \setminus \Omega)$$

die bezüglich der Maximumsnorm gebildeten Randabstände von $\hat{K}$ und K in Ω.

Wir zeigen zunächst, dass $\hat{\delta} = \delta$ ist. Wäre dies falsch, dann könnten wir eine reelle Zahl r wählen mit $\hat{\delta} < r < \delta$ und dazu Punkte $a \in \hat{K}$ und $w \in \mathbb{C}^n \setminus \Omega$ mit $\|a - w\|_\infty < r$. Da die kompakte Menge

$$K_r = \{z \in \mathbb{C}^n; \; \mathrm{dist}_\infty(z, K) \le r\}$$

zusammen mit jedem Punkt $z \in K$ den ganzen offenen Polyzylinder $P_r(z)$ enthält, folgt mit den Cauchyschen Ungleichungen (Satz 2.1) für jede holomorphe Funktion $f \in \mathcal{O}(\Omega)$

$$|\partial^\alpha f(z)| \le \frac{\alpha!}{r^{|\alpha|}} \|f\|_{K_r} \quad (\alpha \in \mathbb{N}^n, \; z \in K).$$

Nach Definition der holomorph-konvexen Hülle wäre

$$\frac{\|\partial^\alpha f\|_{\hat{K}}}{\alpha!} \, r^{|\alpha|} = \frac{\|\partial^\alpha f\|_K}{\alpha!} \, r^{|\alpha|} \le \|f\|_{K_r}$$

für jede Funktion $f \in \mathcal{O}(\Omega)$ und jeden Multiindex $\alpha \in \mathbb{N}^n$. Sei $\Omega_2 = P_r(a)$ und sei $\Omega_1 \subset \Omega_2$ ein offener Polyzylinder um a, der ganz in Ω enthalten ist. Dann wäre für jede holomorphe Funktion $f \in \mathcal{O}(\Omega)$ die Funktion

$$F : \Omega_2 \to \mathbb{C}, \quad F(z) = \sum_{\alpha \in \mathbb{N}^n} \frac{\partial^\alpha f(a)}{\alpha!} \, (z - a)^\alpha$$

eine holomorphe Fortsetzung von $f|\Omega_1$ auf Ω_2. Da Ω nach Voraussetzung ein Holomorphiebereich ist, kann es ein solches Paar (Ω_1, Ω_2) nicht geben. Damit haben wir gezeigt, dass $\hat{\delta} = \delta$ ist.

Da insbesondere $\mathrm{dist}_\infty(\hat{K}, \mathbb{C}^n \setminus \Omega) > 0$ ist, ist der in $\mathbb{C}^n$ gebildete Abschluss von $\hat{K}$ in Ω enthalten. Nach Definition der holomorph-konvexen Hülle ist $\hat{K}$ abgeschlossen in Ω und beschränkt als Teilmenge von $\mathbb{C}^n$. Als abgeschlossene und beschränkte Menge in $\mathbb{C}^n$ ist $\hat{K}$ kompakt. $\square$

Der folgende Satz enthält einige nützliche Charakterisierungen von Holomorphiebereichen in $\mathbb{C}^n$.

Satz 5.5

Für eine offene Menge Ω in $\mathbb{C}^n$ sind äquivalent:

(i) *Ω ist ein Holomorphiebereich;*

(ii) *Ω ist Existenzbereich einer holomorphen Funktion;*

(iii) Ω *ist holomorph-konvex;*
(iv) *für jede Folge* $(w_j)_{j \in \mathbb{N}}$ *in* Ω, *die gegen einen Punkt* $w \in \partial\Omega$ *konvergiert, gibt es eine holomorphe Funktion* $f \in \mathcal{O}(\Omega)$ *mit*

$$\sup_{j \in \mathbb{N}} |f(w_j)| = \infty.$$

Beweis Die Äquivalenz der ersten drei Bedingungen folgt aus Satz 5.3 und Lemma 5.4. Wir zeigen die Äquivalenz von (iii) und (iv). Sei zunächst Bedingung (iii) erfüllt. Wir fixieren eine kompakte Ausschöpfung $(K_j)_{j \in \mathbb{N}}$ von Ω und wählen, ähnlich wie im Beweis von Satz 5.3, rekursiv streng monoton wachsende Folgen $(m_j)_{j \geq 1}$, $(\ell_j)_{j \geq 1}$ in $\mathbb{N}$ und eine Folge $(f_j)_{j \geq 1}$ in $\mathcal{O}(\Omega)$ so, dass mit $z_j = w_{m_j}$ für alle $j \geq 1$ gilt

$$|f_j(z_j)| > j + 1 + \sum_{\nu=1}^{j-1} |f_\nu(z_j)|,$$

$$\|f_j\|_{K_{\ell_{j-1}}} < 1/2^j.$$

Wie im Beweis von Satz 5.3 folgt, dass $f = \sum_{j=1}^{\infty} f_j \in \mathcal{O}(\Omega)$ eine holomorphe Funktion definiert mit $|f(z_j)| > j$ für alle $j \geq 1$.
Sei umgekehrt die Bedingung (iv) erfüllt. Gäbe es ein Kompaktum $K \subset \Omega$, dessen holomorph-konvexe Hülle $\hat{K}_\Omega$ nicht kompakt ist, dann könnte man eine Folge $(w_j)_{j \in \mathbb{N}}$ in $\hat{K}_\Omega$ wählen, die gegen einen Punkt $w \in \partial\Omega$ konvergiert. Dies hätte für jede holomorphe Funktion $f \in \mathcal{O}(\Omega)$ die Abschätzung

$$\sup_{j \in \mathbb{N}} |f(w_j)| \leq \|f\|_K < \infty$$

zur Folge, und Bedingung (iv) wäre verletzt. $\square$

Man kann die Bedingung (iv) aus Satz 5.5 ersetzen durch die Forderung, dass zu jeder unendlichen diskreten Teilmenge $M \subset \Omega$ eine holomorphe Funktion $f \in \mathcal{O}(\Omega)$ existiert, die auf M unbeschränkt ist. Die Existenz einer solchen Funktion folgt genauso wie im Beweis von Satz 5.5 aus der holomorphen Konvexität von Ω. Umgekehrt impliziert die Gültigkeit dieser Bedingung offensichtlich auch die Existenz einer holomorphen Funktion f wie in Bedingung (iv) des Satzes.

5.3   Beispiele von Holomorphiebereichen

Wir benutzen den letzten Satz, um einige konkrete Beispiele von Holomorphiebereichen zu geben.

Korollar 5.6 *Jede offene Menge Ω in $\mathbb{C}$ ist ein Holomorphiebereich.*

Beweis Ist $(w_j)_{j \in \mathbb{N}}$ eine Folge in Ω, die gegen einen Punkt $w \in \partial \Omega$ konvergiert, so definiert $f : \Omega \to \mathbb{C}$,

$$f(z) = \frac{1}{z - w}$$

eine holomorphe Funktion auf Ω, die auf der Folge $(w_j)_{j \in \mathbb{N}}$ unbeschränkt ist.   □

Korollar 5.7 *Jede konvexe offene Menge Ω in $\mathbb{C}^n$ ist ein Holomorphiebereich.*

Beweis Sei $K \subset \Omega$ kompakt und sei $w \in \mathbb{C}^n \setminus \Omega$. Da Ω konvex ist, gibt es eine Linearform $\lambda(z) = \sum_{\nu=1}^{n} u_\nu z_\nu$ auf $\mathbb{C}^n$ und eine reelle Zahl $\alpha \in \mathbb{R}$ mit

$$\operatorname{Re} \lambda(z) < \alpha \leq \operatorname{Re} \lambda(w) \quad (z \in \Omega)$$

(Theorem 3.4 in [30]). Also gibt es eine reelle Zahl $\beta > 0$ mit

$$\left| \exp \left(\sum_{\nu=1}^{n} u_\nu z_\nu \right) \right| < \beta < \left| \exp \left(\sum_{\nu=1}^{n} u_\nu w_\nu \right) \right|$$

für alle $z \in K$. Da jede holomorphe Funktion auf $\mathbb{C}^n$ durch ihre Taylorreihe dargestellt werden kann (Satz 1.17), gibt es eine Folge (p_k) von Polynomen in n Variablen so, dass

$$(p_k) \overset{(k \to \infty)}{\longrightarrow} e^\lambda$$

kompakt gleichmäßig auf ganz $\mathbb{C}^n$ konvergiert. Für genügend großes k gilt

$$\|p_k\|_K < \beta < |p_k(w)|.$$

Wir haben gezeigt, dass die kompakte Menge

$$\tilde{K} = \{ z \in \mathbb{C}^n; \; |p(z)| \leq \|p\|_K \text{ für alle Polynome } p \in \mathbb{C}[z_1, \dots, z_n] \}$$

ganz in Ω enthalten ist. Da offensichtlich $\hat{K}_\Omega \subset \tilde{K}$ gilt, folgt die Kompaktheit von $\hat{K}_\Omega$ (vgl. mit dem letzten Teil des Beweises von Lemma 5.4).   □

Insbesondere ist jeder offene Polyzylinder in $\mathbb{C}^n$ ein Holomorphiebereich. Offene Polyzylinder sind spezielle Beispiele von analytischen Polyedern.

▶   **Definition 5.8** Eine beschränkte offene Menge $\Omega \subset \mathbb{C}^n$ heißt *analytischer Polyeder*, falls eine offene Umgebung U von $\overline{\Omega}$ und analytische Funktionen $f_1, \ldots, f_r \in \mathcal{O}(U)$ existieren mit

$$\Omega = \{z \in U; \max_{j=1,\ldots,r} |f_j(z)| < 1\}.$$

Korollar 5.9 *Analytische Polyeder sind Holomorphiebereiche.*

Beweis Seien Ω, U und $f_1, \ldots, f_r$ gegeben wie in Definition 5.8. Für $K \subset \Omega$ kompakt definiere man

$$r_j = \|f_j\|_K \quad (j = 1, \ldots, r).$$

Dann ist $r_j < 1$ für $j = 1, \ldots, r$. Die Menge

$$C = \{z \in U; \ |f_j(z)| \le r_j \text{ für } j = 1, \ldots, r\}$$

ist abgeschlossen in U und enthalten in der kompakten Teilmenge $\overline{\Omega} \subset U$. Also ist C kompakt. Nach Definition der holomorph-konvexen Hülle ist $\hat{K}_\Omega \subset C$. Wegen $C \subset \Omega$ ist auch $\hat{K}_\Omega$ kompakt. Die Behauptung folgt als Anwendung von Satz 5.5. $\square$

Endliche Durchschnitte von Holomorphiebereichen sind Holomorphiebereiche. Dabei sei die leere Menge definitionsgemäß ein Holomorphiebereich. Das folgende Ergebnis ist ein wenig allgemeiner.

Korollar 5.10 *Sind $\Omega_\alpha \subset \mathbb{C}^n$ $(\alpha \in A)$ Holomorphiebereiche, so ist auch*

$$\Omega = \text{Int}\Big(\bigcap_{\alpha \in A} \Omega_\alpha\Big)$$

ein Holomorphiebereich.

Beweis Wir zeigen wieder, dass Ω holomorph-konvex ist. Sei dazu $K \subset \Omega$ kompakt und $r = \text{dist}_\infty(K, \mathbb{C}^n \setminus \Omega)$. Dann ist

$$\hat{K}_\Omega \subset \bigcap_{\alpha \in A} \hat{K}_{\Omega_\alpha},$$

und für alle $\alpha \in A$ gilt

$$\text{dist}_\infty(\hat{K}_\Omega, \mathbb{C}^n \setminus \Omega_\alpha) \ge \text{dist}_\infty(\hat{K}_{\Omega_\alpha}, \mathbb{C}^n \setminus \Omega_\alpha) = \text{dist}_\infty(K, \mathbb{C}^n \setminus \Omega_\alpha) \ge r.$$

Die Gleichheit der Randabstände von $\hat{K}_{\Omega_\alpha}$ und K in Ω_α wurde im Beweis von Lemma 5.4 gezeigt. Also ist

$$\{z \in \mathbb{C}^n;\ \text{dist}_\infty(z, \hat{K}_\Omega) < r\} \subset \Omega.$$

Da die Menge auf der linken Seite den in $\mathbb{C}^n$ gebildeten Abschluss von $\hat{K}_\Omega$ enthält, ist die Kompaktheit von $\hat{K}_\Omega$ gezeigt. $\qquad\square$

Wir haben gesehen, dass in $\mathbb{C}$ jede offene Menge ein Holomorphiebereich ist. In $\mathbb{C}^n$ ($n > 1$) gibt es einfache Beispiele von Gebieten, die keine Holomorphiebereiche sind. Der nachfolgende Satz zeigt, dass das in Abb. 5.2 dargestellte Gebiet in $\mathbb{C}^2$ kein Holomorphiebereich ist.

Satz 5.11

Sei $n \geq 2$ und seien $r_j \in (0,1)$ für $j = 1, \ldots, n$. Dann ist

$$\Omega = \left[\left(\prod_{j=1}^{n-1} D_1(0)\right) \times \{z \in \mathbb{C};\ r_n < |z| < 1\}\right] \cup \left[\left(\prod_{j=1}^{n-1} D_{r_j}(0)\right) \times D_1(0)\right] \subsetneq P_1(0)$$

ein Gebiet in $\mathbb{C}^n$ mit der Eigenschaft, dass jede Funktion $f \in \mathcal{O}(\Omega)$ eine holomorphe Fortsetzung auf $P_1(0)$ hat. Insbesondere ist Ω kein Holomorphiebereich.

Beweis Sei $f \in \mathcal{O}(\Omega)$ und sei $\delta \in (r_n, 1)$ beliebig. Nach Lemma 2.15 ist

$$g : G = \left(\prod_{j=1}^{n-1} D_1(0)\right) \times D_\delta(0) \to \mathbb{C}, \qquad g(z', z_n) = \frac{1}{2\pi i} \int\limits_{\partial D_\delta(0)} \frac{f(z', \xi)}{\xi - z_n}\, d\xi$$

holomorph. Nach der eindimensionalen Cauchyschen Integralformel stimmen f und g überein auf der offenen Menge

$$U = \left(\prod_{j=1}^{n-1} D_{r_j}(0)\right) \times D_\delta(0).$$

Da

$$\Omega \cap G = \left[\left(\prod_{j=1}^{n-1} D_1(0)\right) \times \{z \in \mathbb{C};\ r_n < |z| < \delta\}\right] \cup U$$

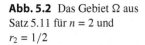

Abb. 5.2 Das Gebiet Ω aus
Satz 5.11 für $n = 2$ und
$r_2 = 1/2$

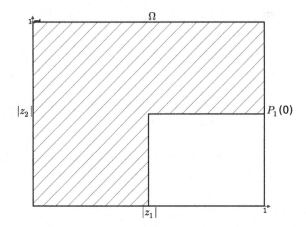

ein Gebiet ist, zeigt der Identitätssatz (Satz 2.3), dass f und g übereinstimmen auf $\Omega \cap G$. Also lassen sich f und g zusammensetzen zu einer holomorphen Fortsetzung von f auf $\Omega \cup G = P_1(0)$.   □

Andere Beispiele dieser Art werden wir im nächsten Abschnitt (Korollar 6.8) kennenlernen.

Aufgaben

5.1 Seien $\Omega_1 \subset \mathbb{C}^{n_1}, \Omega_2 \subset \mathbb{C}^{n_2}$ offene Mengen. Man zeige:

(a) Mit Ω_1 und Ω_2 ist auch $\Omega_1 \times \Omega_2 \subset \mathbb{C}^{n_1+n_2}$ holomorph-konvex.
(b) Ist Ω_2 holomorph-konvex und existiert eine eigentliche holomorphe Abbildung
     $f : \Omega_1 \to \Omega_2$, so ist auch Ω_1 holomorph-konvex. Insbesondere sind biholomorphe
     Bilder von Holomorphiebereichen wieder Holomorphiebereiche.

5.2 Sei $f \in \mathcal{O}(U, \mathbb{C}^m)$ holomorph auf einer offenen Menge $U \subset \mathbb{C}^n$ und sei $V \subset \mathbb{C}^m$ ein Holomorphiebereich so, dass $\Omega = \{z \in U; f(z) \in V\} \neq \emptyset$ ist. Man zeige: Ist U ein Holomorphiebereich oder ist $\overline{\Omega} \subset U$, so ist Ω ein Holomorphiebereich.

5.3 Sei $U \subset \mathbb{C}^n$ ein Holomorphiebereich und sei $f \in \mathcal{O}(U)$. Man zeige, dass $U \setminus Z(f)$ ein Holomorphiebereich ist. Gilt diese Aussage auch noch, wenn man $f \in \mathcal{O}(U)$ ersetzt durch eine holomorphe Abbildung $f \in \mathcal{O}(U, \mathbb{C}^m)$ mit $m \geq 2$?

5.4 Man zeige, dass eine offene Menge $\Omega \subset \mathbb{C}^n$ genau dann ein Holomorphiebereich ist, wenn alle Zusammenhangskomponenten von Ω Holomorphiebereiche sind.

5.5 Seien $\Omega_1 \subset \Omega_2 \subset \mathbb{C}^n$ offene Mengen so, dass jede Funktion $f \in \mathcal{O}(\Omega_1)$ auf Ω_1 kompakt gleichmäßiger Limes einer Folge von Funktionen $f_k \in \mathcal{O}(\Omega_2)$ ist. Man zeige, dass $\hat{K}_{\Omega_2} \cap \Omega_1 = \hat{K}_{\Omega_1}$ gilt für jede kompakte Menge $K \subset \Omega_1$.

5.6 Sei $G \subset \mathbb{C}^n$ ein Gebiet, das lokal zusammenhängend ist, das heißt für jeden Punkt $z \in \partial G$ und jede offene Umgebung V von z gebe es eine offene Umgebung $U \subset V$ von z so, dass $U \cap G$ zusammenhängend ist. Man zeige, dass G genau dann Existenzbereich einer Funktion $f \in \mathcal{O}(G)$ ist, wenn sich f auf kein Gebiet $G_1 \supsetneq G$ holomorph fortsetzen lässt.

5.7 Für $0 \leq r < R$ sei $K_{r,R} = P_R(0) \setminus \overline{P}_r(0)$. Man zeige, dass jede holomorphe Funktion f in $\mathcal{O}(K_{r,R})$ fortgesetzt werden kann zu einer holomorphen Funktion $F \in \mathcal{O}(P_R(0))$. (Hinweis: Betrachten Sie für $f \in \mathcal{O}(K_{r,R})$ und $r < s < R$ die Funktion $P_R(0) \times D_s(0) \to \mathbb{C}$, $(z', z_n) \mapsto \frac{1}{2\pi i} \int_{\partial D_s(0)} \frac{f(z', \xi_n)}{\xi - z_n} d\xi$.)

5.8 Man zeige direkt, d. h. ohne Satz 5.5 zu benutzen, dass eine offene Menge $\Omega \subset \mathbb{C}^n$ holomorph-konvex ist genau dann, wenn zu jeder unendlichen diskreten Menge $M \subset \Omega$ eine auf M unbeschränkte holomorphe Funktion $f \in \mathcal{O}(\Omega)$ existiert. (Hinweis: Siehe die Bemerkungen im Anschluss an Satz 5.5.)

5.9 Sei $\Omega \subset \mathbb{C}^n$ offen, $K \subset \Omega$ kompakt, $a \in \hat{K}$ ein Punkt in der holomorph-konvexen Hülle von K und $\epsilon > 0$ eine positive reelle Zahl mit $P_\epsilon(a) \subset \Omega$ und $\epsilon < \mathrm{dist}_\infty(K, \mathbb{C}^n \setminus \Omega)$. Man zeige: Für jede holomorphe Funktion $f \in \mathcal{O}(\Omega)$ gilt

$$\|f\|_{P_\epsilon(a)} \leq \|f\|_{K_\epsilon}$$

mit $K_\epsilon = \{z \in \mathbb{C}^n; \mathrm{dist}_\infty(z, K) \leq \epsilon\}$. (Hinweis: Man zeige zunächst mit Aufgabe 2.7, dass für $z \in P_\epsilon(a)$ und jedes $\theta \in [0, 1)$ die Abschätzung $|f(a + \theta z)| \leq (1 - \theta)^{-1} \|f\|_{K_\epsilon}$ gilt, und wende diese Beobachtung dann an auf die Funktionen f^j $(j \in \mathbb{N})$.)

Das Dolbeault-Grothendieck-Lemma

Viele wichtige Resultate der Funktionentheorie in $\mathbb{C}^n$ beruhen auf der Lösbarkeit der inhomogenen Cauchy-Riemannschen Differentialgleichungen $\overline{\partial}_j u = f_j$ ($j = 1, \ldots n$) oder, allgemeiner, der Exaktheit der $\overline{\partial}$-Sequenz. In diesem Kapitel beweisen wir erste vorläufige Exaktheitsresultate für die $\overline{\partial}$-Sequenz. Das Dolbeault-Grothendieck-Lemma besagt, dass die $\overline{\partial}$-Sequenz lokal exakt ist in der Nähe von kartesischen Produkten $K = K_1 \times \ldots \times K_n$ kompakter Mengen K_i in $\mathbb{C}$. Als Anwendungen beweisen wir, dass in Dimension $n \geq 2$ für jede kompakte Teilmenge $K \subset \Omega$ einer offenen Menge Ω mit zusammenhängendem Komplement $\Omega \setminus K$ jede holomorphe Funktion $f \in \mathcal{O}(\Omega \setminus K)$ eine holomorphe Fortsetzung auf Ω besitzt (Hartogsscher Kugelsatz), und zeigen dasselbe Resultat für holomorphe Funktionen $f \in \mathcal{O}(\Omega \setminus A)$, die auf dem Komplement einer mindestens 2-kodimensionalen analytischen Teilmenge $A \subset \Omega$ definiert sind (2. Riemannscher Hebbarkeitssatz).

6.1 Hartogsscher Kugelsatz

Im Beweis des Hartogsschen Kugelsatzes benutzen wir, dass die inhomogenen Cauchy-Riemannschen Differentialgleichungen $\overline{\partial}_j u = f_j$ im Falle $n > 1$ in $C_c^\infty(\mathbb{C}^n)$ gelöst werden können, wenn die Funktionen $f_j \in C_c^\infty(\mathbb{C}^n)$ die offensichtlich notwendigen Integrabilitätsbedingungen erfüllen.

Wir benötigen einige elementare Integralformeln und einen wohlbekannten Satz über die Differenzierbarkeit parameterabhängiger Integrale.

Satz 6.1
Sei $(X, \mathfrak{M}, \mu)$ ein Maßraum, $U \subset \mathbb{R}^n$ eine offene Menge und $f : X \times U \to \mathbb{C}$ eine Funktion. Sei $j \in \{1, \ldots, n\}$ so, dass

© Springer-Verlag GmbH Deutschland 2017   81
J. Eschmeier, *Funktionentheorie mehrerer Veränderlicher*, Springer-Lehrbuch
Masterclass, https://doi.org/10.1007/978-3-662-55542-2_6

(i) $f(\cdot, y) \in \mathcal{L}^1(\mu)$ ist für alle $y \in U$,

(ii) f partiell differenzierbar ist nach y_j und die partielle Ableitung

$$\partial_j f : X \times U \to \mathbb{C}, \quad (x, y) \mapsto \lim_{h \to 0} \frac{f(x, y + he_j) - f(x, y)}{h}$$

noch partiell stetig in y_j ist und

(iii) eine integrable Funktion $g \in \mathcal{L}^1(\mu)$ existiert mit

$$|\partial_j f(x, y)| \le g(x) \quad ((x, y) \in X \times U).$$

Dann ist die Funktion $F : U \to \mathbb{C}$, $F(y) = \int_X f(x, y) d\mu(x)$ partiell differenzierbar nach y_j und

$$\partial_j F(y) = \int_X \partial_j f(x, y) d\mu(x) \quad (y \in U).$$

Beweis Sei $y \in U$ fest und sei $\delta > 0$ mit $y + he_j \in U$ für $|h| < \delta$. Ist $(h_k)_{k \in \mathbb{N}}$ eine Nullfolge in $]-\delta, \delta[\setminus \{0\}$, so sind die Funktionen

$$g_k : X \to \mathbb{C}, \quad g_k(x) = \frac{f(x, y + h_k e_j) - f(x, y)}{h_k} \quad (k \in \mathbb{N})$$

μ-integrabel mit

$$|g_k(x)| = \left| \frac{1}{h_k} \int_0^{h_k} (\partial_j f)(x, y + te_j) dt \right| \le g(x) \quad (x \in X).$$

Da $\lim_{k \to \infty} g_k(x) = \partial_j f(x, y)$ ist für alle $x \in X$, folgt die Behauptung als Anwendung des Satzes von der majorisierten Konvergenz (Theorem 1.34 in [29]).   □

Verlangt man statt (ii), dass

$$f(x, \cdot) \in C(U)$$

für alle $x \in X$ gilt und ersetzt man (iii) durch die Bedingung, dass

$$|f(x, y)| \le g(x) \quad ((x, y) \in X \times U)$$

mit einer geeigneten integrablen Funktion $g \in \mathcal{L}^1(\mu)$ gilt, so ist die in Satz 6.1 definierte Funktion F zumindest noch stetig. Dies beweist man ganz ähnlich mit dem Satz von der majorisierten Konvergenz.

Wir benutzen den folgenden einfachen Spezialfall des Satzes von Stokes.

Lemma 6.2 *Ist* $U \subset \mathbb{C} = \mathbb{R}^2$ *offene Umgebung des Rechteckes* $R = [a,b] \times [c,d] \subset \mathbb{C}$ *und bezeichnet* γ *den positiv orientierten Rand von* R, *so gilt für* $f \in C^1(U)$

$$2i \int_R \overline{\partial} f \, \mathrm{d}z = \int_\gamma f \, \mathrm{d}z.$$

Beweis Es gilt (vgl. Definition 1.18)

$$
\begin{aligned}
2i \int_R \overline{\partial} f \, \mathrm{d}z \;&= -\int_a^b \left(\int_c^d \tfrac{\partial f}{\partial y}(x,y)\mathrm{d}y \right) \mathrm{d}x + i \int_c^d \left(\int_a^b \tfrac{\partial f}{\partial x}(x,y)\mathrm{d}x \right) \mathrm{d}y \\
&= \int_a^b f(x,c)\mathrm{d}x + i \int_c^d f(b,y)\mathrm{d}y - \int_a^b f(x,d)\mathrm{d}x - i \int_c^d f(a,y)\mathrm{d}y \\
&= \int_\gamma f \, \mathrm{d}z.
\end{aligned}
$$

Dabei haben wir den Satz von Fubini und den Hauptsatz der Differential- und Integralrechnung benutzt. $\square$

Lemma 6.3 *Die Funktion*

$$\frac{1}{z} : \mathbb{C} \to \mathbb{C}, \quad z \mapsto \frac{1}{z} \quad (= 0 \text{ für } z = 0)$$

ist lokal, das heißt eingeschränkt auf jedes Kompaktum K *in* $\mathbb{C}$, *integrabel.*

Beweis Es genügt, den Fall $K = \overline{D_R}(0)$ zu betrachten. Indem man Polarkoordinaten benutzt, sieht man, dass die Integrabilität von $f(z) = \chi_K(z)/|z|$ über $\mathbb{C}$ äquivalent ist zur Integrabilität der Funktion

$$\mathbb{R}_+ \times [0,2\pi] \to \mathbb{C}, \quad (r,\varphi) \mapsto f(r\cos\varphi, r\sin\varphi)r = \chi_{(0,R] \times [0,2\pi]}(r,\varphi)$$

über $\mathbb{R}_+ \times [0,2\pi]$. Hierbei bezeichnet χ_M die charakteristische Funktion einer Menge M. $\square$

Der Beweis des Dolbeault-Grothendieck-Lemmas beruht auf der folgenden einfachen Integralformel.

Lemma 6.4 *Ist $U \subset \mathbb{C}$ eine offene Umgebung des Rechtecks $R = [a, b] \times [c, d]$, so gilt für jede C^1-Funktion $f \in C^1(U)$ und jedes $w \in \text{Int}(R)$*

$$f(w) = \frac{1}{2\pi i} \left(\int_\gamma \frac{f(z)}{z - w} dz - 2i \int_R \frac{\overline{\partial} f(z)}{z - w} dz \right).$$

Hierbei sei der Integrationsweg γ genau wie in Lemma 6.2 gewählt.

Beweis Sei $w \in \text{Int}(R)$ und sei $\varepsilon > 0$ so klein, dass die Menge

$$U_\varepsilon = \{ z \in \mathbb{C}; \ \|z - w\|_\infty < \varepsilon \}$$

zusammen mit ihrem Abschluss ganz in $\text{Int}(R)$ enthalten ist. Wir setzen $R_\varepsilon = R \setminus \overline{U}_\varepsilon$ und bezeichnen mit γ_ε den positiv orientierten Rand des Rechtecks U_ε (siehe Abb. 6.1).

Ist $\varphi \in C^\infty(\mathbb{C})$ eine Funktion mit

$$\text{supp}(1 - \varphi) \subset U_\varepsilon$$

und $\varphi = 0$ nahe w (Korollar A.5), so folgt mit Lemma 6.2

$$2i \int_{R_\varepsilon} \frac{\overline{\partial} f(z)}{z - w} dz = 2i \int_{R_\varepsilon} \frac{\partial}{\partial \overline{z}} \left(\frac{(\varphi f)(z)}{z - w} \right) dz = \int_\gamma \frac{f(z)}{z - w} dz - \int_{\gamma_\varepsilon} \frac{f(z)}{z - w} dz.$$

Nach dem Satz von der majorisierten Konvergenz (und Lemma 6.3) ist

$$\lim_{\varepsilon \downarrow 0} 2i \int_{R_\varepsilon} \frac{\overline{\partial} f(z)}{z - w} dz = 2i \int_R \frac{\overline{\partial} f(z)}{z - w} dz.$$

Abb. 6.1 Integrationswege im
Beweis von Lemma 6.4

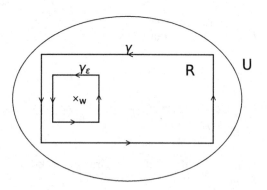

Die Abschätzung

$$\left| \frac{1}{2\pi i} \int_{\gamma_\varepsilon} \frac{f(z)}{z-w} \, dz - f(w) \right| = \left| \frac{1}{2\pi i} \int_{\gamma_\varepsilon} \frac{f(z)-f(w)}{z-w} \, dz \right|$$

$$\leq \frac{1}{2\pi} L(\gamma_\varepsilon) \frac{1}{\varepsilon} \sup\{|f(z)-f(w)|; \ z \in \mathrm{Sp}(\gamma_\varepsilon)\} \xrightarrow{\varepsilon \downarrow 0} 0$$

beendet den Beweis. $\qquad\square$

Wendet man Lemma 6.4 an auf C^1-Funktionen f, die auf dem Integrationsweg γ verschwinden, so erhält man die folgende Version der letzten Integralformel.

Korollar 6.5 *Ist $U \subset \mathbb{C}$ offen und ist $f \in C_c^1(U)$, so gilt für jedes $w \in U$*

$$f(w) = -\frac{1}{\pi} \int_U \frac{\overline{\partial} f(z)}{z-w} \, dz.$$

Beweis Es genügt, den Fall $U = \mathbb{C}$ zu betrachten. Für $w \in \mathbb{C}$ wähle man ein Rechteck $R = [a,b] \times [c,d] \subset \mathbb{C}$ mit

$$\{w\} \cup \mathrm{supp}(f) \subset \mathrm{Int}(R).$$

Dann folgt die Behauptung als Anwendung von Lemma 6.4

$$f(w) = -\frac{1}{\pi} \int_R \frac{\overline{\partial} f(z)}{z-w} \, dz = -\frac{1}{\pi} \int_\mathbb{C} \frac{\overline{\partial} f(z)}{z-w} \, dz.$$

$\qquad\square$

Nach diesen Vorbereitungen können wir das erste Exaktheitsresultat für den $\overline{\partial}$-Operator beweisen.

Satz 6.6

Sei $r \in \mathbb{N}^* \cup \{\infty\}$. Sind Funktionen $f_j \in C_c^r(\mathbb{C}^n)$ $(1 \leq j \leq n)$ gegeben mit

$$\overline{\partial}_j f_k = \overline{\partial}_k f_j \quad (1 \leq j,k \leq n),$$

so existiert eine Funktion $u \in C^r(\mathbb{C}^n)$ mit

$$f_j = \overline{\partial}_j u \quad (1 \leq j \leq n).$$

Ist $n > 1$, so existiert eine Lösung $u \in C_c^r(\mathbb{C}^n)$. Diese ist eindeutig bestimmt und verschwindet auf der unbeschränkten Komponente von $\mathbb{C}^n \setminus \bigcup_{j=1}^{n} \mathrm{supp}(f_j)$.

Beweis Für $z = (z_1, \ldots, z_n) \in \mathbb{C}^n$ existieren nach Lemma 6.3 die Integrale

$$u(z) = -\frac{1}{\pi} \int_{\mathbb{C}} \frac{f_1(\xi, z_2, \ldots, z_n)}{\xi - z_1} d\xi = -\frac{1}{\pi} \int_{\mathbb{C}} \frac{f_1(\xi + z_1, z_2, \ldots, z_n)}{\xi} d\xi.$$

Sei $a \in \mathbb{C}^n$ und sei $\delta > 0$ beliebig. Für $z \in P_\delta(a)$ kann man den Integrationsbereich $\mathbb{C}$ des letzten Integrals ersetzen durch das Kompaktum

$$K = \pi_1(\mathrm{supp}(f_1)) - \overline{D}_\delta(a_1),$$

ohne den Wert des Integrals zu ändern. Da alle partiellen Ableitungen des Integranden (nach x_j und y_j) partiell stetig sind und auf K eine integrable Majorante der Form $\frac{c}{|\xi|}$ ($c > 0$ geeignet) besitzen, ist u nach Satz 6.1 partiell differenzierbar. Insbesondere darf man unter dem Integral differenzieren.

Die Bemerkungen im Anschluss an Satz 6.1 zeigen, dass alle partiellen Ableitungen erster Ordnung von u stetig sind. Da man $\partial_{x_j}(u)$, $\partial_{y_j}(u)$ aus $\partial_{x_j}(f_1)$ und $\partial_{y_j}(f_1)$ genauso erhält, wie man u aus f_1 erhält, folgt induktiv, dass u eine C^r-Funktion ist.

Nach Korollar 6.5 ist für alle $z \in \mathbb{C}^n$

$$\overline{\partial}_1 u(z) = -\frac{1}{\pi} \int_{\mathbb{C}} \frac{\overline{\partial}_1 f_1(\xi + z_1, z_2, \ldots, z_n)}{\xi} d\xi$$

$$= -\frac{1}{\pi} \int_{\mathbb{C}} \frac{\overline{\partial}_1 f_1(\xi, z_2, \ldots, z_n)}{\xi - z_1} d\xi = f_1(z).$$

Genauso folgt

$$\overline{\partial}_j u(z) = -\frac{1}{\pi} \int_{\mathbb{C}} \frac{\overline{\partial}_1 f_j(\xi, z_2, \ldots, z_n)}{\xi - z_1} d\xi = f_j(z)$$

für $j = 2, \ldots, n$ und $z \in \mathbb{C}^n$.

Nach Satz 1.19 ist die oben definierte Funktion u analytisch auf dem Komplement von $\bigcup_{j=1}^{n} \mathrm{supp}(f_j)$. Für $n > 1$ ist

$$u|\mathbb{C} \times (\mathbb{C}^{n-1} \setminus M) = 0$$

mit einem geeigneten Kompaktum $M \subset \mathbb{C}^{n-1}$. Nach dem Identitätssatz (Satz 2.3) ist u identisch 0 auf der unbeschränkten Komponente von $\mathbb{C}^n \setminus \bigcup_{j=1}^{n} \mathrm{supp}(f_j)$. Auch die Eindeutigkeitsaussage folgt aus dem Identitätssatz. $\square$

Im Beweis des Dolbeault-Grothendieck-Lemmas werden wir die folgende Version von Satz 6.6 benutzen.

Bemerkung 6.7 Sei $r \in \mathbb{N}^* \cup \{\infty\}$, $U \subset \mathbb{C}^{n-1}$ offen und $f \in C^r(\mathbb{C} \times U)$. Gibt es eine kompakte Menge $K \subset \mathbb{C}$ mit $f|(\mathbb{C} \setminus K) \times U \equiv 0$, so folgt genauso wie im Beweis von Satz 6.6, dass

$$u : \mathbb{C} \times U \to \mathbb{C}, \quad u(z) = -\frac{1}{\pi} \int\limits_{\mathbb{C}} \frac{f(\xi, z_2, \ldots, z_n)}{\xi - z_1} \, d\xi$$

eine Funktion $u \in C^r(\mathbb{C} \times U)$ definiert mit $\overline{\partial}_1 u = f$ auf $\mathbb{C} \times U$ und

$$\overline{\partial}_j u(z) = -\frac{1}{\pi} \int\limits_{\mathbb{C}} \frac{\overline{\partial}_j f(\xi, z_2, \ldots, z_n)}{\xi - z_1} \, d\xi \quad (z \in \mathbb{C} \times U, \ j = 2, \ldots, n).$$

Als erste Anwendung beweisen wir den *Hartogsschen Kugelsatz*.

Korollar 6.8 (Hartogsscher Kugelsatz) *Sei $n \geq 2$, $\Omega \subset \mathbb{C}^n$ offen und $K \subset \Omega$ kompakt so, dass $\Omega \setminus K$ zusammenhängend ist. Dann gibt es zu jeder Funktion $f \in \mathcal{O}(\Omega \setminus K)$ eine Funktion $F \in \mathcal{O}(\Omega)$ mit $f = F|\Omega \setminus K$.*

Beweis Wir wählen eine Abschneidefunktion $\varphi \in C_c^{\infty}(\Omega)$, die identisch 1 ist auf einer Umgebung von K (Korollar A.5), und fassen die Funktion

$$g = (1 - \varphi)f$$

als C^{∞}-Funktion auf Ω auf. Die durch

$$f_j = \overline{\partial}_j g \ \text{auf } \Omega, \quad f_j = 0 \ \text{auf } \mathbb{C}^n \setminus \Omega$$

definierten Funktionen $f_1, \ldots, f_n \in C_c^{\infty}(\mathbb{C}^n)$ erfüllen die Voraussetzungen von Satz 6.6. Also existiert eine Funktion $u \in C_c^{\infty}(\mathbb{C}^n)$ mit

$$\overline{\partial}_j u = f_j \quad (j = 1, \ldots, n)$$

so, dass u identisch 0 ist auf der unbeschränkten Komponente C von $\mathbb{C}^n \setminus \mathrm{supp}(\varphi)$. Dann stimmt die durch

$$F = g - u|\Omega \in \mathcal{O}(\Omega)$$

definierte Funktion F auf $C \cap \Omega$ mit f überein. Wegen

$$\partial C \subset \operatorname{supp}(\varphi) \subset \Omega$$

ist $\varnothing \neq C \cap \Omega \subset \Omega \setminus K$, und nach dem Identitätssatz (Satz 2.3) ist $F = f$ auf $\Omega \setminus K$. $\qquad \square$

6.2   Komplexe Differentialformen

Bevor wir erste Exaktheitseigenschaften der $\overline{\partial}$-Sequenz über Produktbereichen in $\mathbb{C}^n$ beweisen, erinnern wir an den *Differentialformen-Kalkül*.

Sei $E = \mathbb{R}^N$. Wir definieren $\mathbb{C}$-Vektorräume durch $\Lambda^0 E^* = \mathbb{C}$ und

$$\Lambda^p E^* = \{\omega;\ \omega : E^p \to \mathbb{C} \text{ ist } \mathbb{R}\text{-multilinear und alternierend}\}.$$

Die $\mathbb{R}$-Linearformen

$$dx_j : E \to \mathbb{C}, \quad (x_1, \ldots, x_N) \mapsto x_j \quad (1 \leq j \leq N)$$

bilden eine Basis des $\mathbb{C}$-Vektorraums $\Lambda^1 E^* = \{\varphi;\ \varphi : E \to \mathbb{C} \text{ ist } \mathbb{R}\text{-linear}\}$. Wie im $\mathbb{R}$-wertigen Fall (vgl. Kap. 19 in [11]) zeigt man die folgenden Ergebnisse.

(1) $(\Lambda^1 E^*)^p \to \Lambda^p E^*, (\varphi_1, \ldots, \varphi_p) \mapsto \varphi_1 \wedge \ldots \wedge \varphi_p$ mit $(\varphi_1 \wedge \ldots \wedge \varphi_p)(v_1, \ldots, v_p) = \det(\varphi_i(v_j))_{1 \leq i,j \leq p}$ definiert eine $\mathbb{C}$-multilineare alternierende Abbildung.

(2) Ist $\{\psi_1, \ldots, \psi_N\}$ eine Basis des $\mathbb{C}$-Vektorraums $\Lambda^1 E^*$, so bilden die Formen

$$\psi_{i_1} \wedge \ldots \wedge \psi_{i_p} \quad (1 \leq i_1 < \ldots < i_p \leq N)$$

eine Basis des $\mathbb{C}$-Vektorraums $\Lambda^p E^*$.

(3) Für $p, q \geq 1$ gibt es eindeutige $\mathbb{C}$-bilineare Abbildungen

$$\Lambda^p E^* \times \Lambda^q E^* \longrightarrow \Lambda^{p+q} E^*, \quad (\omega, \sigma) \mapsto \omega \wedge \sigma,$$

die mit der Definition in (1) verträglich sind in dem Sinne, dass

$$(\varphi_1 \wedge \ldots \wedge \varphi_p) \wedge (\psi_1 \wedge \ldots \wedge \psi_q) = \varphi_1 \wedge \ldots \wedge \varphi_p \wedge \psi_1 \wedge \ldots \wedge \psi_q$$

für alle $\varphi_1, \ldots, \varphi_p,\ \psi_1, \ldots, \psi_q \in \Lambda^1 E^*$ gilt.

▶ **Definition 6.9** Sei $U \subset \mathbb{R}^M$ eine offene Menge.

(a) Eine *r-Form über U in N Unbestimmten* ist eine Abbildung $\omega : U \to \Lambda^r E^*$.

(b) Eine *r*-Form ω über U wie oben heißt *von der Klasse C^k ($k \in \mathbb{N} \cup \{\infty\}$)*, falls die Koordinatenfunktionen von ω bezüglich einer (oder äquivalent bezüglich jeder) Basis des $\mathbb{C}$-Vektorraumes $\Lambda^r E^*$ in $C^k(U)$ liegen. Ist $M = 2n$ und $U \subset \mathbb{C}^n \cong \mathbb{R}^{2n}$ offen, so nennt man ω *analytisch*, wenn alle Koordinatenfunktionen analytisch sind.

(c) Wir schreiben $\Lambda^r(dx, C^k(U))$ ($= C_r^k(U)$, falls $M = N$) für den $\mathbb{C}$-Vektorraum aller *r*-Formen der Klasse C^k über U in N Unbestimmten. Hierbei sei $dx = (dx_1, \ldots, dx_N)$. Entsprechend bezeichnen wir mit $\Lambda^r(dx, \mathcal{O}(U))$ ($= \mathcal{O}_r(U)$) den $\mathbb{C}$-Vektorraum aller analytischen *r*-Formen über einer offenen Menge $U \subset \mathbb{C}^n$.

Wie üblich schreiben wir die Elemente von $\Lambda^r(dx, C^k(U))$ in der Form

$$\omega = \sum_{|I|=r} \omega_I dx_I.$$

Hierbei durchläuft I alle Multiindizes $1 \le i_1 < \ldots < i_r \le N$ und

$$dx_I = dx_{i_1} \wedge \ldots \wedge dx_{i_r}.$$

Im Spezialfall $N = M$ definiert bzw. zeigt man:

(4) Für $f \in C^1(U)$ sei $df : U \to \Lambda^1 E^*$ die 1-Form, definiert durch

$$df(x) = \sum_{j=1}^{N} (\partial f / \partial x_j)(x) dx_j.$$

Dies ist genau das totale Differential $Df(x) : \mathbb{R}^N \to \mathbb{R}^2$ der C^1-Funktion $f : U \to \mathbb{C} = \mathbb{R}^2$ an der Stelle x.

(5) Für $k \ge 1$ bezeichnet man die $\mathbb{C}$-lineare Abbildung $d : C_r^k(U) \to C_{r+1}^{k-1}(U)$,

$$d\left(\sum_{|I|=r} \omega_I dx_I \right) = \sum_{|I|=r} (d\omega_I) \wedge dx_I$$

als die *äußere Ableitung*.

(6) Für $V \subset \mathbb{R}^M$ offen, $U \subset \mathbb{R}^N$ offen, $\varphi = (\varphi_1, \ldots, \varphi_N) \in C^1(V, \mathbb{R}^N)$ mit $\varphi(V) \subset U$ und eine *r*-Form $\omega = \sum_{|I|=r} \omega_I dx_I$ über U heißt die *r*-Form über V

$$\varphi^*(\omega) = \sum_{|I|=r} \omega_{i_1 \ldots i_r} \circ \varphi \quad d\varphi_{i_1} \wedge \ldots \wedge d\varphi_{i_r}$$

der *pull-back* oder *Rückzug* der *r*-Form ω unter φ.

(7) Pull-back, äußere Ableitung und äußeres Produkt sind $\mathbb{C}$-linear und miteinander verträglich. Sei ω eine r-Form und σ eine s-Form über U. Ist φ wie oben, so gilt

$$\varphi^*(\omega \wedge \sigma) = \varphi^*(\omega) \wedge \varphi^*(\sigma).$$

Sind $\omega \in C_r^1(U)$, $\sigma \in C_s^1(U)$, so ist

$$d(\omega \wedge \sigma) = (d\omega) \wedge \sigma + (-1)^r \omega \wedge d\sigma.$$

Ist $\varphi : V \to U$ eine C^2-Funktion, so gilt für $\omega \in C_r^1(U)$

$$\varphi^*(d\omega) = d\varphi^*(\omega).$$

(8) Der pull-back ist transitiv in dem Sinne, dass für C^1-Funktionen $\psi : W \to V$, $\varphi : V \to U$ und jede r-Form ω über U gilt

$$\psi^*(\varphi^*(\omega)) = (\varphi \circ \psi)^*(\omega).$$

Ist $W \subset V$ und $\psi = j : W \to V$ die Inklusionsabbildung, so gilt

$$\varphi^*(\omega)|W = j^*(\varphi^*(\omega)) = (\varphi \circ j)^*(\omega) = (\varphi|W)^*(\omega).$$

(9) Man kann die äußere Ableitung d benutzen, um eine Sequenz von $\mathbb{C}$-Vektorräumen (den *de Rham-Komplex*) zu definieren. Denn für jede r-Form $\omega \in C_r^2(U)$ gilt

$$d(d\omega) = 0.$$

Sei im Folgenden $N = M = 2n$. Wir identifizieren $E = \mathbb{R}^{2n}$ mit $\mathbb{C}^n$ als $\mathbb{R}$-Vektorraum. In diesem Fall bilden auch die $\mathbb{R}$-linearen Abbildungen

$$dz_j : \mathbb{C}^n \to \mathbb{C}, \ (z_1, \ldots, z_n) \mapsto z_j \quad \text{und} \quad d\bar{z}_j : \mathbb{C}^n \to \mathbb{C}, \ (z_1, \ldots, z_n) \mapsto \bar{z}_j$$

$(1 \leq j \leq n)$ eine Basis des $\mathbb{C}$-Vektorraumes $\Lambda^1 E^*$. Es ist

$$dz_j = dx_j + i\,dy_j, \quad d\bar{z}_j = dx_j - i\,dy_j \quad (1 \leq j \leq n),$$

und für $f \in C^1(U)$ ($U \subset \mathbb{C}^n \cong \mathbb{R}^{2n}$ offen) erhält man (siehe die Bemerkungen vor Lemma 2.10)

$$df(z) = \sum_{\nu=1}^{n} \frac{\partial f}{\partial x_\nu}(z)dx_\nu + \frac{\partial f}{\partial y_\nu}(z)dy_\nu = \partial f(z) + \bar{\partial} f(z),$$

wobei die 1-Formen $\partial f, \bar{\partial} f : U \to \Lambda^1 E^*$ definiert sind durch

$$\partial f(z) = \sum_{\nu=1}^{n} (\partial f/\partial z_\nu)(z) dz_\nu, \qquad \overline{\partial} f(z) = \sum_{\nu=1}^{n} (\partial f/\partial \overline{z}_\nu)(z) d\overline{z}_\nu.$$

▶ **Definition 6.10** Eine Form vom *Typ* (oder *Bigrad*) (p, q) über U ist eine $(p + q)$-Form ω über U, die sich schreiben lässt als

$$\omega = \sum_{|I|=p} \sum_{|J|=q} f_{I,J} dz_I \wedge d\overline{z}_J,$$

wobei I und J alle Multiindizes $1 \leq i_1 < \ldots < i_p \leq n$, $1 \leq j_1 < \ldots < j_q \leq n$ durchlaufen und die Abkürzungen $dz_I = dz_{i_1} \wedge \ldots \wedge dz_{i_p}$, $d\overline{z}_J = d\overline{z}_{j_1} \wedge \ldots \wedge d\overline{z}_{j_q}$ benutzt wurden. Wir schreiben

$$C_{p,q}^k(U) = \{\omega;\ \omega \text{ ist } (p, q)\text{-Form der Klasse } C^k \text{ über } U\}$$

für den $\mathbb{C}$-Vektorraum aller (p, q)-*Formen der Klasse* C^k über U. Entsprechend bezeichne $\mathcal{O}_{p,q}(U)$ den $\mathbb{C}$-Vektorraum aller analytischen (p, q)-Formen über U.

Bemerkung 6.11 Der Raum $C_r^k(U)$ zerfällt in die direkte Summe

$$C_r^k(U) = \bigoplus_{p+q=r} C_{p,q}^k(U).$$

Benutzt man die Verträglichkeit der äußeren Ableitung mit äußeren Produkten, so erhält man für jede (p, q)-Form $\omega = \sum_{\substack{|I|=p \\ |J|=q}} \omega_{I,J} dz_I \wedge d\overline{z}_J \in C_{p,q}^1(U)$

$$d\omega = \sum_{I,J} d\omega_{I,J} \wedge dz_I \wedge d\overline{z}_J = \sum_{I,J} \partial \omega_{I,J} \wedge dz_I \wedge d\overline{z}_J + \sum_{I,J} \overline{\partial} \omega_{I,J} \wedge dz_I \wedge d\overline{z}_J.$$

▶ **Definition 6.12** Für $p, q \geq 0$ und $k \geq 1$ definiert man $\mathbb{C}$-lineare Abbildungen

$$\partial : C_{p,q}^k(U) \to C_{p+1,q}^{k-1}(U), \quad \omega \mapsto \sum_{I,J} (\partial \omega_{I,J}) \wedge dz_I \wedge d\overline{z}_J,$$

$$\overline{\partial} : C_{p,q}^k(U) \to C_{p,q+1}^{k-1}(U), \quad \omega \mapsto \sum_{I,J} (\overline{\partial} \omega_{I,J}) \wedge dz_I \wedge d\overline{z}_J$$

und setzt sie fort zu $\mathbb{C}$-linearen Abbildungen

$$\partial, \overline{\partial} : C_r^k(U) \to C_{r+1}^{k-1}(U).$$

Nach Definition gilt auf $C_r^k(U)$ die Identität $d = \partial + \overline{\partial}$. Durch Vergleich der Bigrade erhält man unter Benutzung von Bemerkung 6.11 die folgenden Regeln für den Umgang mit den *äußeren Differentialen* ∂ und $\overline{\partial}$.

Satz 6.13

Seien $V \subset \mathbb{C}^m$, $U \subset \mathbb{C}^n$ offene Mengen, sei $\varphi : V \to U$ holomorph und seien $\omega \in C_r^1(U)$, $\sigma \in C_s^1(U)$ und $\tau \in C_r^2(U)$ Formen auf U. Dann gilt

   (i) $\partial(\partial\tau) = \overline{\partial}(\overline{\partial}\tau) = (\partial\overline{\partial} + \overline{\partial}\partial)(\tau) = 0;$
  (ii) $\partial(\omega \wedge \sigma) = (\partial\omega) \wedge \sigma + (-1)^r\omega \wedge \partial\sigma, \quad \overline{\partial}(\omega \wedge \sigma) = (\overline{\partial}\omega) \wedge \sigma + (-1)^r\omega \wedge \overline{\partial}\sigma;$
 (iii) $\partial(\varphi^*(\omega)) = \varphi^*(\partial\omega), \quad \overline{\partial}(\varphi^*(\omega)) = \varphi^*(\overline{\partial}\omega).$

Analog zum de Rham-Komplex aus der reellen Analysis betrachtet man in der komplexen Analysis den $\overline{\partial}$-*Komplex*.

Korollar 6.14 *Für $U \subset \mathbb{C}^n$ offen und $p \in \mathbb{N}$ ist*

$$0 \longrightarrow C_{p,0}^\infty(U) \xrightarrow{\overline{\partial}} C_{p,1}^\infty(U) \xrightarrow{\overline{\partial}} \ldots \xrightarrow{\overline{\partial}} C_{p,n}^\infty(U) \longrightarrow 0$$

eine Sequenz von $\mathbb{C}$-Vektorräumen (das heißt alle Abbildungen sind $\mathbb{C}$-linear und die Komposition je zweier aufeinanderfolgender Abbildungen ist 0).

Man nennt die Quotientenvektorräume

$$H^r(C_{p,\cdot}^\infty(\Omega), \overline{\partial}) = \mathrm{Ker}(C_{p,r}^\infty(\Omega) \xrightarrow{\overline{\partial}} C_{p,r+1}^\infty(\Omega))/\mathrm{Im}(C_{p,r-1}^\infty(\Omega) \xrightarrow{\overline{\partial}} C_{p,r}^\infty(\Omega))$$

die *Kohomologiegruppen* der $\overline{\partial}$-Sequenz. Wir schreiben

$$H^r(C^\infty(\Omega), \overline{\partial}) = H^r(C_{0,\cdot}^\infty(\Omega), \overline{\partial}).$$

6.3   Dolbeault-Grothendieck-Lemma

Wir wollen zeigen, dass die $\overline{\partial}$-Sequenz exakt ist in der Nähe von kartesischen Produkten $K = K_1 \times \ldots \times K_n$ kompakter Mengen $K_i \subset \mathbb{C}$ oder, genauer, dass Kompakta dieser Art die folgende Eigenschaft besitzen.

▶   **Definition 6.15** Sei $K \subset \mathbb{C}^n$ kompakt. Man sagt, dass K die *Cousin-Eigenschaft* hat, wenn für alle natürlichen Zahlen $p, q \geq 0$ und jede Form $g \in C_{p,q+1}^\infty(U)$ auf einer offenen Umgebung U von K mit $\overline{\partial}g = 0$ eine offene Umgebung $V \subset U$ von K und eine Form $f \in C_{p,q}^\infty(V)$ existieren mit $g = \overline{\partial}f$ auf V.

Damit erhält das angekündigte Resultat die folgende Form.

Satz 6.16 (Dolbeault-Grothendieck-Lemma)
Sind $K_1, \ldots, K_n \subset \mathbb{C}$ kompakt, so hat das Kompaktum $K = K_1 \times \ldots \times K_n \subset \mathbb{C}^n$ die Cousin-Eigenschaft.

Beweis Wir fixieren $p, q \in \mathbb{N}$ und zeigen durch Induktion nach $k = 0, \ldots, n$, dass jede Form $g \in C^\infty_{p,q+1}(U)$ auf einer offenen Umgebung U von K mit $\overline{\partial} g = 0$, die die Terme $d\overline{z}_{k+1}, \ldots, d\overline{z}_n$ nicht enthält, auf einer möglicherweise kleineren offenen Umgebung $V \subset U$ von K die Gestalt $g = \overline{\partial} f$ hat mit einer geeigneten Form $f \in C^\infty_{p,q}(V)$. Ist $k = 0$, so ist $g = 0$ und die Behauptung ist klar. Sei die Behauptung gezeigt für $k - 1$ ($k \in \{1, \ldots, n\}$) und sei $g \in C^\infty_{p,q+1}(U)$ eine Form auf einer offenen Umgebung U von K so, dass $\overline{\partial} g = 0$ ist und die Terme $d\overline{z}_{k+1}, \ldots, d\overline{z}_n$ nicht in g vorkommen.

Wir dürfen annehmen, dass $q \leq k - 1$. Denn sonst ist $g = 0$. Indem man U gegebenenfalls verkleinert, darf man außerdem voraussetzen, dass $U = U_1 \times \ldots \times U_n$ gilt mit geeigneten offenen Umgebungen U_i von K_i. Wir schreiben g in der Form

$$g = d\overline{z}_k \wedge \omega + \sigma$$

mit Formen $\sigma \in C^\infty_{p,q+1}(U)$ und

$$\omega = \sum_{|I|=p} \sum_{|J|=q} \omega_{I,J} dz_I \wedge d\overline{z}_J \in C^\infty_{p,q}(U),$$

in denen $d\overline{z}_k, \ldots, d\overline{z}_n$ nicht vorkommen. Für $j \in \{k+1, \ldots, n\}$ und $|I| = p$, $J = (j_1, \ldots, j_q)$ mit $1 \leq j_1 < \ldots < j_q \leq k - 1$ ist

$$0 = (\overline{\partial} g)_{I,j_1 \ldots j_q, k, j} = -(d\overline{z}_k \wedge \overline{\partial} \omega)_{I,j_1 \ldots j_q, k, j} = \pm \overline{\partial}_j \omega_{I,j_1 \ldots j_q}.$$

Wir wählen $\theta \in C^\infty_c(U_k)$ mit $\theta = 1$ auf einer offenen Umgebung V_k von K_k und definieren für I, J wie oben C^∞-Funktionen $h_{I,J} \in C^\infty(U)$ durch

$$h_{I,J}(z) = -\frac{1}{\pi} \int_{\mathbb{C}} \frac{\theta(\xi) \omega_{I,J}(z_1, \ldots, z_{k-1}, \xi, z_{k+1}, \ldots, z_n)}{\xi - z_k} \, d\xi.$$

Nach Bemerkung 6.7 ist $\overline{\partial}_k h_{I,J} = \omega_{I,J}$ und $\overline{\partial}_j h_{I,J} = 0$ für $j = k+1, \ldots, n$ auf

$$V = U_1 \times \ldots \times U_{k-1} \times V_k \times U_{k+1} \times \ldots \times U_n.$$

Dann definiert

$$h = \sum_{|I|=p} \sum_{|J|=q} (h_{I,J}|V) dz_I \wedge d\bar{z}_J \in C^\infty_{p,q}(V),$$

wobei die innere Summe nur über alle $J = (j_1, \ldots, j_q)$ mit $j_q \leq k - 1$ gebildet wird, eine (p, q)-Form über V mit

$$\bar{\partial} h = \sum_{I,J} \left(\sum_{\nu=1}^{k-1} \bar{\partial}_\nu (h_{I,J}|V) d\bar{z}_\nu + (\omega_{I,J}|V) d\bar{z}_k \right) \wedge dz_I \wedge d\bar{z}_J = \tau + d\bar{z}_k \wedge (\omega|V).$$

Hierbei ist $\tau \in C^\infty_{p,q+1}(V)$ eine Form, die $d\bar{z}_k, \ldots, d\bar{z}_n$ nicht enthält. Indem man die Induktionsvoraussetzung anwendet auf die Form

$$\rho = g|V - \bar{\partial} h = \sigma|V - \tau \in C^\infty_{p,q+1}(V),$$

sieht man, dass eine Differentialform $\alpha \in C^\infty_{p,q}(W)$ auf einer geeigneten kleineren offenen Umgebung $W \subset V$ von K existiert mit

$$\rho|W = \bar{\partial}\alpha.$$

Dann ist aber $g|W = \bar{\partial}(\alpha + h|W)$, und die Behauptung ist bewiesen. $\qquad\square$

Man kann den $\bar{\partial}$-Komplex folgendermaßen verallgemeinern. Statt

$$\partial_1, \ldots, \partial_n, \bar{\partial}_1, \ldots, \bar{\partial}_n \in \mathrm{End}_{\mathbb{C}}(C^\infty(U)) \quad (U \subset \mathbb{C}^n \text{ offen})$$

betrachten wir ein beliebiges Tupel

$$a = (a_1, \ldots, a_N) \in \mathrm{End}_{\mathbb{C}}(C^k(U))^N \quad (U \subset \mathbb{R}^M \text{ offen})$$

vertauschender $\mathbb{C}$-linearer Abbildungen a_j auf $C^k(U)$. Wir bezeichnen mit

$$C^r = \Lambda^r(dx, C^k(U)) \quad (r \geq 0)$$

den $\mathbb{C}$-Vektorraum aller r-Formen der Klasse C^k über U in N Unbestimmten $dx = (dx_1, \ldots, dx_N)$. Dann erhält man eine Sequenz von $\mathbb{C}$-Vektorräumen

$$0 \longrightarrow C^0 \overset{a}{\longrightarrow} C^1 \overset{a}{\longrightarrow} \ldots \overset{a}{\longrightarrow} C^N \longrightarrow 0,$$

indem man definiert

$$a \sum_{|I|=r} f_I \, dx_I = \sum_{|I|=r} \sum_{j=1}^{N} a_j f_I \, dx_j \wedge dx_I.$$

Man nennt diesen Komplex den *Koszul-Komplex* von a auf $C^k(U)$ (vgl. Abschn. 2.2 in [7]).

Ist $N = m + n$ und $a = (b, c)$ mit $b = (b_1, \ldots, b_m)$, $c = (c_1, \ldots, c_n)$, so kann man *Formen vom Bigrad* (p, q) in Unbestimmten $dx = (dx_1, \ldots, dx_m)$ und $dy = (dy_1, \ldots, dy_n)$ betrachten. Dazu schreibt man $\mathbb{R}^N = \mathbb{R}^m \times \mathbb{R}^n = \{(x, y); \ x \in \mathbb{R}^m \text{ und } y \in \mathbb{R}^n\}$ und setzt

$$C^{p,q} = \Lambda^{p,q}\left(d(x, y), C^k(U)\right)$$

gleich der Menge der $(p + q)$-Formen, die sich schreiben lassen als

$$\sum_{|I|=p}\sum_{|J|=q} f_{I,J}\, dx_I \wedge dy_J.$$

Wieder ist

$$C^r = \bigoplus_{p+q=r} C^{p,q}$$

die direkte Summe von $\mathbb{C}$-Vektorräumen, und man erhält die Sequenzen

$$0 \longrightarrow C^{0,q} \overset{b}{\longrightarrow} C^{1,q} \overset{b}{\longrightarrow} \ldots \overset{b}{\longrightarrow} C^{m,q} \longrightarrow 0 \quad (0 \le q \le n),$$

$$0 \longrightarrow C^{p,0} \overset{c}{\longrightarrow} C^{p,1} \overset{c}{\longrightarrow} \ldots \overset{c}{\longrightarrow} C^{p,n} \longrightarrow 0 \quad (0 \le p \le m).$$

Als Verallgemeinerung von Satz 6.13 erhält man die Identitäten

$$b^2 = bc + cb = c^2 = 0.$$

Beispiel 6.17

Sei $U \subset \mathbb{C}^n$ offen und seien $f_1, \ldots, f_m \in \mathcal{O}(U)$. Dann ist

$$a = (b, c) = (M_{f_1}, \ldots, M_{f_m}, \overline{\partial}_1, \ldots, \overline{\partial}_n) \in \operatorname{End}_{\mathbb{C}}(C^\infty(U))^{m+n}$$

ein vertauschendes Tupel. Hierbei sei für $f \in \mathcal{O}(U)$

$$M_f : C^\infty(U) \to C^\infty(U), \quad g \mapsto fg$$

der induzierte Multiplikationsoperator.

Lemma 6.18 *Sei $U \subset \mathbb{R}^M$ offen und $a = (b, c) \in \operatorname{End}_{\mathbb{C}}(C^k(U))^{m+n}$ vertauschend. Gibt es lineare Abbildungen $d_1, \ldots, d_m \in \operatorname{End}_{\mathbb{C}}(C^k(U))$ mit*

$$d_i b_j = b_j d_i \quad (1 \le i, j \le m)$$

und

$$\sum_{i=1}^{m} d_i b_i = I,$$

dann sind die Sequenzen

$$0 \longrightarrow C^{0,q} \xrightarrow{\;b\;} C^{1,q} \xrightarrow{\;b\;} \ldots \xrightarrow{\;b\;} C^{m,q} \longrightarrow 0 \quad (0 \le q \le n)$$

exakt.

Beweis Man definiere $\mathbb{C}$-lineare Abbildungen $d : C^{p,q} \to C^{p-1,q}$ durch

$$f \, dx_I \wedge dy_J \mapsto \sum_{\rho=1}^{p} (-1)^{\rho-1} d_{i_\rho}(f) \, dx_{i_1} \wedge \ldots \wedge \widehat{dx_{i_\rho}} \wedge \ldots \wedge dx_{i_p} \wedge dy_J$$

und prüfe die Identität

$$(bd + db)f = f \quad (f \in C^{p,q}, \; p,q \ge 0).$$

Hierbei bedeitet das Dach über dx_{i_ρ}, dass dieser Faktor wegzulassen ist. □

Als einfache Anwendung des Hartogsschen Kugelsatzes folgt, dass holomorphe Funktionen von mindestens zwei Variablen keine isolierten Singularitäten haben können. Der Riemannsche Hebbarkeitssatz (Satz 4.8) erlaubt es, eine deutliche Verschärfung dieses Resultates zu beweisen.

Satz 6.19 (Riemannscher Hebbarbeitssatz, 2. Version)
Sei $A \subset D$ eine analytische Teilmenge einer offenen Menge $D \subset \mathbb{C}^n$. Gibt es für jeden Punkt $a \in A$ einen linearen Teilraum $M_a \subset \mathbb{C}^n$ mit $\dim M_a = 2$ so, dass a ein isolierter Punkt der Menge $(a + M_a) \cap A$ ist, so ist $\mathcal{O}(D \setminus A) = \mathcal{O}(D)|D \setminus A$.

Beweis Für jede Zusammenhangskomponente C von D ist $A \cap C \subset C$ eine analytische Menge in C, die dieselben Voraussetzungen erfüllt wie $A \subset D$. Also dürfen wir annehmen, dass $A \subset D$ eine dünne Menge in einem Gebiet $D \subset \mathbb{C}^n$ ist (Satz 4.13). Sei $f \in \mathcal{O}(D \setminus A)$ und sei $a \in A$. Nach der ersten Version des Riemannschen Hebbarkeitssatzes (Satz 4.8) genügt es, eine Umgebung V von a zu finden, für die $f|V \cap (\mathbb{C}^n \setminus A)$ beschränkt ist. Wir nehmen zunächst an, dass $a = 0$ und $r > 0$ eine Zahl ist mit

$$\overline{B}_r(0) \cap Z(\pi_1, \ldots, \pi_{n-2}) \cap A = \{0\} \quad \text{und} \quad \overline{B}_r(0) \subset D,$$

wobei $\pi_\nu : \mathbb{C}^n \mapsto \mathbb{C}$ die ν-te Koordinatenprojektion sei. Dann ist

$$\{0\} \times (\overline{B}_r(0) \setminus B_{\frac{r}{2}}(0)) \subset D \setminus A,$$

wobei die Kugeln in der zweiten Komponete Kugeln in $\mathbb{C}^2$ seien und $0 \in \mathbb{C}^{n-2}$ der Ursprung in $\mathbb{C}^{n-2}$. Da $D \setminus A$ offen ist, gibt es ein $s > 0$ so, dass die Menge

$$K = \overline{B}_s(0) \times (\overline{B}_r(0) \setminus B_{\frac{r}{2}}(0))$$

in $D \setminus A$ enthalten ist. Durch Verkleinern von s kann man erreichen, dass $\overline{B}_s(0) \times \overline{B}_r(0) \subset D$ ist. Für $z \in B_s(0)$ ist die Menge

$$A_z = \{w \in B_r(0); \ (z, w) \in A\}$$

enthalten in $B_{r/2}(0)$ und nach Bemerkung 4.12(v) analytisch in $B_r(0)$. Als kompakte analytische Menge ist $A_z \subset B_r(0)$ nach Korollar 4.17 eine endliche Menge. Nach dem Hartogsschen Kugelsatz (Korollar 6.8) oder Aufgabe 5.7 hat die Funktion

$$f(z, \cdot) : B_r(0) \setminus A_z \to \mathbb{C}$$

eine holomorphe Fortsetzung $F_z \in \mathcal{O}(B_r(0))$, und für $w \in B_r(0) \setminus A_z$ gilt

$$|f(z, w)| \leq \|F_z\|_{B_r(0)} = \|F_z\|_{B_r(0) \setminus \overline{B}_{\frac{r}{2}}(0)} = \|f(z, \cdot)\|_{B_r(0) \setminus \overline{B}_{\frac{r}{2}}(0)} \leq \|f\|_K.$$

Also ist f eingeschränkt auf $(B_s(0) \times B_r(0)) \cap (\mathbb{C}^n \setminus A)$ beschränkt.
Sei jetzt $a \in A$ beliebig und $M_a \subset \mathbb{C}^n$ ein 2-dimensionaler Teilraum wie im Satz beschrieben. Dann gibt es eine unitäre Abbildung $U : \mathbb{C}^n \to \mathbb{C}^n$ mit

$$UM_a = Z(\pi_1, \ldots, \pi_{n-2}).$$

Die Abbildung $\varphi : \mathbb{C}^n \to \mathbb{C}^n$, $z \mapsto U(z - a)$ ist biholomorph mit $\varphi(a + M_a) = Z(\pi_1, \ldots, \pi_{n-2})$, und $\tilde{A} = \varphi(A) \subset \tilde{D} = \varphi(D)$ ist eine analytische Menge so, dass $0 = \varphi(a)$ ein isolierter Punkt der Menge

$$\varphi((a + M_a) \cap A) = Z(\pi_1, \ldots, \pi_{n-2}) \cap \tilde{A}$$

ist. Ist $f \in \mathcal{O}(D \setminus A)$, so ist $f \circ \varphi^{-1} \in \mathcal{O}(\tilde{D} \setminus \tilde{A})$ und nach dem vorhergehenden Beweisteil existiere eine Umgebung V von a so, dass $f \circ \varphi^{-1}$ beschränkt ist auf $\varphi(V) \cap \varphi(A)^c = \varphi(V \cap A^c)$. Dann ist aber f beschränkt auf $V \cap A^c$. $\qquad\square$

Die in Satz 6.19 an die Punkte $a \in A$ gestellte Bedingung bedeutet, dass die analytische Menge $A \subset D$ mindestens 2-kodimensional in D ist im Sinne der folgenden Definition.

▶ **Definition 6.20** Sei $A \subset D$ eine analytische Teilmenge einer offenen Menge $D \subset \mathbb{C}^n$ und seien $a \in A, m \in \{0, \dots, n\}$. Wir sagen, dass A die *Dimension m* im Punkt a hat, und wir schreiben $\dim_a A = m$, wenn es einen linearen Teilraum $M \subset \mathbb{C}^n$ der Dimension $n-m$, aber keinen Teilraum größerer Dimension gibt so, dass a ein isolierter Punkt der Menge $(a + M) \cap A$ ist. In diesem Fall nennt man die Zahl $\mathrm{cod}_a A = n - m$ die *Kodimension* von A in a. Man definiert die *Dimension* und *Kodimension* der analytischen Menge A als

$$\dim A = \max_{a \in A} \dim_a A, \ \mathrm{cod}\, A = \min_{a \in A} \mathrm{cod}_a A.$$

Andere äquivalente analytische und algebraische Beschreibungen der Dimension analytischer Mengen und ihrer Eigenschaften findet man etwa in Kap. 5 von [16].

Aufgaben

6.1 Sei $n \geq 2$ und sei $U \subset \mathbb{C}^n$ offen. Man zeige, dass jede isolierte Singularität einer holomorphen Funktion $f \in \mathcal{O}(U)$ hebbar ist.

6.2 Man zeige, dass der Hartogssche Kugelsatz (Korollar 6.8) falsch wird, wenn man auf die Bedingung, dass $\Omega \setminus K$ zusammenhängend ist, verzichtet oder wenn $n = 1$ ist.

6.3 Sei $K \subset \mathbb{C}^n$ konvex und kompakt. Man zeige, dass für $n \geq 2$ jede beschränkte holomorphe Funktion $f : \mathbb{C}^n \setminus K \to \mathbb{C}$ konstant ist.

Rungesche Mengen

7

Ist $K \subset \mathbb{C}$ eine kompakte Menge mit zusammenhängendem Komplement $\mathbb{C} \setminus K$, so lässt sich nach dem Satz von Runge aus der Funktionentheorie einer Veränderlichen jede auf einer offenen Umgebung U von K holomorphe Funktion gleichmäßig auf K durch Polynome approximieren. In diesem Kapitel definieren wir eine Klasse kompakter Mengen $K \subset \mathbb{C}^n$, für die das entsprechende mehrdimensionale Approximationsproblem lösbar ist und die im Falle $n = 1$ genau aus den Kompakta $K \subset \mathbb{C}$ mit zusammenhängendem Komplement besteht. Wir charakterisieren die Holomorphiebereiche in $\mathbb{C}^n$, auf denen jede holomorphe Funktion kompakt gleichmäßig durch Polynome approximiert werden kann und zeigen, dass die $\overline{\partial}$-Sequenz über solchen Holomorphiebereichen exakt ist.

7.1 Rungesche und polynom-konvexe Mengen

Wir werden sehen, dass die kompakten Mengen $K \subset \mathbb{C}$ mit zusammenhängendem Komplement genau die kompakten Mengen sind, die im folgenden Sinne polynom-konvex sind.

▶ **Definition 7.1**

(a) Sei $K \subset \mathbb{C}^n$ kompakt. Man nennt

$$\tilde{K} = \{z \in \mathbb{C}^n;\ |p(z)| \leq \|p\|_K \text{ für alle } p \in \mathbb{C}[z_1, \ldots, z_n]\}$$

die *polynom-konvexe Hülle* von K. Die Menge K heißt *polynom-konvex*, falls $K = \tilde{K}$ ist.

(b) Eine offene Menge Ω in $\mathbb{C}^n$ heißt *Rungesch*, wenn $\tilde{K} \subset \Omega$ ist für jede kompakte Teilmenge $K \subset \Omega$.

© Springer-Verlag GmbH Deutschland 2017
J. Eschmeier, *Funktionentheorie mehrerer Veränderlicher*, Springer-Lehrbuch Masterclass, https://doi.org/10.1007/978-3-662-55542-2_7

Die polynom-konvexe Hülle $\tilde{K}$ eines Kompaktums K in $\mathbb{C}^n$ ist beschränkt und abgeschlossen, also wieder kompakt. Unmittelbar aus der Definition folgt, dass $\tilde{K}$ polynom-konvex ist.

Lemma 7.2

(a) *Für $K \subset \mathbb{C}$ kompakt ist*

$$\tilde{K} = K \cup \bigcup (C; \ C \text{ ist beschränkte Komponente von } \mathbb{C} \setminus K).$$

(b) *Ist $\Omega \subset \mathbb{C}^n$ offen, so ist $\hat{K}_\Omega \subset \tilde{K}$ für jede kompakte Menge $K \subset \Omega$. Insbesondere ist jede Rungesche Menge Ω in $\mathbb{C}^n$ holomorph-konvex.*

(a) *Jede konvexe offene Menge Ω in $\mathbb{C}^n$ ist Rungesch.*

Beweis (a) Ist C eine beschränkte Komponente von $\mathbb{C} \setminus K$, so ist $\partial C \subset K$ und nach dem Maximumprinzip gilt für jedes Polynom $p \in \mathbb{C}[z]$

$$\|p\|_C = \|p\|_{\partial C} \leq \|p\|_K.$$

Also enthält $\tilde{K}$ außer K auch jede beschränkte Komponente von $\mathbb{C} \setminus K$.

Für den Beweis der umgekehrten Inklusion sei C_∞ die unbeschränkte Komponente von $\mathbb{C} \setminus K$ und $L = \mathbb{C} \setminus C_\infty$. Ist $w \in C_\infty$ und ist $(w_k)_{k \geq 1}$ eine Folge in $C_\infty \setminus \{w\}$ mit $\lim_{k \to \infty} w_k = w$, so erlaubt es uns der Satz von Runge, Polynome p_k zu wählen mit

$$|p_k(z) - \frac{1}{z - w_k}| < 1/k \quad (z \in L \cup \{w\}).$$

Da $(p_k(w))_{k \geq 1}$ unbeschränkt ist und da die Folge (p_k) wegen

$$\|p_k\|_K \leq \|p_k\|_L \leq k^{-1} + \text{dist}(w_k, L)^{-1} \overset{k \to \infty}{\longrightarrow} \text{dist}(w, L)^{-1}$$

auf K beschränkt bleibt, ist $w \notin \tilde{K}$.

Teil (b) folgt direkt aus den Definitionen. Teil (c) haben wir bereits im Beweis von Korollar 5.7 gezeigt. □

Nach dem ersten Teil des letzten Lemmas ist eine kompakte Menge K in $\mathbb{C}$ genau dann polynom-konvex, wenn $\mathbb{C} \setminus K$ zusammenhängend ist.

Eine offene Menge Ω in $\mathbb{C}^n$ heißt *polynomieller Polyeder*, falls Ω die Gestalt

$$\Omega = \{z \in \mathbb{C}^n; \ \|p(z)\|_\infty < 1\}$$

hat mit einem geeigneten endlichen Tupel $p = (p_1, \ldots, p_m) \in \mathbb{C}[z_1, \ldots, z_n]^m$. Jeder polynomielle Polyeder ist offensichtlich Rungesch.

Lemma 7.3 *Ist $K \subset \mathbb{C}^n$ polynom-konvex und ist $U \supset K$ offen, so gibt es ein endliches Tupel $p = (p_1, \ldots, p_m) \in \mathbb{C}[z_1, \ldots, z_n]^m$ mit*

$$K \subset \{z \in \mathbb{C}^n;\ \|p(z)\|_\infty < 1\} \subset \{z \in \mathbb{C}^n;\ \|p(z)\|_\infty \leq 1\} \subset U.$$

Beweis Sei $P = P_r(0) \supset K$ ein offener Polyzylinder. Ein einfaches Kompaktheitsargument zeigt, dass endlich viele Polynome $q_1, \ldots, q_r \in \mathbb{C}[z_1, \ldots, z_n]$ und reelle Zahlen $\varepsilon_1, \ldots, \varepsilon_r > 0$ existieren mit

$$\overline{P} \cap (\mathbb{C}^n \setminus U) \subset \bigcup_{j=1}^{r} \{z \in \mathbb{C}^n;\ |q_j(z)| > \|q_j\|_K + \varepsilon_j\}.$$

Die Polynome $p_j = z_j/r$ $(j = 1, \ldots, n)$ und

$$p_{n+j} = q_j/(\|q_j\|_K + \varepsilon_j) \quad (j = 1, \ldots, r)$$

haben alle gewünschten Eigenschaften. $\qquad\square$

Ist $K \subset \mathbb{C}^n$ polynom-konvex, so enthält nach Lemma 7.3 und der vorangehenden Bemerkung jede offene Umgebung von K eine Rungesche offene Umgebung von K. Ein solches System von Umgebungen von K nennt man auch eine Umgebungsbasis von K.

7.2 Cousin-Eigenschaft polynom-konvexer Mengen

Bevor wir Resultate über polynomielle Approximation beweisen, kehren wir erst noch einmal zum $\overline{\partial}$-Problem zurück.

Sei im Folgenden $\mathbb{D} = \{z \in \mathbb{C};\ |z| \leq 1\}$ der offene Einheitskreis in $\mathbb{C}$. Für ein Tupel $p = (p_1, \ldots, p_m) \in \mathbb{C}[z_1, \ldots, z_n]^m$ von Polynomen und eine beliebige Menge $\Delta \subset \mathbb{C}^n$ sei

$$\Delta_p = \{z \in \Delta;\ \|p(z)\|_\infty \leq 1\}.$$

Wir zeigen durch Induktion nach m, dass die Menge Δ_p die Cousin-Eigenschaft hat für jeden abgeschlossenen Polyzylinder $\Delta \subset \mathbb{C}^n$ und jedes Tupel $p = (p_1, \ldots, p_m)$ in $\mathbb{C}[z_1, \ldots, z_n]^m$ von Polynomen. Wir beginnen mit dem Fall $m = 1$.

Lemma 7.4 *Sei $\Delta \subset \mathbb{C}^n$ kompakt so, dass die Menge $\Delta \times \overline{\mathbb{D}}$ die Cousin-Eigenschaft hat. Sei $r \in \mathbb{C}[z_1, \ldots, z_n]$ ein Polynom mit $\Delta_r \neq \emptyset$ und sei $j : \mathbb{C}^n \to \mathbb{C}^{n+1}$, $j(z) = (z, r(z))$.*

(a) *Seien $p, q \geq 0$, $U \supset \Delta_r$ offen und $g \in C^\infty_{p,q}(U)$ eine Form mit $\overline{\partial}g = 0$. Dann gibt es offene Umgebungen V von $\Delta \times \overline{\mathbb{D}}$ und $V_0 \subset V \cap (U \times \mathbb{C})$ von $\Delta_r \times \overline{\mathbb{D}}$ und eine Form $G \in C^\infty_{p,q}(V)$ mit*

$$\overline{\partial}G = 0 \quad \text{und} \quad g\,|\overline{j}^{-1}(V_0) = j_0^*(G|V_0),$$

wobei $j_0 : \overline{j}^{-1}(V_0) \to V_0$, $z \mapsto j(z)$ die von j induzierte Abbildung sei.

(b) *Δ_r hat die Cousin-Eigenschaft.*

Beweis Sei $\mathbb{C}^{n+1} = \{(z, w);\ z \in \mathbb{C}^n \text{ und } w \in \mathbb{C}\}$ und sei

$$\pi : U \times \mathbb{C} \to U, \quad (z, w) \mapsto z.$$

Ist $g \in C^\infty_{p,q}(U)$ eine Form auf einer offenen Umgebung U von Δ_r mit $\overline{\partial}g = 0$, so ist $\pi^*(g) \in C^\infty_{p,q}(U \times \mathbb{C})$ eine Form mit (Satz 6.13)

$$\overline{\partial}\pi^*(g) = \pi^*(\overline{\partial}g) = 0.$$

Wir wählen eine Abschneidefunktion $\theta \in C^\infty_c(U \times \mathbb{C})$ mit $\theta \equiv 1$ auf einer offenen Umgebung W von $\Delta_r \times \overline{\mathbb{D}}$. Durch triviales Fortsetzen wird $\theta\pi^*(g)$ zu einer C^∞-Form auf ganz $\mathbb{C}^{n+1}$. Dann ist $\sigma = \overline{\partial}(\theta\pi^*(g)) \in C^\infty_{p,q+1}(\mathbb{C}^{n+1})$ eine Form mit $\sigma = 0$ auf W.

Die Funktion $s : \mathbb{C}^{n+1} \to \mathbb{C}$, $s(z, w) = w - r(z)$ ist holomorph mit $s \circ j \equiv 0$ auf $\mathbb{C}^n$. Auf der offenen Umgebung $\tilde{W} = W \cup s^{-1}(\mathbb{C} \setminus \{0\})$ von $\Delta \times \overline{\mathbb{D}}$ erhalten wir eine $\overline{\partial}$-geschlossene Form $H \in C^\infty_{p,q+1}(\tilde{W})$, indem wir $H|W = 0$ setzen und fordern, dass

$$H = \sigma/s \quad \text{auf } s^{-1}(\mathbb{C} \setminus \{0\}).$$

Da $\Delta \times \overline{\mathbb{D}}$ nach Voraussetzung die Cousin-Eigenschaft hat, gibt es eine offene Umgebung $V \subset \tilde{W}$ von $\Delta \times \overline{\mathbb{D}}$ und eine Form $F \in C^\infty_{p,q}(V)$ mit $H = \overline{\partial}F$ auf V. Dann definiert

$$G = (\theta\pi^*(g))|V - (s|V)F \in C^\infty_{p,q}(V)$$

eine $\overline{\partial}$-geschlossene Form auf V, und

$$V_0 = W \cap V \subset (U \times \mathbb{C}) \cap V$$

ist eine offene Umgebung von $\Delta_r \times \overline{\mathbb{D}}$ mit

$$j_0^*(G|V_0) = j_0^*(\pi^*(g)|V_0) = j_0^*((\pi|V_0)^*(g)) = ((\pi|V_0) \circ j_0)^*(g) = g\,|\overline{j}^{-1}(V_0).$$

Ist $q \geq 1$, so kann man (durch nachträgliches Verkleinern von V) erreichen, dass gleichzeitig $G = \bar{\partial}\alpha$ ist mit einer geeigneten Form $\alpha \in C^{\infty}_{p,q-1}(V)$. Um den Beweis zu beenden, genügt es zu bemerken, dass

$$g \, |j^{-1}(V_0) = j_0^*(G|V_0) = \bar{\partial}(j_0^*(\alpha|V_0))$$

gilt auf der offenen Umgebung $j^{-1}(V_0)$ von Δ_r. $\square$

Wählt man Δ als abgeschlossenen Polyzylinder in $\mathbb{C}^n$, so erhält man mit dem Lemma von Dolbeault-Grothendieck (Satz 6.16) und Induktion, dass für jedes endliche Tupel $p = (p_1, \ldots, p_m)$ die Menge Δ_p die Cousin-Eigenschaft hat.
Für $K \subset \mathbb{C}^n$ kompakt sei wie zuvor

$$\mathcal{O}(K) = \bigcup(\mathcal{O}(U); \; U \supset K \text{ ist offene Umgebung von } K).$$

Satz 7.5

Ist $\Delta \subset \mathbb{C}^n$ ein abgeschlossener Polyzylinder und ist $p = (p_1, \ldots, p_m)$ ein endliches Tupel von Polynomen $p_j \in \mathbb{C}[z_1, \ldots, z_n]$ mit $\Delta_p \neq \emptyset$, so gilt:

(a) *Δ_p hat die Cousin-Eigenschaft;*
(b) *(Oka-Fortsetzung) für $g \in \mathcal{O}(\Delta_p)$ gibt es eine holomorphe Funktion $G \in \mathcal{O}(\Delta \times \overline{\mathbb{D}}^m)$ mit der Eigenschaft, dass $g(z) = G(z, p(z))$ für z in einer geeigneten Umgebung von Δ_p gilt.*

Beweis Wir zeigen durch Induktion nach m, dass beide Aussagen in jeder Dimension $n \geq 1$ gelten. Für $m = 1$ folgt direkt mit dem Dolbeault-Grothendieck-Lemma (Satz 6.16) und Lemma 7.4, dass Δ_p die Cousin-Eigenschaft hat. Zu $g \in \mathcal{O}(\Delta_p)$ existiert nach dem ersten Teil von Lemma 7.4, angewendet mit $p = q = 0$, eine holomorphe Funktion $G \in \mathcal{O}(\Delta \times \overline{\mathbb{D}})$ mit

$$g(z) = G(z, p(z)) \quad (z \in j^{-1}(V_0)).$$

Dabei seien j und V_0 wie in Lemma 7.4 gewählt. Offensichtlich ist $j^{-1}(V_0)$ eine offene Umgebung von Δ_p.
Sei $m \geq 2$ so, dass beide Teile von Satz 7.5 gezeigt sind für alle $(m-1)$-Tupel von Polynomen. Ist $= (p_1, \ldots, p_m) \in \mathbb{C}[z_1, \ldots, z_n]^m$, so definiere man $p' = (p'_2, \ldots, p'_m)$ in $\mathbb{C}[z_1, \ldots, z_{n+1}]^{m-1}$ durch

$$p'_j(z, w) = p_j(z).$$

Nach Induktionsvoraussetzung hat die Menge

$$\Delta_{(p_2,\dots,p_m)} \times \overline{\mathbb{D}} = (\Delta \times \overline{\mathbb{D}})_{p'}$$

die Cousin-Eigenschaft. Nach Lemma 7.4 hat auch die Menge

$$\Delta_p = (\Delta_{(p_2,\dots,p_m)})_{p_1}$$

die Cousin-Eigenschaft, und zu jeder holomorphen Funktion $g \in \mathcal{O}(\Delta_p)$ existiert eine holomorphe Funktion $G \in \mathcal{O}(\Delta_{(p_2,\dots,p_m)} \times \overline{\mathbb{D}})$ so, dass

$$g(z) = G(z, p_1(z))$$

für alle z in einer geeigneten offenen Umgebung U von Δ_p gilt. Nach Induktionsvoraussetzung existiert zu $G \in \mathcal{O}((\Delta \times \overline{\mathbb{D}})_{p'})$ eine holomorphe Funktion $H \in \mathcal{O}(\Delta \times \overline{\mathbb{D}} \times \overline{\mathbb{D}}^{m-1})$ so, dass

$$G(z, w) = H(z, w, p'(z, w))$$

für (z, w) in einer geeigneten Umgebung V von $(\Delta \times \overline{\mathbb{D}})_{p'} = \Delta_{(p_2,\dots,p_m)} \times \overline{\mathbb{D}}$ gilt. Da

$$(z, p_1(z)) \in \Delta_{(p_2,\dots,p_m)} \times \overline{\mathbb{D}}$$

für alle $z \in \Delta_p$ gilt, gibt es eine offene Umgebung $U_0 \subset U$ von Δ_p mit $(z, p_1(z)) \in V$ für alle $z \in U_0$. Für $z \in U_0$ gilt

$$g(z) = G(z, p_1(z)) = H(z, p_1(z), p_2(z), \dots, p_m(z)).$$

Damit sind beide Teile von Satz 7.5 auch für Δ_p gezeigt.   □

Ein einfaches Argument zeigt, dass die in Satz 7.5 auftretenden Mengen Δ_p polynom-konvex sind. Mit Lemma 7.3 kann man Teil (a) von Satz 7.5 verbessern.

Korollar 7.6 *Jedes polynom-konvexe Kompaktum $K \subset \mathbb{C}^n$ hat die Cousin-Eigenschaft.*

Beweis Sei $K \subset \mathbb{C}^n$ eine polynom-konvexe kompakte Menge und sei $\Delta \supset K$ ein abgeschlossener Polyzylinder in $\mathbb{C}^n$. Zu jeder offenen Menge $U \supset K$ existiert nach Lemma 7.3 ein Tupel $p = (p_1, \dots, p_m) \in \mathbb{C}[z_1, \dots, z_n]^m$ mit

$$K \subset \Delta_p \subset U.$$

Also folgt die Behauptung direkt aus Teil (a) von Satz 7.5   □

7.3   Polynomielle Approximation

Mit dem zweiten Teil von Satz 7.5 können wir ein erstes wichtiges Resultat über die Approximierbarkeit holomorpher Funktionen durch Polynome beweisen.

Korollar 7.7 (Oka-Weil-Theorem) *Ist $K \subset \mathbb{C}^n$ eine polynom-konvexe kompakte Menge und ist $g \in \mathcal{O}(U)$ eine analytische Funktion auf einer offenen Umgebung U von K, so existiert eine Folge (p_k) in $\mathbb{C}[z_1, \ldots, z_n]$ mit $\lim_{k \to \infty} \|g - p_k\|_K = 0$.*

Beweis Sei Δ ein abgeschlossener Polyzylinder in $\mathbb{C}^n$ mit $K \subset \Delta$. Nach Lemma 7.3 gibt es ein Tupel $p = (p_1, \ldots, p_m) \in \mathbb{C}[z_1, \ldots, z_n]^m$ mit

$$K \subset \Delta_p \subset U.$$

Nach Satz 7.5 existiert zu $g \in \mathcal{O}(U)$ eine holomorphe Funktion $G \in \mathcal{O}(\Delta \times \overline{\mathbb{D}}^m)$ mit

$$g(z) = G(z, p(z))$$

für alle z in einer geeigneten Umgebung von Δ_p. Indem man G in eine Taylor-Reihe (Satz 1.17) entwickelt, erhält man eine Folge (q_k) in $\mathbb{C}[z_1, \ldots, z_{n+m}]$, die auf $\Delta \times \overline{\mathbb{D}}^m$ gleichmäßig gegen G konvergiert. Dann konvergieren die Polynome $p_k(z) = q_k(z, p(z))$ auf Δ_p gleichmäßig gegen g. $\qquad\square$

Nach Definition der polynom-konvexen Hülle ist für jedes Kompaktum K in $\mathbb{C}^n$ und jedes Polynom $p \in \mathbb{C}[z_1, \ldots, z_n]$ die Supremumsnorm von p auf $\tilde{K}$ gleich der Supremumsnorm auf K. Der Satz von Oka-Weil erlaubt es, dieselbe Aussage für eine größere Klasse holomorpher Abbildungen zu beweisen.

Korollar 7.8 *Ist $K \subset \mathbb{C}^n$ kompakt und ist $f \in \mathcal{O}(\tilde{K})$ holomorph auf einer offenen Umgebung der polynom-konvexen Hülle von K, so gilt $\|f\|_{\tilde{K}} = \|f\|_K$.*

Beweis Da $\tilde{K}$ polynom-konvex ist, gibt es nach dem Oka-Weil-Theorem eine Folge (p_k) von Polynomen, die gleichmäßig auf $\tilde{K}$ gegen f konvergieren. Also ist $\|f\|_{\tilde{K}} = \lim_{k \to \infty} \|p_k\|_{\tilde{K}} = \lim_{k \to \infty} \|p_k\|_K = \|f\|_K$. $\qquad\square$

Man kann Satz 7.5 und das Oka-Weil-Theorem benutzen, um die Exaktheit der $\bar{\partial}$-Sequenz auf Rungeschen Mengen zu zeigen.

Satz 7.9

Ist $\Omega \subset \mathbb{C}^n$ Rungesch, so ist für jedes $p \geq 0$ die $\overline{\partial}$-Sequenz

$$0 \to \mathcal{O}_{p,0}(\Omega) \xhookrightarrow{i} C^\infty_{p,0}(\Omega) \xrightarrow{\overline{\partial}} C^\infty_{p,1}(\Omega) \xrightarrow{\overline{\partial}} \ldots \xrightarrow{\overline{\partial}} C^\infty_{p,n}(\Omega) \to 0$$

exakt.

Beweis Wir wählen Kompakta $K_j = \mathring{K}_j \subset \Omega$ mit $K_j \subset K_{j+1}$ $(j \in \mathbb{N})$ so, dass jedes Kompaktum $K \subset \Omega$ ganz in einer der Mengen K_j enthalten ist. Ist $f = \sum_{|I|=p} f_I \, dz_I \in C^\infty_{p,0}(\Omega)$ mit

$$0 = \overline{\partial} f = \sum_{|I|=p} \sum_{j=0}^{n} (\overline{\partial}_j f_I) d\overline{z}_j \wedge dz_I,$$

so folgt $\overline{\partial}_j f_I = 0$ für $|I| = p$ und $j = 1, \ldots, n$, das heißt $f \in \mathcal{O}_{p,0}(\Omega)$.

Sei $q \in \{0, \ldots, n-1\}$ und $v \in C^\infty_{p,q+1}(\Omega)$ mit $\overline{\partial} v = 0$. Da die Kompakta K_j nach Korollar 7.6 die Cousin-Eigenschaft haben, gibt es Formen $u_j \in C^\infty_{p,q}(\Omega)$ so, dass

$$(*) \quad v = \overline{\partial} u_j$$

auf einer Umgebung von K_j gilt.

Wir betrachten zunächst den Fall $q \geq 1$. Da

$$\overline{\partial}(u_1 - u_0) = 0$$

ist auf einer Umgebung von K_0, gibt es eine Form $\varphi \in C^\infty_{p,q-1}(\Omega)$ mit $u_1 - u_0 = \overline{\partial}\varphi$ nahe K_0. Indem man u_1 durch $\tilde{u}_1 = u_1 - \overline{\partial}\varphi$ ersetzt und induktiv fortfährt, erhält man eine Folge $(\tilde{u}_j)_{j \in \mathbb{N}}$ in $C^\infty_{p,q}(\Omega)$ (mit $\tilde{u}_0 = u_0$) derart, dass die Formen $\tilde{u}_j$ immer noch die Gleichung $(*)$ nahe K_j erfüllen und so, dass zusätzlich

$$\tilde{u}_{j+1} = \tilde{u}_j$$

auf K_j gilt. Die Formen $\tilde{u}_j$ $(j \in \mathbb{N})$ lassen sich zusammensetzen zu einer Form $u \in C^\infty_{p,q}(\Omega)$ mit $u = \tilde{u}_j$ auf K_j für jedes j. Offensichtlich erfüllt die C^∞-Form u die Gleichung

$$v = \overline{\partial} u$$

auf ganz Ω.

Es bleibt der Fall $q = 0$ zu betrachten. Da auf einer geeigneten Umgebung von K_0 alle Koeffizienten von $u_1 - u_0$ analytisch sind, gibt es eine Form $\varphi \in \mathcal{O}_{p,0}(\Omega)$ mit Polynomen als Koeffizienten, die auf K_0 von den entsprechenden Koeffizienten von $u_1 - u_0$ um weniger als $\varepsilon = 1/2$ abweichen (Korollar 7.7). Indem man $\tilde{u}_0 = u_0$, $\tilde{u}_1 = u_1 - \varphi$ definiert und dann induktiv fortfährt, erhält man eine Folge von Formen $\tilde{u}_j \in C_{p,0}^\infty(\Omega)$, die immer noch die $\overline{\partial}$-Gleichung (∗) nahe K_j erfüllen und für deren Koeffizienten zusätzlich gilt

$$\|(\tilde{u}_{j+1} - \tilde{u}_j)_I\|_{K_j} < 1/2^{j+1} \quad (|I| = p).$$

Schreibt man die Formen $\tilde{u}_j$ als

$$\tilde{u}_j = \sum_{|I|=p} u_I^{(j)} dz_I \quad (j \in \mathbb{N}),$$

so konvergiert für $|I| = p$ die Folge $(u_I^{(j)})_{j\in\mathbb{N}}$ kompakt gleichmäßig auf Ω gegen eine Funktion $u_I : \Omega \to \mathbb{C}$. Da für $z \in \Omega$

$$u_I(z) - u_I^{(j)}(z) = \lim_{N\to\infty} \sum_{k=j}^{N} \left(u_I^{(k+1)}(z) - u_I^{(k)}(z) \right)$$

ist und da die Partialsummen auf der rechten Seite analytisch sind auf $\mathrm{Int}(K_j)$ sowie kompakt gleichmäßig auf Ω konvergieren, ist $u = \sum_{|I|=p} u_I dz_I$ eine Form in $C_{p,0}^\infty(\Omega)$ mit $\overline{\partial} u = v$. □

Man beachte, dass als einzige Eigenschaft von Ω im Beweis von Satz 7.9 benutzt wurde, dass eine aufsteigende Folge von Kompakta $K_j \subset \Omega$ existiert derart, dass

(i) jedes Kompaktum $K \subset \Omega$ schon ganz in einer der Mengen K_j liegt,
(ii) jedes K_j die Cousin-Eigenschaft hat und
(iii) für jedes j jede holomorphe Funktion $f \in \mathcal{O}(K_j)$ gleichmäßig auf K_j durch eine Folge holomorpher Funktionen auf Ω approximiert werden kann.

Eine offene Menge Ω in $\mathbb{C}$ ist genau dann Rungesch, wenn sie einfach zusammenhängend ist. Dies folgt aus Teil (a) von Lemma 7.2. Es folgt aber auch aus dem nächsten Satz über polynomielle Approximation.

Satz 7.10
Sei $\Omega \subset \mathbb{C}^n$ eine offene Menge. Äquivalent sind:

(i) *Ω ist Rungesch;*
(ii) *Ω ist ein Holomorphiebereich und jede Funktion $f \in \mathcal{O}(\Omega)$ ist auf Ω kompakt gleichmäßiger Limes einer Folge von Polynomen.*

Beweis (i) $\Rightarrow$ (ii). Sei $\Omega \subset \mathbb{C}^n$ Rungesch. Nach Lemma 7.2 ist Ω ein Holomorphiebereich. Sei $(K_j)_{j \in \mathbb{N}}$ eine Folge polynom-konvexer Kompakta $K_j \subset \Omega$ wie im Beweis von Satz 7.9. Ist $f \in \mathcal{O}(\Omega)$, so gibt es nach dem Oka-Weil-Theorem (Korollar 7.7) eine Folge von Polynomen p_j mit

$$\|f - p_j\|_{K_j} \xrightarrow{j \to \infty} 0.$$

Die so gewählte Folge (p_j) konvergiert kompakt gleichmäßig auf Ω gegen f.
(ii) $\Rightarrow$ (i). Sei $K \subset \Omega$ kompakt. Gilt (ii), so ist

$$\tilde{K} \cap \Omega = \hat{K}_\Omega.$$

Denn wenn $z \in \tilde{K} \cap \Omega$ ist und $f \in \mathcal{O}(\Omega)$, so gilt

$$|f(z)| = \lim_{j \to \infty} |p_j(z)| \le \lim_{j \to \infty} \|p_j\|_K = \|f\|_K,$$

falls (p_j) eine Folge von Polynomen ist, die kompakt gleichmäßig gegen f konvergiert. Also ist $\tilde{K} \cap \Omega = \hat{K}_\Omega$ kompakt. Wäre $\tilde{K} \cap (\mathbb{C}^n \setminus \Omega) \ne \varnothing$, so gäbe es eine holomorphe Funktion $f \in \mathcal{O}(\tilde{K})$ mit $f|\hat{K}_\Omega = 0$ und $f|\tilde{K} \cap (\mathbb{C}^n \setminus \Omega) = 1$. Mit Korollar 7.8 könnten wir schließen, dass $1 = \|f\|_{\tilde{K}} = \|f\|_K = 0$. Dieser Widerspruch zeigt, dass $\tilde{K} \subset \Omega$ gelten muss. $\qquad\square$

In Bedingung (ii) von Satz 7.10 kann man auf die Forderung, dass Ω ein Holomorphiebereich ist, nicht verzichten. So kann man etwa nach dem Hartogsschen Kugelsatz (Korollar 6.8) jede Funktion $f \in \mathcal{O}(B_2(0) \setminus \overline{B_1}(0))$ kompakt gleichmäßig auf ihrem Definitionsbereich durch Polynome approximieren, aber $B_2(0) \setminus \overline{B_1}(0)$ ist nicht Rungesch.

7.4   Cousin-I-Daten

Nach dem Satz über die Laurententwicklung lässt sich jede holomorphe Funktion auf einem Kreisring schreiben als Differenz zweier holomorpher Funktionen, von denen eine auf dem Komplement des kleineren Kreises und die andere auf dem größeren Kreis definiert ist. Der nächste Satz erlaubt es, allgemeinere Probleme dieser Art zu lösen.

Um die Formulierung des Ergebnisses zu vereinfachen, definieren wir formal $\mathcal{O}(\varnothing) = \{0\}$ als den Nullvektorraum.

Satz 7.11

Sei $D \subset \mathbb{C}^n$ eine offene Menge mit $H^1(C^\infty(D), \overline{\partial}) = 0$ und sei $\mathfrak{A} = (U_\alpha)_{\alpha \in A}$ eine offene Überdeckung von D. Für jedes Paar $(\alpha, \beta) \in A \times A$ sei eine Funktion $h_{\alpha\beta}$ in $\mathcal{O}(U_\alpha \cap U_\beta)$ gegeben so, dass für alle $\alpha, \beta, \gamma \in A$ gilt

(i) $h_{\alpha\beta}(z) = -h_{\beta\alpha}(z)$ *für* $z \in U_\alpha \cap U_\beta$;
(ii) $h_{\alpha\beta}(z) + h_{\beta\gamma}(z) + h_{\gamma\alpha}(z) = 0$ *für* $z \in U_\alpha \cap U_\beta \cap U_\gamma$.

Dann existieren Funktionen $h_\alpha \in \mathcal{O}(U_\alpha)$ $(\alpha \in A)$ mit

$$h_{\alpha\beta}(z) = h_\beta(z) - h_\alpha(z)$$

für alle $\alpha, \beta \in A$ und $z \in U_\alpha \cap U_\beta$.

Beweis Zu der offenen Überdeckung $\mathfrak{A}$ wählen wir eine lokal-endliche Verfeinerung $(V_k)_{k \in \mathbb{N}}$ und dazu eine C^∞-Zerlegung der Eins $(\theta_k)_{k \in \mathbb{N}}$ wie in Teil (a) von Satz A.4 im Anhang beschrieben. Für jedes $k \in \mathbb{N}$ wählen wir einen Index $\tau(k) \in A$ mit $V_k \subset U_{\tau(k)}$. Für $\alpha \in A$ und $k \in \mathbb{N}$ sei $f_{\alpha,k} : U_\alpha \to \mathbb{C}$ definiert durch $f_{\alpha,k}(z) = 0$ für $z \notin \mathrm{supp}(\theta_k)$ und

$$f_{\alpha,k}(z) = \theta_k(z) h_{\tau(k),\alpha}(z) \quad (z \in U_\alpha \cap V_k).$$

Da $(V_k)_{k \in \mathbb{N}}$ lokal-endlich ist, definiert $f_\alpha : U_\alpha \to \mathbb{C}$,

$$f_\alpha(z) = \sum_{k \in \mathbb{N}} f_{\alpha,k}(z)$$

eine Funktion $f_\alpha \in C^\infty(U_\alpha)$. Für $z \in U_\alpha \cap U_\beta$ ist

$$f_\beta(z) - f_\alpha(z) = \sum_{\substack{k \in \mathbb{N} \\ z \in V_k}} \theta_k(z)(h_{\tau(k),\beta}(z) - h_{\tau(k),\alpha}(z)) = h_{\alpha\beta}(z).$$

Da für $\alpha, \beta \in A$ mit $U_\alpha \cap U_\beta \neq \varnothing$

$$\overline{\partial} f_\beta = \overline{\partial}(f_\beta - h_{\alpha\beta}) = \overline{\partial} f_\alpha$$

auf $U_\alpha \cap U_\beta$ gilt, existiert eine $\overline{\partial}$-geschlossene Form $g \in C^\infty_{0,1}(D)$ mit

$$g|U_\alpha = \overline{\partial} f_\alpha \quad (\alpha \in A).$$

Nach Voraussetzung existiert eine Funktion $f \in C^\infty(D)$ mit $g = \overline{\partial} f$. Die Funktionen $h_\alpha = f_\alpha - f|U_\alpha \in \mathcal{O}(U_\alpha)$ haben alle gewünschten Eigenschaften. $\qquad \square$

Ist $\mathfrak{A} = (U_\alpha)_{\alpha \in A}$ offene Überdeckung einer offenen Menge $D \subset \mathbb{C}^n$, so nennt man eine Familie $(h_{\alpha\beta})$ von Funktionen $h_{\alpha\beta} \in \mathcal{O}(U_\alpha \cap U_\beta)$ $(\alpha, \beta \in A)$ mit den Eigenschaften (i) und (ii) aus Satz 7.11 ein *Cousin-I-Datum bezüglich der Überdeckung* $\mathfrak{A}$. Die Frage, ob zu einem solchen Cousin-I-Datum Funktionen h_α wie in Satz 7.11 existieren, nennt man ein Cousin-I-Problem.

Aufgaben

7.1 Seien $K, K_i \subset \mathbb{C}^n$ $(i \in I)$ und $L \subset \mathbb{C}^m$ polynom-konvexe kompakte Mengen. Man zeige, dass $K \times L \subset \mathbb{C}^{n+m}$ und $\bigcap_{i \in I} K_i \subset \mathbb{C}^n$ polynom-konvexe Kompakta sind.

7.2 Sei $K \subset \mathbb{C}^n$ eine kompakte, konvexe Menge. Man zeige mit dem Argument aus Korollar 5.7, dass K polynom-konvex ist.

7.3 Sei $K \subset \mathbb{R}^n$ kompakt. Man zeige, dass K, aufgefasst als Teilmenge von $\mathbb{C}^n$, polynom-konvex ist. Dazu überlege man sich, dass $\tilde{K} \subset \mathbb{R}^n$ ist, und benutze dann, dass nach dem Satz von Stone-Weierstraß jede stetige Funktion $f : L \to \mathbb{C}$ auf einem Kompaktum $L \subset \mathbb{R}^n$ auf L gleichmäßiger Limes einer Folge von Polynomen $p_k \in \mathbb{C}[x_1, \ldots, x_n]$ ist.

7.4 Sei $K \subset \mathbb{C}^n$ kompakt. Man zeige, dass die polynom-konvexe Hülle von K gleich der holomorph-konvexen Hülle von K in $\mathbb{C}^n$ ist.

7.5 Man zeige, dass das Komplement $\mathbb{C}^n \setminus K$ eines polynom-konvexen Kompaktums K in $\mathbb{C}^n$ zusammenhängend ist. Gilt auch die Umkehrung?

7.6 Für $K \subset \mathbb{C}^n$ kompakt bezeichne $P(K)$ den Abschluss der Polynome in der Banachalgebra $C(K)$ aller stetigen komplex-wertigen Funktionen auf K. Man zeige:

(a) Für $z \in \tilde{K}$ gibt es eine eindeutige multiplikative Linearform

$$\lambda = \lambda_z : P(K) \to \mathbb{C} \text{ mit } \lambda(p) = p(z) \text{ für alle } p \in \mathbb{C}[z_1 \ldots, z_n].$$

(b) Für jede multiplikative Linearform $\lambda \neq 0$ der Banachalgebra $P(K)$ existiert genau ein Punkt $z \in \tilde{K}$ mit $\lambda = \lambda_z$.

7.7 Man zeige, dass eine offene Menge $\Omega \subset \mathbb{C}^n$ genau dann Rungesch ist, wenn es eine Folge $(\Omega_k)_{k \in \mathbb{N}}$ polynomieller Polyeder gibt mit $\Omega_k \subset \Omega_{k+1}$ für alle $k \in \mathbb{N}$ und $\Omega = \bigcup_{k \in \mathbb{N}} \Omega_k$. Zur Konstruktion der Mengen Ω_k wähle man eine kompakte Ausschöpfung von Ω und wende Lemma 7.3 an.

Polynom-konvexe analytische Graphen

8

Im Jahre 1937 benutzte Kiyoshi Oka elementare Eigenschaften subharmonischer Funktionen einer Veränderlichen, um einen Satz über die Polynom-Konvexität geeigneter analytischer Graphen zu beweisen, der es erlaubt, die Lösbarkeit von Cousin-I-Problemen über beliebigen Holomorphiebereichen zu zeigen. Ziel dieses Abschnittes ist es, einen Beweis des Satzes von Oka zu geben. Im nächsten Kapitel werden wir als Anwendung die offenen Mengen in $\mathbb{C}^n$ charakterisieren, über denen die $\overline{\partial}$-Sequenz exakt ist.

8.1 Analytische Graphen und subharmonische Funktionen

Der folgene Satz von Oka ermöglicht es, Resultate über polynom-konvexe Mengen anzuwenden, um Ergebnisse über holomorphe Funktionen auf Holomorphiebereichen zu beweisen.

Satz 8.1 (Oka)
Ist $G \subset \mathbb{C}^n$ offen und ist $f = (f_1, \ldots, f_r) \in \mathcal{O}(G)^r$ so, dass

$$\Delta = \{z \in G;\ \|f(z)\|_\infty \leq 1\} \subset G$$

kompakt ist, dann ist die kompakte Menge

$$K = \{(z, f(z));\ z \in \Delta\} \subset \mathbb{C}^{n+r}$$

polynom-konvex.

© Springer-Verlag GmbH Deutschland 2017
J. Eschmeier, *Funktionentheorie mehrerer Veränderlicher*, Springer-Lehrbuch Masterclass, https://doi.org/10.1007/978-3-662-55542-2_8

Im Beweis von Satz 8.1 benutzen wir elementare Eigenschaften subharmonischer Funktionen einer komplexen Veränderlichen und Induktion nach der Anzahl n der Variablen. Die benötigten Eigenschaften subharmonischer Funktionen findet man etwa in [25] oder [27].

Wir schreiben die Elemente des $\mathbb{C}^n$ in der Form (z, z') mit $z \in \mathbb{C}$ und $z' \in \mathbb{C}^{n-1}$ und bezeichnen mit $\pi : \mathbb{C}^n \to \mathbb{C}$, $(z, z') \mapsto z$ die Projektion des $\mathbb{C}^n$ auf die erste Koordinate. Für $M \subset \mathbb{C}^n$ und $z \in \mathbb{C}$ sei

$$M(z) = \{z' \in \mathbb{C}^{n-1};\ (z, z') \in M\}.$$

Ist M kompakt, so ist auch jede der Mengen $M(z)$ kompakt.

Lemma 8.2 *Für $K \subset \mathbb{C}^n$ kompakt und $D \subset \mathbb{C}^n$ offen ist*

$$\Omega = \{z \in \mathbb{C};\ \{z\} \times K(z) \subset D\}$$

eine offene Menge in $\mathbb{C}$ mit $\mathbb{C} \setminus \pi(K) \subset \Omega$.

Beweis Wäre Ω nicht offen, so gäbe es eine konvergente Folge $(z_k, z'_k)_{k \in \mathbb{N}}$ in $K \cap (\mathbb{C}^n \setminus D)$ mit Grenzwert $(z, z') \in K \cap D$. Da dies nicht möglich ist, ist die Offenheit von Ω gezeigt. Da $K(z) = \varnothing$ ist für $z \in \mathbb{C} \setminus \pi(K)$, folgt auch die zweite Behauptung. $\qquad\square$

Ist $U \subset \mathbb{C}^{n-1}$ offen ($U = \varnothing$ ist erlaubt), so ist in der Situation von Lemma 8.2 auch die Menge $\{z \in \mathbb{C};\ K(z) \subset U\}$ offen in $\mathbb{C}$. Dies folgt aus Lemma 8.2, indem man $D = \mathbb{C} \times U$ wählt.
Eine Funktion $u : \Omega \to [-\infty, \infty)$ auf einer offenen Menge $\Omega \subset \mathbb{C}$ heißt *nach oben halbstetig*, wenn für jede relle Zahl $t \in \mathbb{R}$ die Menge $\{z \in \Omega; u(z) < t\}$ offen ist.

Lemma 8.3 *Sei $F : D \to \mathbb{C}^m$ eine stetige Funktion auf einer offenen Menge D in $\mathbb{C}^n$. Sei $\Omega \subset \mathbb{C}$ offen und $K \subset \mathbb{C}^n$ kompakt mit*

$$\{z\} \times K(z) \subset D$$

für alle $z \in \Omega$. Ist $s \in \mathbb{R}$ mit $\|F(z, z')\|_\infty \geq s$ für alle $(z, z') \in K$ mit $z \in \Omega$, dann ist die Funktion $u = u_{K,s} : \Omega \to \mathbb{R}$ definiert durch $u(z) = s$ für $K(z) = \varnothing$ und

$$u(z) = \sup\{\|F(z, z')\|_\infty;\ z' \in K(z)\}$$

für $K(z) \neq \varnothing$ nach oben halbstetig.

Beweis Sei $u(z_0) < t$. Da $\Omega \cap \{z \in \mathbb{C};\ K(z) = \varnothing\}$ offen ist, dürfen wir annehmen, dass $K(z_0) \neq \varnothing$ ist. Dann ist

$$W = F^{-1}(\{w \in \mathbb{C}^m;\ \|w\|_\infty < t\})$$

eine offene Umgebung von $\{z_0\} \times K(z_0)$. Daher gibt es offene Umgebungen $V \subset \Omega$ von z_0 und $U \subset \mathbb{C}^{n-1}$ von $K(z_0)$ mit $V \times U \subset W$. Gemäß der Bemerkung im Anschluss an Lemma 8.2 dürfen wir annehmen, dass $K(z) \subset U$ ist für alle $z \in V$. Dann ist aber $u(z) < t$ für alle $z \in V$. □

Sei $\Omega \subset \mathbb{C}$ eine offene Menge und sei $u : \Omega \to [-\infty, \infty)$ nach oben halbstetig. Man nennt u *subharmonisch*, falls für jedes Kompaktum $K \subset \Omega$ und jede stetige Funktion $h : K \to \mathbb{R}$, für die $h|\mathrm{Int}(K)$ harmonisch ist und für die die Ungleichung $u \leq h$ auf ∂K gilt, dieselbe Ungleichung $u \leq h$ bereits auf ganz K erfüllt ist.

Lemma 8.4 *Sei $\Omega \subset \mathbb{C}$ offen und sei $\ell : \Omega \to [-\infty, \infty)$ nach oben halbstetig, aber nicht subharmonisch. Dann gibt es einen offenen Kreis $E = D_R(a) \subset \mathbb{C}$ mit $\overline{E} \subset \Omega$, eine holomorphe Funktion $\psi \in \mathcal{O}(\overline{E})$ und ein $R_0 \in (0, R)$ mit*

$$e^{\ell(z)}|\psi(z)| < 1 = e^{\ell(a)}|\psi(a)| \qquad \textit{für } R_0 \leq |z - a| \leq R.$$

Hierbei sei $e^{-\infty} = 0$.

Beweis Da ℓ nicht subharmonisch ist, existieren (Aufgabe 8.4) ein Punkt $a \in \Omega$ und eine reelle Zahl $r > 0$ mit $\overline{D}_r(a) \subset \Omega$ und

$$\ell(a) > \frac{1}{2\pi} \int_0^{2\pi} \ell(a + re^{it})\,dt.$$

Die nach oben halbstetige Funktion ℓ ist auf dem Kompaktum $\partial D_r(a)$ punktweiser Limes einer monoton fallenden Folge $(h_k)_{k\geq 1}$ stetiger Funktionen $h_k \in C_\mathbb{R}(\partial D_r(a))$ (Aufgabe 8.1). Seien $H_k \in C_\mathbb{R}(\overline{D}_r(a))$ harmonisch auf $D_r(a)$ mit $h_k = H_k|\partial D_r(a)$ (Theorem 11.8 und Theorem 11.9 in [29]) und seien $F_k \in \mathcal{O}(D_r(a))$ holomorphe Funktionen mit $H_k = \mathrm{Re}\,F_k$ auf $D_r(a)$. Ist die Folge $(H_k(a))_{k\geq 1}$ nach unten beschränkt, so folgt wegen

$$H_k(a) = \frac{1}{2\pi} \int_0^{2\pi} h_k(a + re^{it})\,dt$$

(Aufgabe 8.2) mit dem Satz von der monotonen Konvergenz

$$\lim_{k\to\infty} H_k(a) = \frac{1}{2\pi} \int_0^{2\pi} \ell(a + re^{it})\,dt < \ell(a).$$

In jedem Fall gibt es eine natürliche Zahl $k \geq 1$ mit $H_k(a) < \ell(a)$. Die Funktion $\psi = e^{H_k(a) - F_k - \ell(a)}$ ist analytisch auf $D_r(a)$ mit $e^{\ell(a)} |\psi(a)| = 1$. Da ℓ nach oben halbstetig ist, gilt für genügend große $R \in (0, r)$ die Ungleichung

$$e^{\ell(z)} |\psi(z)| = e^{\ell(z) - H_k(z) + H_k(a) - \ell(a)} < 1$$

für alle $z \in \partial D_R(a)$. Damit folgt die Behauptung.   □

Die wichtigste Idee zum Beweis von Satz 8.1 wird im folgenden Satz beschrieben.

Satz 8.5

Sei $F \in \mathcal{O}(D, \mathbb{C}^m)$ eine beschränkte holomorphe Funktion auf der offenen Menge $D \subset \mathbb{C}^n$. Sei $\Omega \subset \mathbb{C}$ offen und $K \subset \mathbb{C}^n$ kompakt so, dass für die polynom-konvexe Hülle $\tilde{K}$ von K und eine geeignete reelle Zahl $s \geq 0$ gilt:

(i) *$\{z\} \times \tilde{K}(z) \subset D$ für alle $z \in \Omega$;*
(ii) *$\|F(z, z')\|_\infty = s$ für alle $z \in \Omega$ und $z' \in K(z)$;*
(iii) *$\|F(z, z')\|_\infty \geq s$ für alle $z \in \Omega$ und $z' \in \tilde{K}(z)$.*

Sei $u = u_{\tilde{K},s}$ definiert wie in Lemma 8.3 Dann ist die Funktion

$$\ell : \Omega \to [-\infty, \infty), \quad \ell(z) = \log u(z) \qquad (\log 0 = -\infty)$$

subharmonisch.

Beweis Nach Lemma 8.3 ist die Funktion $\ell = \log u$ nach oben halbstetig.
Wir nehmen an, dass ℓ nicht subharmonisch ist. Gemäß Lemma 8.4 gibt es einen offenen Kreis $E = D_R(a)$ mit $\overline{E} \subset \Omega$, eine holomorphe Funktion $\psi \in \mathcal{O}(\overline{E})$ und ein $R_0 \in (0, R)$ mit

$$u(z) |\psi(z)| < 1 = u(a) |\psi(a)| \qquad \text{für } R_0 \leq |z - a| \leq R.$$

Aus dieser Ungleichung folgt zunächst, dass $u(a) > s$ ist. Denn sonst wäre $u(z)|\psi(z)| < 1 \leq u(z)|\psi(a)|$ für alle $z \in \partial E$, und das Maximumprinzip wäre verletzt für die holomorphe Funktion $\psi \in \mathcal{O}(\overline{E})$. Also ist $\tilde{K}(a) \neq \varnothing$, und wir können $w \in \tilde{K}(a)$ sowie $j \in \{1, \ldots, m\}$ wählen mit

$$u(a) = \sup\{\|F(\xi)\|_\infty; \quad \xi \in \{a\} \times \tilde{K}(a)\} = \|F(a, w)\|_\infty = |F_j(a, w)|.$$

Dann ist $\omega = F_j(a, w)\psi(a)$ eine komplexe Zahl vom Betrag 1. Das Maximumprinzip impliziert, dass $s|\psi(z)| < 1$ für alle $z \in \overline{E}$ ist.

Für $r > 0$ sei

$$D_r = \{(z, z') \in D;\ |z - a| < r\}.$$

Wir definieren eine holomorphe Funktion $f : D_f \to \mathbb{C}$ auf $D_f = D_R \times \mathbb{C}$ durch

$$f((z, z'), u) = F_j(z, z')\psi(z) - \omega(1 + u).$$

Nach Konstruktion ist $f((a, w), 0) = 0$. Da F und $\psi|\overline{E}$ beschränkt sind, existiert eine reelle Zahl $c > 0$ mit $f((z, z'), u) \neq 0$ für $|u| \geq c$.
Für $(z, z') \in \tilde{K}$ mit $R_0 \leq |z - a| < R$ und $t \geq 0$ gilt

$$|f((z, z'), t)| \geq 1 + t - |F_j(z, z')\psi(z)| \geq 1 + t - u(z)|\psi(z)| > t.$$

Für $(z, z') \in K$ mit $|z - a| < R$ und $t \geq 0$ gilt

$$|f((z, z'), t)| \geq 1 + t - \|F(z, z')\|_\infty |\psi(z)| = 1 + t - s|\psi(z)| > t.$$

Insbesondere ist $K \times [0, \infty) \subset Z(f)^c$.

Fixiere eine beliebige Zahl $r \in (R_0, R)$. Als kartesisches Produkt polynom-konvexer Kompakta ist die kompakte Menge $M = \tilde{K} \times [0, c]$ polynom-konvex. Die Menge M lässt sich schreiben als Vereinigung der drei Teilmengen

$$M_1 = \{((z, z'), t) \in M;\quad R_0 \leq |z - a| \leq r\},$$
$$M_2 = \{((z, z'), t) \in M;\quad |z - a| < R_0\},$$
$$M_3 = \{((z, z'), t) \in M;\quad r < |z - a|\}.$$

Diese Mengen besitzen die offenen Umgebungen

$$V_1 = Z(f)^c \cap (D_R \times \mathbb{C}), \qquad V_2 = D_{R_0} \times \mathbb{C}, \qquad V_3 = (\mathbb{C} \setminus \overline{D}_r(a)) \times \mathbb{C}^n.$$

Nach Lemma 7.3 existiert eine Rungesche Menge $V \subset \mathbb{C}^{n+1}$ mit $M \subset V \subset V_1 \cup V_2 \cup V_3$. Wegen

$$\partial(D_r \times \mathbb{C}) \cap (V_2 \cup V_3) = ((\partial D_r) \times \mathbb{C}) \cap (V_2 \cup V_3) = \varnothing$$

bilden die drei Mengen

$$G_1 = (D_r \times \mathbb{C}) \cap V, \ G_2 = \overline{(D_r \times \mathbb{C})}^c \cap V, \ G_3 = V_1 \cap V = Z(f)^c \cap (D_R \times \mathbb{C}) \cap V$$

eine offene Überdeckung von V.

Setze

$$d = \sup\{t \in [0,c];\ Z(f(\cdot,t)) \cap D_r \cap \tilde{K} \neq \varnothing\}.$$

Dann existieren konvergente Folgen (t_k) in $[0,d]$ und (ξ_k) in $D_r \cap \tilde{K}$ mit

$$\lim_{k \to \infty} (\xi_k, t_k) = (\xi, d) \in \tilde{K} \times [0,d]$$

und $f(\xi_k, t_k) = 0$ für alle k. Wäre $\xi \notin D_r$, so wäre

$$(\xi, d) \in \partial(D_r \times \mathbb{C}) \cap V \subset V_1$$

im Widerspruch zu $Z(f) \cap V_1 = \varnothing$. Also ist $\xi \in D_r \cap \tilde{K}$ und $(\xi, d) \in G_1$ mit $f(\xi, d) = 0$ und $f(\xi, t) \neq 0$ für alle $t > d$. Wir fixieren eine reelle Zahl $\varepsilon > 0$ mit $d + \varepsilon < c$ und

$$\{\xi\} \times [d, d+\varepsilon] \subset G_1.$$

Dann ist $\{\xi\} \times (d, d+\epsilon] \subset G_1 \cap Z(f)^c \subset G_3$. Nach Konstruktion gilt

$$K \times [0,c] \subset V \cap Z(f)^c \subset G_2 \cup G_3$$

und

$$\tilde{K} \times (d,c] \subset G_2 \cup G_3.$$

Sei $V_0 = G_2 \cup G_3$. Wir nehmen zunächst an, dass $G_2 \cap G_3 = \emptyset$ ist. Ist $g \in \mathcal{O}(V_0)$ die holomorphe Funktion mit $g = 1/f$ auf G_3 und $g = 0$ auf G_2, so gibt es wegen

$$\lim_{t \downarrow d} |g(\xi, t)| = \infty$$

ein $t \in (d, d+\epsilon]$ mit

$$\|g(\cdot,t)\|_K \leq \|g\|_{K \times [0,c]} < |g(\xi,t)| \leq \|g(\cdot,t)\|_{\tilde{K}}.$$

Wegen $g(\cdot,t) \in \mathcal{O}(\tilde{K})$ steht dies im Widerspruch zu Korollar 7.8.
Also ist $G_2 \cap G_3 \neq \emptyset$. Dann lassen sich die Funktionen

$$h_{13} = 0 \in \mathcal{O}(G_1 \cap G_3), \quad h_{23} = \frac{1}{f} \in \mathcal{O}(G_2 \cap G_3)$$

eindeutig zu einem Cousin-I-Datum bezüglich der offenen Überdeckung $(G_i)_{i=1,2,3}$ von V ergänzen. Nach Satz 7.9 und Satz 7.11 existieren holomorphe Funktionen $h_\alpha \in \mathcal{O}(G_\alpha)$ ($\alpha = 1, 2, 3$) mit

$$h_1 = h_3 \text{ auf } G_1 \cap G_3 \quad \text{und} \quad 1/f = h_3 - h_2 \text{ auf } G_2 \cap G_3.$$

Dann wird auf $V_0 = G_2 \cup G_3$ eine analytische Funktion $g : V_0 \to \mathbb{C}$ definiert durch

$$g = \begin{cases} -h_2 & \text{auf} \quad G_2 \\ 1/f - h_3 & \text{auf} \quad G_3. \end{cases}$$

Für $t \in (d, d + \varepsilon]$ ist $(\xi, t) \in G_1 \cap Z(f)^c$ und

$$|g(\xi, t)| = |f(\xi, t)^{-1} - h_1(\xi, t)| \xrightarrow{t \downarrow d} \infty.$$

Also existiert eine Zahl $t \in (d, d + \varepsilon)$ mit

$$\|g(\cdot, t)\|_K \leq \|g\|_{K \times [0, c]} < |g(\xi, t)| \leq \|g(\cdot, t)\|_{\tilde{K}}.$$

Wegen $g(\cdot, t) \in \mathcal{O}(\tilde{K})$ erhalten wir erneut einen Widerspruch zu Korollar 7.8. Damit ist die Subharmonizität von ℓ gezeigt. $\qquad\square$

Wir kehren jetzt zu der in Satz 8.1 beschriebenen Situation zurück. Sei $G \subset \mathbb{C}^n$ offen und sei $f = (f_1, \ldots, f_r) \in \mathcal{O}(G)^r$ so, dass die Menge

$$\Delta = \{z \in G; \ \|f(z)\|_\infty \leq 1\} \subset G$$

kompakt ist. Wir wollen zeigen, dass die Menge

$$K = \{(z, f(z)); \ z \in \Delta\} \subset \mathbb{C}^{n+r}$$

polynom-konvex ist. Ohne Beschränkung der Allgemeinheit dürfen und werden wir zusätzlich annehmen, dass f beschränkt ist. Im gesamten Beweis von Satz 8.1 benutzen wir die Bezeichnungen

$$D = G \times \{w \in \mathbb{C}^r; \ \|w\|_\infty < 2\}$$

und

$$\Omega = \{z \in \mathbb{C}; \ \{z\} \times \tilde{K}(z) \subset D\}.$$

Sei wieder $\pi : \mathbb{C}^{n+r} \to \mathbb{C}$ die Projektion auf die erste Koordinate. Wir schreiben die Elemente von $\mathbb{C}^{n+r}$ in der Form (z, z', w) mit $z \in \mathbb{C}$, $z' \in \mathbb{C}^{n-1}$ und $w \in \mathbb{C}^r$. Für $n = 1$ bleibt alles richtig, wenn man die z'-Variable einfach weglässt. Man beachte, dass auf jeden Fall die Inklusion

$$\tilde{K} \subset \tilde{\Delta} \times \{w \in \mathbb{C}^r; \ \|w\|_\infty \leq 1\}$$

gilt.

Satz 8.6

Ist Ω_0 eine Zusammenhangskomponente von Ω, die nicht ganz in $\pi(\tilde{K})$ enthalten ist, so ist $K(z) = \tilde{K}(z)$ für alle $z \in \Omega_0$, und für alle $z \in \partial\Omega_0$ gilt

$$\varnothing \neq K(z) \subsetneqq \tilde{K}(z).$$

Beweis Wir wenden Satz 8.5 an auf die holomorphe beschränkte Funktion

$$F : D \to \mathbb{C}^r, \quad F(z,w) = (w_j - f_j(z))_{j=1}^r.$$

Es ist $F(z,w) = 0$ für alle $(z,w) \in K$. Ist

$$u = u_{\tilde{K},0} : \Omega \to \mathbb{R}$$

gemäß Lemma 8.3 definiert, das heißt, ist $u(z) = 0$ für $\tilde{K}(z) = \varnothing$ und

$$u(z) = \sup\{\,\|F(z,z',w)\|_\infty;\ (z',w) \in \tilde{K}(z)\}$$

sonst, so ist nach Satz 8.5 die Funktion

$$\ell : \Omega \to [-\infty, \infty), \ \ell(z) = \log u(z) \quad (\log 0 = -\infty)$$

subharmonisch.

Für $z \in \Omega$ mit $u(z) = 0$ ist $\tilde{K}(z) = K(z)$. Denn gäbe es einen Punkt $(z',w) \in \tilde{K}(z) \setminus K(z)$, so wäre $a = (z,z') \in G$ mit $f(a) = w$ und $\|f(a)\|_\infty = \|w\|_\infty \leq 1$. Aber dann wäre $a \in \Delta$ und

$$(z,z',w) = (a,f(a)) \in K$$

im Widerspruch zur Voraussetzung.

Sei Ω_0 eine Komponente von Ω, die nicht ganz in $\pi(\tilde{K})$ enthalten ist, und sei $\xi \in \partial\Omega_0$. Da $\ell|\mathbb{C} \setminus \pi(\tilde{K}) \equiv -\infty$ ist und da eine subharmonische Funktion auf einem Gebiet entweder lokal integrabel oder konstant gleich $-\infty$ ist (Korollar II.1.8.4 in [25]), folgt

$$\ell(z) = -\infty \quad (z \in \Omega_0).$$

Also ist $\tilde{K}(z) = K(z)$ für alle $z \in \Omega_0$.

Wegen $\partial\Omega_0 \subset \mathbb{C} \setminus \Omega \subset \pi(\tilde{K})$ ist $\xi \in \pi(\tilde{K})$ und nach Definition von Ω ist $\tilde{K}(\xi) \neq K(\xi)$. Um den Beweis zu beenden, genügt es daher zu zeigen, dass $K(\xi) \neq \varnothing$ ist.

Ist $\xi \in \mathrm{Int}(\pi(\tilde{K}))$, so existiert eine Folge (ξ_k) in $\Omega_0 \cap \pi(\tilde{K})$ mit $\xi = \lim_{k \to \infty} \xi_k$. Dann ist aber $K(\xi_k) = \tilde{K}(\xi_k) \neq \varnothing$ für alle k und daher auch $K(\xi) \neq \varnothing$. Also dürfen wir annehmen, dass $\xi \in \partial(\pi(\tilde{K}))$ ist. Wäre $K(\xi) = \varnothing$, so gäbe es eine reelle Zahl $\varepsilon > 0$ mit

$$K(z) = \varnothing \quad (z \in D_\varepsilon(\xi)).$$

Um einen Widerspruch zu erhalten, wähle man einen Punkt z_1^0 in $D_{\varepsilon/2}(\xi) \cap (\mathbb{C} \setminus \pi(\tilde{K}))$ und beachte, dass

$$g : (\mathbb{C} \setminus \{z_1^0\}) \times \mathbb{C}^{n-1+r} \to \mathbb{C}, \quad g(z) = \frac{1}{z_1 - z_1^0}$$

holomorph auf einer Umgebung von $\tilde{K}$ ist mit

$$\|g\|_K < 2/\varepsilon.$$

Da $\xi \in D_{\varepsilon/2}(z_1^0) \cap \pi(\tilde{K})$ ist, gilt andererseits $\|g\|_{\tilde{K}} > 2/\varepsilon$. Dies ist ein Widerspruch zu Korollar 7.8. $\qquad\square$

Die oben bewiesenen Resultate erlauben es uns, einen Beweis des zu Anfang dieses Kapitels formulierten Satzes von Oka zu geben.

8.2 Beweis des Satzes von Oka

Sei $G \subset \mathbb{C}^n$ offen und sei $f = (f_1, \ldots, f_r) \in \mathcal{O}(G)^r$ beschränkt so, dass die Menge

$$\Delta = \{z \in G; \ \|f(z)\|_\infty \leq 1\}$$

kompakt ist. Wir zeigen durch Induktion nach n, dass in diesem Falle die Menge

$$K = \{(z, f(z)); \ z \in \Delta\} \subset \mathbb{C}^{n+r}$$

polynom-konvex ist. Im Falle $n = 1$ gilt für $z \in G$

$$\{z\} \times \tilde{K}(z) \subset G \times \{w \in \mathbb{C}^r; \ \|w\|_\infty < 2\} = D.$$

Also ist $G \subset \Omega$ und $K(z) = \varnothing$ für $z \in \mathbb{C} \setminus \Omega$. Nach Satz 8.6 ist $K = \tilde{K}$.

Sei jetzt $n \geq 2$ und sei die Behauptung bewiesen in allen kleineren Dimensionen. Sei $G \subset \mathbb{C}^n$ offen, $f = (f_1, \ldots, f_r) \in \mathcal{O}(G)^r$, Δ und K wie oben beschrieben. Wir nehmen an, dass

$$K \neq \tilde{K}$$

ist. Sei Ω_0 eine Zusammenhangskomponente von Ω, die nicht ganz in $\pi(\tilde{K})$ enthalten ist. Nach Satz 8.6 ist $\Omega_0 \neq \mathbb{C}$. Also können wir einen Randpunkt $a \in \partial\Omega_0$ wählen. Wieder nach Satz 8.6 ist

$$K(z) = \tilde{K}(z)$$

für alle $z \in \Omega_0$ und

$$\varnothing \neq K(a) \subsetneq \tilde{K}(a).$$

Wir fixieren einen beliebigen Punkt $\gamma \in \tilde{K}(a) \setminus K(a)$. Auf der offenen, nicht-leeren Menge

$$G(a) = \{z' \in \mathbb{C}^{n-1};\ (a, z') \in G\} \subset \mathbb{C}^{n-1}$$

definieren wir beschränkte holomorphe Funktionen

$$g_j : G(a) \to \mathbb{C}, \quad g_j(z') = f_j(a, z') \quad (1 \leq j \leq r)$$

und setzen $g = (g_1, \ldots, g_r)$. Dann ist die Menge

$$\{z' \in G(a);\ \|g(z')\|_\infty \leq 1\} = \Delta(a) \subset G(a)$$

kompakt und nicht-leer. Nach Induktionsvoraussetzung ist das Kompaktum

$$K(a) = \{(z', g(z'));\ z' \in \Delta(a)\} \subset \mathbb{C}^{n-1+r}$$

polynom-konvex.
Wir wählen eine reelle Zahl $\rho > 0$ und eine offene Menge $W \subset \mathbb{C}^{n-1+r}$ mit $\gamma \notin W$ und

$$\{a\} \times K(a) \subset \overline{D}_\rho(a) \times W \subset D.$$

Nach Lemma 7.3 existieren ein Tupel $p = (p_1, \ldots, p_m) \in \mathbb{C}[z_2, \ldots, z_n, w_1, \ldots, w_r]^m$ und eine reelle Zahl $s \in (0, 1)$ mit

$$K(a) \subset D_s \subset D_1 \subset W,$$

wobei wir für $t > 0$ die Abkürzung

$$D_t = \{(z', w) \in \mathbb{C}^{n-1+r};\ \|p(z', w)\|_\infty < t\}$$

benutzen. Nach Lemma 8.2 und der anschließenden Bemerkung können wir durch nachträgliches Verkleinern von ρ erreichen, dass zusätzlich

$$K(z) \subset D_s$$

für alle $z \in \overline{D}_\rho(a)$ gilt.

Wir wählen einen offenen Polyzylinder $V \supset \tilde{K}$ um 0 und wenden Satz 8.5 an auf die Funktion

$$F : V \to \mathbb{C}^{m+1}, \quad (z, z', w) \mapsto (s, p(z', w)).$$

Nach Konstruktion ist $\|F(z, z', w)\|_\infty = s$ für $z \in D_\rho(a)$ und $(z', w) \in K(z)$. Ist

$$u = u_{\tilde{K},s} : D_\rho(a) \to [s, \infty)$$

gemäß Lemma 8.3 definiert, das heißt, ist $u(z) = s$ für $\tilde{K}(z) = \varnothing$ und ist

$$u(z) = \sup\{\|F(z, z', w)\|_\infty; (z', w) \in \tilde{K}(z)\}$$

für $\tilde{K}(z) \neq \varnothing$, so ist nach Satz 8.5 die Funktion

$$\ell : D_\rho(a) \to \mathbb{R}, \quad \ell(z) = \log u(z)$$

subharmonisch.

Auf $\Omega_0 \cap D_\rho(a)$ ist $u \equiv s < 1$, da $\tilde{K}(z) = K(z) \subset D_s$ ist für alle $z \in \Omega_0 \cap D_\rho(a)$. Da $\gamma \in \tilde{K}(a) \cap D_1^c$ ist, ist a enthalten in der Menge

$$A = \{z \in D_\rho(a); u(z) \geq 1\}.$$

Da u nach oben halbstetig ist, ist A abgeschlossen in $D_\rho(a)$. Wir wählen einen Punkt b in $\Omega_0 \cap D_{\rho/2}(a)$ und setzen $\eta = \text{dist}(b, A)$. Dann ist $0 < \eta < \rho/2$, $\overline{D}_\eta(b) \subset D_\rho(a)$ und

$$D_\eta(b) \subset D_\rho(a) \setminus A, \quad \partial D_\eta(b) \cap A \neq \varnothing.$$

Da $u(z) < 1$ ist für $z \in D_\eta(b)$, ist $\tilde{K}(z) \subset D_1 \subset W$ für diese z und folglich

$$\{z\} \times \tilde{K}(z) \subset D_\rho(a) \times W \subset D \quad (z \in D_\eta(b)).$$

Also ist ganz $D_\eta(b)$ in der Zusammenhangskomponente Ω_0 von b in Ω enthalten. Nach Konstruktion ist $\ell : D_\rho(a) \to \mathbb{R}$ subharmonisch und $\overline{D}_\eta(b) \subset D_\rho(a)$ ein abgeschlossener Kreis so, dass

$$\ell|D_\eta(b) \equiv \log s$$

ist und $\ell(c) \geq 0 > \log s$ für mindestens einen Punkt $c \in \partial D_\eta(b)$ gilt. Ein solches Verhalten ist für eine subharmonische Funktion nicht möglich.

Wir skizzieren kurz das wohlbekannte Argument. Wir wählen $\varepsilon > 0$ mit

$$(\ell(c) - \log s)(\ell(c) - \log s + \varepsilon)^{-1} > 3/4$$

und dazu ein $r \in (0, \eta)$ mit $\overline{D}_r(c) \subset D_\rho(a)$ und

$$\ell(z) < \ell(c) + \varepsilon \quad (z \in \overline{D}_r(c)).$$

Sind

$$J_1 = \partial D_r(c) \cap \overline{D}_\eta(b), \quad J_2 = \partial D_r(c) \cap (\mathbb{C} \setminus D_\eta(b))$$

kanonisch parametrisiert durch die abgeschlossenen Intervalle $I_1, I_2 \subset [0, 2\pi]$ (siehe Abb. 8.1), so folgt aus der Mittelwertabschätzung für subharmonische Funktionen (Aufgabe 8.3), dass

$$\ell(c) \leq \frac{1}{2\pi} \int_0^{2\pi} \ell(c + re^{it})\, dt \leq \frac{L(I_1)}{2\pi} \log s + \frac{L(I_2)}{2\pi}(\ell(c) + \varepsilon)$$

gilt. Mit $t = \frac{L(I_2)}{2\pi}$ folgt

$$\ell(c) - \log s \leq t(\ell(c) - \log s + \varepsilon).$$

Also müsste $t > 3/4$ gelten, aber dies ist nicht möglich. Dieser Widerspruch zeigt, dass $K = \tilde{K}$ sein muss. Damit ist der Induktionsbeweis vollständig. □

Abb. 8.1 Zum Beweis von
Satz 8.1

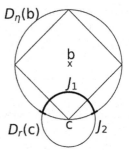

Aufgaben

8.1 ei $u : K \to [-\infty, \infty)$ eine nach oben halbstetige Funktion auf einer kompakten Menge $K \subset \mathbb{C}$. Man zeige:

(a) u ist nach oben beschränkt und nimmt sein Supremum an auf K.
(b) Es gibt eine punktweise monoton fallende Folge stetiger Funktionen $u_k : K \to \mathbb{R}$ mit $\lim_{k \to \infty} u_k(x) = u(x)$ für alle $x \in K$. (Hinweis: Man betrachte die Funktionen $u_k(x) = \sup_{y \in K}(u(y) - k|x - y|)$.)

8.2 Sei $u : \Omega \to \mathbb{R}$ harmonisch auf einer offenen Menge $\Omega \subset \mathbb{C}$. Man beweise für $a \in \Omega$ und $r > 0$ mit $\overline{D}_r(a) \subset \Omega$ die Mittelwertgleichung $u(a) = \frac{1}{2\pi} \int_0^{2\pi} u(a + re^{it}) dt$.

8.3 Sei $u : \Omega \to [-\infty, \infty)$ subharmonisch auf einer offenen Menge $\Omega \subset \mathbb{C}$. Man beweise für $a \in \Omega$ und $r > 0$ mit $\overline{D}_r(a) \subset \Omega$ und $u(a) > -\infty$ die Mittelwertungleichung

$$u(a) \leq \frac{1}{2\pi} \int_0^{2\pi} u(a + re^{it}) dt.$$

(Hinweis: Für jede stetige Funktion $h : \partial D_r(a) \to \mathbb{R}$ existiert eine Fortsetzung zu einer stetigen Funktion $H : \overline{D}_r(a) \to \mathbb{R}$, für die $H|_{D_r(a)}$ harmonisch ist.)

8.4 Sei $\Omega \subset \mathbb{C}$ offen und $u : \Omega \longrightarrow [-\infty, \infty)$ nach oben halbstetig. Zu jedem $a \in \Omega$ existiere eine reelle Zahl $r(a) > 0$ so, dass für jedes $0 < r < r(a)$ die Mittelwertungleichung aus Aufgabe 8.3 für u auf $\partial D_r(a)$ gilt. Man zeige, dass u subharmonisch ist. Idee: Man beweise zunächst, dass für jede kompakte nicht-leere Menge $K \subset \Omega$ und jede stetige Funktion $h : K \to \mathbb{R}$ mit $u \leq h$ auf ∂K und $h|_{\text{Int}(K)}$ harmonisch die folgenden Aussagen gelten:

(a) $M = \{z \in K; (u - h)(z) = \sup_{w \in K}(w)\}$ ist kompakt und nicht-leer.
(b) Wäre $u - h > 0$ auf M, so wäre $M \subset \text{Int}(K)$ und zu jedem $b \in \partial M$ gäbe es ein $r > 0$ mit

$$(u - h)(b) \leq \frac{1}{2\pi} \int_0^{2\pi} (u - h)(b + re^{it}) dt < (u - h)(b).$$

8.5 Sei $u : G \to [-\infty, \infty)$ subharmonisch auf einem Gebiet $G \subset \mathbb{C}$ und sei $a \in G$ mit $u(z) \leq u(a)$ für alle $z \in G$. Man zeige, dass die Menge $\{z \in G; u(z) = u(a)\}$ offen ist und folgere, dass u konstant ist.

8.6 Sei $u : G \to [-\infty, \infty)$ subharmonisch auf einem Gebiet $G \subset \mathbb{C}$ mit $u \not\equiv -\infty$. Man zeige:

(a) Ist $\overline{D}_R(a) \subset G$ und $u(a) > -\infty$, so ist $u|_{\overline{D}_R(a)}$ integrabel (Hinweis: Aufgabe 8.1).

(b) Die Menge $M = \{z \in G;$ es gibt eine Umgebung U von z, auf der u integrabel ist$\}$ ist abgeschlossen in G.

(b) u ist lokal integrabel.

Die $\overline{\partial}$-Sequenz auf Holomorphiebereichen

9

Ziel dieses Kapitels ist es zu zeigen, dass eine offene Menge Ω in $\mathbb{C}^n$ genau dann ein Holomorphiebereich ist, wenn die $\overline{\partial}$-Sequenz über Ω exakt ist. Dabei beweisen wir die Exaktheit der $\overline{\partial}$-Sequenz mit dem Satz von Oka über die polynomielle Konvexität von Graphen analytischer Abbildungen über kompakten analytischen Polyedern. Umgekehrt folgt aus der Exaktheit der $\overline{\partial}$-Sequenz über Ω, dass jedes endlich erzeugte echte Ideal in $\mathcal{O}(\Omega)$ eine nicht-leere Nullstellenmenge besitzt. Mit den Ergebnissen aus Kap. 5 schließlich erhält man, dass offene Mengen Ω mit dieser Eigenschaft Holomorphiebereiche sind. Als weitere Anwendungen des Satzes von Oka aus dem vorigen Kapitel leiten wir eine Verbesserung des Oka-Weilschen Approximationssatzes her und beweisen den Satz von Behnke-Stein über die Vererbung der Holomorphie-Konvexität auf aufsteigende Vereinigungen.

9.1 Ein Divisionsproblem

Wir haben gesehen, dass eine offene Menge $\Omega \subset \mathbb{C}^n$ genau dann ein Holomorphiebereich ist, wenn zu jeder Randpunktfolge in Ω eine auf dieser Folge unbeschränkte holomorphe Funktion $f \in \mathcal{O}(\Omega)$ existiert. Diese Bedingung ist erfüllt, wenn sich geeignete Divisionsprobleme in $\mathcal{O}(\Omega)$ lösen lassen.

Lemma 9.1 *Sei $\Omega \subset \mathbb{C}^n$ offen. Wenn es zu jedem Punkt $\lambda \in \mathbb{C}^n \setminus \Omega$ Funktionen $f_1, \ldots, f_n \in \mathcal{O}(\Omega)$ gibt mit*

$$\sum_{i=1}^{n} (\lambda_i - z_i) f_i(z) = 1 \quad (z \in \Omega),$$

dann ist Ω ein Holomorphiebereich.

© Springer-Verlag GmbH Deutschland 2017
J. Eschmeier, *Funktionentheorie mehrerer Veränderlicher*, Springer-Lehrbuch Masterclass, https://doi.org/10.1007/978-3-662-55542-2_9

Beweis Ist (λ_k) eine Folge in Ω, die gegen einen Punkt $\lambda \in \partial\Omega$ konvergiert, und sind $f_1, \ldots, f_n$ zu λ wie im Lemma gewählt, so gilt für mindestens ein $i \in \{1, \ldots, n\}$

$$\sup_{k \in \mathbb{N}} |f_i(\lambda_k)| = \infty.$$

Nach Satz 5.5 ist Ω ein Holomorphiebereich.   □

In $C^\infty(\Omega)$ gibt es zu jedem Punkt $\lambda \in \mathbb{C}^n \setminus \Omega$ Funktionen $f_1, \ldots, f_n$ mit der im letzten Lemma beschriebenen Eigenschaft.

Bemerkung 9.2 Sei $\Omega \subset \mathbb{C}^n$ offen und seien $f_1, \ldots, f_r \in C^\infty(\Omega)$ mit

$$\bigcap_{i=1}^r Z(f_i) = \varnothing.$$

Dann gibt es Funktionen $g_1, \ldots, g_r \in C^\infty(\Omega)$, für die auf ganz Ω gilt:

$$\sum_{i=1}^r f_i g_i \equiv 1.$$

Offensichtlich kann man $g_i = \bar{f}_i / \sum_{j=1}^r |f_j|^2$ $(i = 1, \ldots, r)$ wählen.

Ist die $\bar{\partial}$-Sequenz über Ω exakt, so gilt die Aussage von Bemerkung 9.2 nicht nur für C^∞-Funktionen.

Satz 9.3

Sei $\Omega \subset \mathbb{C}^n$ offen und sei $r \in \mathbb{N}^*$. Ist

$$H^p(C^\infty(\Omega), \bar{\partial}) = 0 \quad \text{für } p = 1, \ldots, r-1,$$

so gibt es zu je r holomorphen Funktionen $f_1, \ldots, f_r \in \mathcal{O}(\Omega)$ mit $\bigcap_{i=1}^r Z(f_i) = \varnothing$ holomorphe Funktionen $g_1, \ldots, g_r \in \mathcal{O}(\Omega)$ mit

$$\sum_{i=1}^r f_i g_i = 1.$$

Beweis Nach Bemerkung 9.2 gibt es zumindest Funktionen $g_1, \ldots, g_r \in C^\infty(\Omega)$, die die gewünschte Gleichung erfüllen.

Die Operatoren $b_j, d_j : C^\infty(\Omega) \to C^\infty(\Omega)(1 \le j \le r)$, definiert durch

$$b_j(f) = f_j f, \quad d_j(f) = g_j f,$$

vertauschen untereinander und erfüllen die Identität

$$\sum_{j=1}^{r} d_j b_j = I_{C^\infty(\Omega)}.$$

Setzt man $b = (b_1, \dots, b_r)$, $C^{p,q} = C_{p,q}^\infty(\Omega)$ und

$$\mathcal{O}^{p,0} = \mathrm{Ker}(C^{p,0} \xrightarrow{\bar\partial} C^{p,1}) \quad (0 \le q \le n,\ 0 \le p \le r),$$

so zeigt Lemma 6.18, dass alle Zeilen bis auf die erste in dem Diagramm

$$
\begin{array}{ccccccccccc}
& & 0 & & 0 & & & & 0 & & \\
& & \downarrow & & \downarrow & & & & \downarrow & & \\
0 & \to & \mathcal{O}^{0,0} & \xrightarrow{b} & \mathcal{O}^{1,0} & \xrightarrow{b} & \cdots & \xrightarrow{b} & \mathcal{O}^{r,0} & \to & 0 \\
& & \downarrow i & & \downarrow i & & & & \downarrow i & & \\
0 & \to & C^{0,0} & \xrightarrow{b} & C^{1,0} & \xrightarrow{b} & \cdots & \xrightarrow{b} & C^{r,0} & \to & 0 \\
& & \downarrow \bar\partial & & \downarrow \bar\partial & & & & \downarrow \bar\partial & & \\
0 & \to & C^{0,1} & \xrightarrow{b} & C^{1,1} & \xrightarrow{b} & \cdots & \xrightarrow{b} & C^{r,1} & \to & 0 \\
& & \downarrow \bar\partial & & \downarrow \bar\partial & & & & \downarrow \bar\partial & & \\
& & \vdots & & \vdots & & & & \vdots & & \\
& & \downarrow \bar\partial & & \downarrow \bar\partial & & & & \downarrow \bar\partial & & \\
0 & \to & C^{0,n} & \xrightarrow{b} & C^{1,n} & \xrightarrow{b} & \cdots & \xrightarrow{b} & C^{r,n} & \to & 0 \\
& & \downarrow & & \downarrow & & & & \downarrow & & \\
& & 0 & & 0 & & & & 0 & &
\end{array}
$$

exakt sind. Von der zweiten Zeile an abwärts sind alle Quadrate antikommutativ (das heißt $b\bar\partial + \bar\partial b = 0$), und nach Voraussetzung sind alle Spalten exakt bis zur $(r-1)$-ten Stelle. Man beachte dabei, dass die p-te Spalte bis auf das Vorzeichen $(-1)^p$ identifiziert werden kann mit der $\binom{r}{p}$-fachen direkten Summe der $\bar\partial$-Sequenz

$$0 \to \mathcal{O}(\Omega) \xhookrightarrow{i} C_{0,0}^\infty(\Omega) \xrightarrow{\bar\partial} C_{0,1}^\infty(\Omega) \xrightarrow{\bar\partial} \dots \xrightarrow{\bar\partial} C_{0,n}^\infty(\Omega) \to 0.$$

Mit elementarer Diagrammjagd erhält man die Exaktheit der ersten Zeile im obigen Doppelkomplex.

Zu $\varphi \in \mathcal{O}^{r,0}$ existiert ein $\varphi_1 \in C^{r-1,0}$ mit $b\varphi_1 = i\varphi$. Wegen

$$b(\bar\partial \varphi_1) = -\bar\partial(i\varphi) = 0$$

gibt es ein $\varphi_2 \in C^{r-2,1}$ mit $b\varphi_2 = \overline{\partial}\varphi_1$. Dieses Verfahren setzt man fort, bis man ein Element $\varphi_s \in C^{r-s,s-1}$ ($s = \min(r, n+1)$) erhält mit $b\varphi_s = \overline{\partial}\varphi_{s-1}$. Da

$$\overline{\partial}\varphi_s = 0$$

ist, gibt es ein $\psi_s \in C^{r-s,s-2}$ mit $\varphi_s = \overline{\partial}\psi_s$. Wegen

$$\overline{\partial}(b\psi_s) = -b\varphi_s = -\overline{\partial}\varphi_{s-1}$$

kann man ein $\psi_{s-1} \in C^{r-s+1,s-3}$ finden mit $\varphi_{s-1} + b\psi_s = \overline{\partial}\psi_{s-1}$. Man fährt fort, bis man ein Element $\psi_2 \in C^{r-2,0}$ erhält mit

$$\varphi_2 + b\psi_3 = \overline{\partial}\psi_2.$$

Dann ist $\varphi_1 + b\psi_2 = i\psi_1$ für ein $\psi_1 \in \mathcal{O}^{r-1,0}$. Da

$$i(b\psi_1) = bi(\psi_1) = b\varphi_1 = i\varphi$$

ist, haben wir die Exaktheit der ersten Zeile an der letzten Stelle gezeigt. Die Exaktheit an den übrigen Stellen beweist man genauso.

Startet man mit der $(r,0)$-Form $\varphi \in \mathcal{O}^{r,0}$, deren einziger Koeffizient die konstante Funktion $1 \in \mathcal{O}(\Omega)$ ist, so liefern die Koeffizienten der oben bestimmten $(r-1,0)$-Form ψ_1 analytische Funktionen $h_1, \ldots, h_r \in \mathcal{O}(\Omega)$ mit

$$\sum_{i=1}^{r} f_i h_i = 1.$$

Damit ist Satz 9.3 bewiesen. $\square$

Als unmittelbare Konsequenz erhalten wir eine notwendige Bedingung für die Exaktheit der $\overline{\partial}$-Sequenz über Ω.

Korollar 9.4 *Jede offene Menge $\Omega \subset \mathbb{C}^n$ mit*

$$H^p(C^\infty(\Omega), \overline{\partial}) = 0 \quad \text{für } p = 1, \ldots, n-1$$

ist ein Holomorphiebereich.

Beweis Nach Satz 9.3 gibt es zu jedem Punkt $\lambda \in \mathbb{C}^n \setminus \Omega$ Funktionen $g_1, \ldots, g_n \in \mathcal{O}(\Omega)$ mit

$$\sum_{i=1}^{n} (\lambda_i - z_i) g_i(z) = 1 \quad (z \in \Omega).$$

Nach Lemma 9.1 ist Ω ein Holomorphiebereich. $\square$

Mit denselben Methoden, mit denen wir die Exaktheit der $\overline{\partial}$-Sequenz über Runge-schen Mengen bewiesen haben, kann man jetzt zeigen, dass die $\overline{\partial}$-Sequenz über jedem Holomorphiebereich exakt ist.

Lemma 9.5 *Sei $\Omega \subset \mathbb{C}^n$ offen, $K \subset \Omega$ kompakt und $U \subset \mathbb{C}^n$ eine beschränkte offene Menge mit*

$$K = \hat{K}_\Omega \subset U \subset \overline{U} \subset \Omega.$$

Dann gibt es ein endliches Tupel $f = (f_1, \ldots, f_r) \in \mathcal{O}(\Omega)^r$ mit

$$K \subset \{z \in U;\ \|f(z)\|_\infty < 1\} \subset \{z \in \overline{U};\ \|f(z)\|_\infty \leq 1\} \subset U.$$

Beweis Für jedes $z \in \partial U$ gibt es eine Funktion $f_z \in \mathcal{O}(\Omega)$ mit

$$\|f_z\|_K < 1 < |f_z(z)|.$$

Da ∂U kompakt ist, existieren endlich viele $f_1, \ldots, f_r \in \mathcal{O}(\Omega)$ mit $\|f_j\|_K < 1$ für $j = 1, \ldots, r$ so, dass ∂U enthalten ist in der Menge

$$W = \bigcup_{j=1}^{r} \{w \in \Omega;\ |f_j(w)| > 1\}.$$

Das Tupel $f = (f_1, \ldots, f_r)$ hat wegen

$$\{z \in \overline{U};\ \|f(z)\|_\infty \leq 1\} \subset \overline{U} \cap (\mathbb{C}^n \setminus W) \subset U$$

alle gewünschten Eigenschaften.   □

In der Situation von Lemma 9.5 ist die Menge

$$D = \{z \in U;\ \|f(z)\|_\infty < 1\}$$

ein analytischer Polyeder (Definition 5.8) und damit nach Korollar 5.9 ein Holomorphiebereich. Da die Menge $\Delta = \{z \in U;\ \|f(z)\|_\infty \leq 1\}$ kompakt ist, ist $\{(z, f(z));\ z \in \Delta\} \subset \mathbb{C}^{n+r}$ nach Satz 8.1 ein polynom-konvexes Kompaktum.

9.2   Die $\bar{\partial}$-Sequenz über Holomorphiebereichen

Bevor wir zur $\bar{\partial}$-Sequenz zurückkehren, beweisen wir eine Verallgemeinerung des *Oka-Weilschen Approximationssatzes* (Korollar 7.7).

Satz 9.6 (Satz von Oka-Weil, 2. Version)

Sei $\Omega \subset \mathbb{C}^n$ offen und $K \subset \Omega$ kompakt mit

$$K = \hat{K}_\Omega.$$

Dann gibt es zu jeder Funktion $g \in \mathcal{O}(K)$ eine Folge (g_k) in $\mathcal{O}(\Omega)$ mit

$$\lim_{k \to \infty} \|g - g_k\|_K = 0.$$

Beweis Sei $U \supset K$ eine offene Menge mit kompaktem Abschluss $\overline{U} \subset \Omega$ so, dass U enthalten ist im Definitionsbereich von g. Nach Lemma 9.5 existiert ein Tupel $f \in \mathcal{O}(\Omega)^r$ so, dass die Menge

$$\Delta = \{z \in U; \ \|f(z)\|_\infty \leq 1\}$$

kompakt ist und K enthält. Nach dem Satz von Oka (Satz 8.1) ist die kompakte Menge

$$\Sigma = \{(z, f(z)); \ z \in \Delta\} \subset \mathbb{C}^{n+r}$$

polynom-konvex. Da die Funktion $G : U \times \mathbb{C}^r \to \mathbb{C}$, $G(z, w) = g(z)$ holomorph auf der offenen Umgebung $U \times \mathbb{C}^r$ von Σ ist, gibt es nach dem Oka-Weilschen Approximationssatz (7.7) eine Folge von Polynomen $p_k \in \mathbb{C}[z_1, \ldots, z_{n+r}]$, die gleichmäßig auf der Menge Σ gegen G konvergieren. Dann wird durch $g_k : \Omega \to \mathbb{C}$, $g_k(z) = p_k(z, f(z))$ eine Folge holomorpher Funktionen auf Ω definiert, die gleichmäßig auf Δ gegen g konvergiert. $\qquad \square$

Ist $K \subset \mathbb{C}^n$ eine polynom-konvexe kompakte Menge, so ist $K = \hat{K}_{\mathbb{C}^n}$. Da man jede holomorphe Funktion auf $\mathbb{C}^n$ beliebig gut auf K durch ihre Taylor-Polynome im Nullpunkt approximieren kann, folgt die erste Version des Oka-Weil-Theorems (Satz 7.7) auch umgekehrt aus Satz 9.6.

Nach diesen Vorbereitungen können wir die Exaktheit der $\bar{\partial}$-Sequenz über beliebigen Holomorphiebereichen beweisen.

Satz 9.7

Sei $\Omega \subset \mathbb{C}^n$ ein Holomorphiebereich. Dann ist für jede natürliche Zahl $p \geq 0$ die $\bar{\partial}$-Sequenz

$$0 \to \mathcal{O}_{p,0}(\Omega) \overset{i}{\hookrightarrow} C^\infty_{p,0}(\Omega) \overset{\bar{\partial}}{\longrightarrow} C^\infty_{p,1}(\Omega) \overset{\bar{\partial}}{\longrightarrow} \ldots \overset{\bar{\partial}}{\longrightarrow} C^\infty_{p,n}(\Omega) \to 0$$

exakt.

Beweis Wir zeigen zunächst, dass jedes Kompaktum $K \subset \Omega$ mit $K = \hat{K}_\Omega$ die Cousin-Eigenschaft hat. Sei dazu $U \supset K$ eine offene Menge mit kompaktem Abschluss $\overline{U} \subset \Omega$ und sei $v \in C^\infty_{p,q+1}(U)$ mit $\bar{\partial}v = 0$. Wir wählen wieder mit Hilfe von Lemma 9.5 ein Tupel $f \in \mathcal{O}(\Omega)^r$ so, dass K enthalten ist in der kompakten Menge

$$\Delta = \{z \in U; \ \|f(z)\|_\infty \leq 1\}.$$

Die Abbildung $j : \Omega \to \mathbb{C}^{n+r}, j(z) = (z, f(z))$ ist holomorph, und nach Satz 8.1 ist

$$\Sigma = j(\Delta) = \{(z, f(z)); \ z \in \Delta\} \subset \mathbb{C}^{n+r}$$

ein polynom-konvexes Kompaktum. Lemma 7.3 erlaubt es uns, Polynome $p_1, \ldots, p_m \in \mathbb{C}[z_1, \ldots, z_{n+r}]$ so zu wählen, dass der polynomielle Polyeder

$$P = \{\xi \in \mathbb{C}^{n+r}; \ \max_{1 \leq j \leq m} |p_j(\xi)| < 1\}$$

zwischen Σ und $U \times \mathbb{C}^r$ liegt. Wie im Beweis von Lemma 7.4 benutzen wir die holomorphen Abbildungen

$$\pi : P \to U, \ (z, w) \mapsto z \quad \text{und} \quad j_0 : \overset{-1}{j}(P) \to P, \ z \mapsto j(z).$$

Da P Rungesch und $\bar{\partial}(\pi^*(v)) = \pi^*(\bar{\partial}v) = 0$ ist, gibt es nach Satz 7.9 eine Form $F \in C^\infty_{p,q}(P)$ mit $\pi^*(v) = \bar{\partial}F$. Dann ist $u = j_0^*(F) \in C^\infty_{p,q}(\overset{-1}{j}(P))$ eine Form auf einer Umgebung von Δ, für die gilt

$$\bar{\partial}u = j_0^*(\pi^*(v)) = (\pi \circ j_0)^*(v) = v \mid \overset{-1}{j}(P).$$

Da Ω holomorph-konvex ist, können wir eine aufsteigende Folge $(K_j)_{j \in \mathbb{N}}$ von Kompakta $K_j = (\hat{K}_j)_\Omega \subset \Omega$ wählen so, dass jede kompakte Menge $K \subset \Omega$ ganz in einer der Mengen

K_j $(j \in \mathbb{N})$ enthalten ist. Ist $v \in C^{\infty}_{p,q+1}(\Omega)$ eine $\bar{\partial}$-geschlossene Form, so gibt es eine Folge $(u_j)_{j \in \mathbb{N}}$ von Formen in $C^{\infty}_{p,q}(\Omega)$ so, dass für jedes j die Gleichung

$$v = \bar{\partial} u_j$$

gilt auf einer geeigneten Umgebung von K_j.

Da die Kompakta K_j die Cousin-Eigenschaft besitzen, kann man ganz genauso wie im Beweis von Satz 7.9 eine Form $u \in C^{\infty}_{p,q}(\Omega)$ konstruieren mit $v = \bar{\partial} u$ auf ganz Ω. Dabei benutze man im Falle $q = 0$ statt der ersten Version des Oka-Weil-Theorems den allgemeineren Approximationssatz 9.6.   □

Damit haben wir gezeigt, dass die $\bar{\partial}$-Sequenz über einer offenen Menge Ω in $\mathbb{C}^n$ genau dann exakt ist, wenn Ω ein Holomorphiebereich ist.

Korollar 9.8 *Für eine offene Menge Ω in $\mathbb{C}^n$ sind die folgenden Bedingungen äquivalent:*

   (i) *Ω ist ein Holomorphiebereich;*
  (ii) *die $\bar{\partial}$-Sequenz über Ω ist exakt;*
 (iii) *$H^p(C^{\infty}(\Omega), \bar{\partial}) = 0$ für $p = 1, \ldots, n-1$;*
 (iv) *zu je endlich vielen holomorphen Funktionen $f_1, \ldots, f_r \in \mathcal{O}(\Omega)$ ohne gemeinsame Nullstelle existieren holomorphe Funktionen $g_1, \ldots, g_r \in \mathcal{O}(\Omega)$ mit $\sum_{i=1}^{r} f_i g_i = 1$.*

Beweis Die Äquivalenz der ersten drei Bedingungen folgt aus Satz 9.7 und Korollar 9.4. Um die Äquivalenz mit der letzten Bedingung einzusehen, benutze man Satz 9.3 und Lemma 9.1.   □

9.3   Der Satz von Behnke-Stein

Unser nächstes Ziel ist es zu zeigen, dass aufsteigende Vereinigungen von Holomorphiebereichen in $\mathbb{C}^n$ wieder Holomorphiebereiche sind. Zunächst beweisen wir eine schwächere Version dieses Resultates.

Lemma 9.9 *Sei $\Omega \subset \mathbb{C}^n$ offen und sei $(\Omega_k)_{k \in \mathbb{N}}$ eine Folge von Holomorphiebereichen in $\mathbb{C}^n$ mit $\Omega = \bigcup_{k \in \mathbb{N}} \Omega_k$ so, dass für alle $k \in \mathbb{N}$ die Inklusion $\Omega_k \subset \Omega_{k+1}$ gilt und mit jeder kompakten Menge $K \subset \Omega_k$ die holomorph-konvexe Hülle $\hat{K}_{\Omega_{k+2}}$ von K in Ω_{k+2} eine kompakte Teilmenge von Ω_{k+1} ist. Dann ist Ω ein Holomorphiebereich.*

Beweis Es genügt den Fall $\Omega \neq \mathbb{C}^n$ zu betrachten. Dann sind die Mengen

$$C_k = \left\{ z \in \mathbb{C}^n; \operatorname{dist}(z, \mathbb{C}^n \setminus \Omega_k) \geq \frac{1}{k+1} \right\} \cap \bar{B}_k(0) \quad (k \in \mathbb{N})$$

kompakte Teilmengen von Ω_k so, dass ihre Vereinigung gleich Ω ist und $C_k \subset \text{Int}(C_{k+1})$ für alle $k \in \mathbb{N}$ gilt. Zur Begründung beachte man, dass für jedes $z \in \Omega$ ein $k_0 \in \mathbb{N}$ existiert mit $z \in \Omega_{k_0} \cap \overline{B}_{k_0}$ und dass für genügend große $k \geq k_0$ die Abschätzung $\text{dist}(z, \mathbb{C}^n \setminus \Omega_k) \geq \text{dist}(z, \mathbb{C}^n \setminus \Omega_{k_0}) > 1/(k+1)$ gilt. Dass C_k im Innern von C_{k+1} liegt, folgt etwa aus der Gültigkeit der Inklusionen

$$C_k \subset \left\{ z \in \mathbb{C}^n; \text{dist}(z, \mathbb{C}^n \setminus \Omega_{k+1}) > \frac{1}{k+2} \right\} \cap \overline{B}_{k+1}(0) \subset C_{k+1}.$$

Ohne Einschränkung dürfen wir annehmen, dass $C_k \neq \emptyset$ ist für alle $k \in \mathbb{N}$. Die Mengen $K_k = (C_{k-1})^{\wedge}_{\Omega_{k+1}} (k \geq 1)$ bilden eine aufsteigende Folge von Kompakta $K_k \subset \Omega_k$ so, dass jedes Kompaktum $K \subset \Omega$ ganz in einer der Mengen K_k $(k \geq 1)$ enthalten ist. Der Beweis von Satz 9.7 zeigt, dass die Mengen K_k $(k \geq 1)$ die Cousin-Eigenschaft besitzen. Nach der verallgemeinerten Version des Oka-Weil-Theorems (Satz 9.6) existiert zu jedem $k \geq 1$ und jeder holomorphen Funktion $g \in \mathcal{O}(K_k)$ eine Folge (g_j) in $\mathcal{O}(\Omega_{k+1})$, die gleichmäßig auf K_k gegen g konvergiert. Unter diesen Voraussetzungen folgt genau wie im Beweis von Satz 9.7 (bzw. von Satz 7.9), dass die $\overline{\partial}$-Sequenz auf Ω exakt ist. Nach Korollar 9.4 ist Ω ein Holomorphiebereich. $\square$

Bevor wir allgemeinere Versionen dieses Resultates beweisen, notieren wir eine nützliche Folgerung.

Korollar 9.10 *Eine offene Menge $\Omega \subset \mathbb{C}^n$ ist ein Holomorphiebereich genau dann, wenn alle Durchschnitte $\Omega \cap P_j(0)$ $(j \in \mathbb{N})$ Holomorphiebereiche sind. (Hierbei sei die leere Menge definitionsgemäß wieder ein Holomorphiebereich.)*

Beweis Nach Korollar 5.7 und Korollar 5.10 sind mit Ω auch alle nicht-leeren Schnitte der Form $\Omega \cap P_j(0)$ wieder Holomorphiebereiche.

Wegen Lemma 9.9 genügt es für den Beweis der Umkehrung zu zeigen, dass für jede kompakte Menge $K \subset \Omega \cap P_j(0)$ die holomorph-konvexe Hülle $L = \hat{K}_{\Omega \cap P_{j+1}(0)}$ eine kompakte Teilmenge von $\Omega \cap P_j(0)$ ist. Nach Voraussetzung ist $L \subset \Omega \cap P_{j+1}(0)$ kompakt (Satz 5.5). Nach Lemma 7.2 ist $L \subset \tilde{K} \subset P_j(0)$. $\square$

Sei $\Omega \subsetneq \mathbb{C}^n$ ein Holomorphiebereich und sei $\hat{K} = \hat{K}_{\Omega}$ die holomorph-konvexe Hülle einer kompakten Menge $K \subset \Omega$. Im Beweis des Satzes von Cartan-Thullen (Lemma 5.4) haben wir für die bezüglich der Maximumsnorm gebildeten Randabstände die Gleichheit

$$\text{dist}_{\infty}(\hat{K}, \mathbb{C}^n \setminus \Omega) = \text{dist}_{\infty}(K, \mathbb{C}^n \setminus \Omega)$$

gezeigt. Zur Abkürzung schreiben wir im Folgenden d statt dist_{∞}.

Nach diesen Vorbereitungen können wir den angekündigten Satz über die Holomorphie-Konvexität von aufsteigenden Vereinigungen holomorph-konvexer offener Mengen zeigen.

Satz 9.11 (Behnke-Stein)

Ist $(\Omega_j)_{j\in\mathbb{N}}$ eine Folge von Holomorphiebereichen in $\mathbb{C}^n$ mit $\Omega_j \subset \Omega_{j+1}$ für alle $j \in \mathbb{N}$, so ist auch $\Omega = \bigcup_{j\in\mathbb{N}} \Omega_j$ ein Holomorphiebereich.

Beweis Es genügt den Fall zu betrachten, dass $\Omega_j \neq \emptyset$ ist für alle $j \in \mathbb{N}$. Wegen Korollar 9.10 und Korollar 5.10 dürfen wir annehmen, dass $\Omega \subset \mathbb{C}^n$ beschränkt ist.

Wir reduzieren die Behauptung auf den Fall, dass zusätzlich $\overline{\Omega}_j \subset \Omega_{j+1}$ für alle $j \in \mathbb{N}$ gilt. Wähle dazu kompakte, nicht-leere Mengen $C_j \subset \Omega_j$ mit $\bigcup_{j\in\mathbb{N}} C_j = \Omega$ (siehe Beweis von Lemma 9.9). Nach Lemma 9.5 gibt es zu $K_0 = (C_0)^\wedge_{\Omega_0}$ einen analytischen Polyeder D_0 mit

$$K_0 \subset D_0 \subset \overline{D}_0 \subset \Omega_0$$

und zu $K_1 = (C_1 \cup \overline{D}_0)^\wedge_{\Omega_1}$ einen analytischen Polyeder D_1 mit $K_1 \subset D_1 \subset \overline{D}_1 \subset \Omega_1$. Rekursiv erhält man eine Folge analytischer Polyeder D_j ($j \in \mathbb{N}$) mit $\overline{D}_j \subset D_{j+1}$ für alle $j \in \mathbb{N}$ und $\Omega = \bigcup_{j\in\mathbb{N}} D_j$.

Sei jetzt $\Omega \subset \mathbb{C}^n$ beschränkt und die Folge (D_j) wie oben gewählt. Setze $j_0 = 0$ und wähle $j_1 \in \mathbb{N}$ so groß, dass

$$\{z \in \Omega;\ \mathrm{d}(z, \mathbb{C}^n \setminus \Omega) \geq \mathrm{d}(\overline{D}_0, \mathbb{C}^n \setminus \Omega)/2\} \subset D_{j_1}.$$

Nach Aufgabe 9.5 gilt

$$\lim_{j\to\infty} \mathrm{d}(\overline{D}_0, \mathbb{C}^n \setminus D_j) = \mathrm{d}(\overline{D}_0, \mathbb{C}^n \setminus \Omega).$$

Also gibt es ein $j_2 > j_1$ mit $\mathrm{d}(\overline{D}_0, \mathbb{C}^n \setminus D_{j_2}) > \mathrm{d}(\overline{D}_0, \mathbb{C}^n \setminus \Omega)/2$ und

$$\{z \in \Omega;\ \mathrm{d}(z, \mathbb{C}^n \setminus \Omega) \geq \mathrm{d}(\overline{D}_{j_1}, \mathbb{C}^n \setminus \Omega)/2\} \subset D_{j_2}.$$

Rekursiv erhält man eine streng monoton wachsende Folge $(j_k)_{k\in\mathbb{N}}$ natürlicher Zahlen so, dass

$$\mathrm{d}(\overline{D}_{j_k}, \mathbb{C}^n \setminus D_{j_{k+2}}) > \mathrm{d}(\overline{D}_{j_k}, \mathbb{C}^n \setminus \Omega)/2,$$

$$\{z \in \Omega;\ \mathrm{d}(z, \mathbb{C}^n \setminus \Omega) \geq \mathrm{d}(\overline{D}_{j_k}, \mathbb{C}^n \setminus \Omega)/2\} \subset D_{j_{k+1}}$$

für alle $k \geq 0$ ist.

Ist $\emptyset \neq K \subset D_{j_k}$ ($k \geq 0$) kompakt, so ist die holomorph-konvexe Hülle $\hat{K}$ von K in $D_{j_{k+2}}$ kompakt, und die Abschätzung

$$\mathrm{d}(\hat{K}, \mathbb{C}^n \setminus D_{j_{k+2}}) = \mathrm{d}(K, \mathbb{C}^n \setminus D_{j_{k+2}}) \geq \mathrm{d}(\overline{D}_{j_k}, \mathbb{C}^n \setminus D_{j_{k+2}})$$

zeigt, dass $\hat{K} \subset D_{j_{k+1}}$ ist. Als Anwendung von Lemma 9.9 erhält man, dass Ω ein Holomorphiebereich ist. □

Aufgaben

9.1 Sei $U \subset \mathbb{C}$ offen und sei $(a_k)_{k \geq 1}$ eine Abzählung einer diskreten Teilmenge $S \subset U$. Für $k \geq 1$ sei

$$R_k(z) = \sum_{j=1}^{m_k} \frac{c_{kj}}{(z - a_k)^j} \qquad (c_{kj} \in \mathbb{C}, c_{km_k} \neq 0).$$

Man benutze die Lösbarkeit eines geeigneten Cousin-I-Problems, um eine holomorphe Funktion f in $\mathcal{O}(U \setminus S)$ zu konstruieren, die in jedem Punkt a_k einen Pol mit Hauptteil R_k besitzt. (Hinweis: Man verwende eine Überdeckung der Form $U = \bigcup_{k \geq 0} U_k, U_0 = U \setminus S, U_k = D_{r_k}(a_k)$ $(k \geq 1)$.)

9.2 Sei $U \subset \mathbb{C}^n$ offen so, dass jedes Cousin-I-Datum über U eine Lösung hat. Man zeige, dass $H^1(C^\infty(U), \overline{\partial}) = 0$ ist und folgere, dass eine offene Menge $U \subset \mathbb{C}^2$ genau dann ein Holomorphiebereich ist, wenn jedes Cousin-I-Datum über U eine Lösung besitzt.

9.3 Man zeige, dass eine offene Menge $\Omega \subset \mathbb{C}^n$ genau dann ein Holomorphiebereich ist, wenn eine Folge analytischer Polyeder $\Omega_k \subset \mathbb{C}^n$ existiert mit $\Omega_k \subset \Omega_{k+1}$ für alle $k \in \mathbb{N}$ und $\Omega = \bigcup_{k \in \mathbb{N}} \Omega_k$.

9.4 Sei $\Omega \subset \mathbb{C}^n$ offen und seien $(\Omega_j)_{j \in \mathbb{N}}$ und $(K_j)_{j \in \mathbb{N}}$ aufsteigende Folgen offener Mengen $\Omega_j \subset \mathbb{C}^n$ bzw. kompakter Mengen $K_j \subset \mathbb{C}^n$ mit $\Omega = \bigcup_{j \in \mathbb{N}} \mathrm{Int}(K_j)$ so, dass für alle $j \in \mathbb{N}$ gilt:

  (i) $K_j \subset \Omega_j \subset \Omega$;
 (ii) K_j hat die Cousin-Eigenschaft;
(iii) jedes $g \in \mathcal{O}(K_j)$ ist auf K_j gleichmäßiger Limes einer Folge in $\mathcal{O}(\Omega_{j+1})$.

Man zeige, dass die $\overline{\partial}$-Sequenz auf Ω exakt ist. (Hinweis: Beweis von Satz 7.9)

9.5 Sei $\emptyset \neq K \subset \mathbb{C}$ kompakt, $\emptyset \neq A \subset \mathbb{C}^n$ abgeschlossen und $(A_j)_{j \in \mathbb{N}}$ eine absteigende Folge abgeschlossener Mengen $A_j \subset \mathbb{C}^n$ mit $A = \bigcap_{j \in \mathbb{N}} A_j$. Man zeige, dass $\lim_{j \to \infty} \mathrm{dist}(K, A_j) = \mathrm{dist}(K, A)$ ist.

Funktionentheorie auf Holomorphiebereichen

Wir benutzen die Exaktheit der $\overline{\partial}$-Sequenz und die Lösbarkeit von Cousin-I-Problemen auf Holomorphiebereichen $U \subset \mathbb{C}^n$, um typische Divisionsprobleme für holomorphe Funktionen über U zu lösen. Eines der ersten Ergebnisse dieser Art geht zurück auf Hans Hefer und besagt, dass zu jeder holomorphen Funktion $f \in \mathcal{O}(U)$ holomorphe Funktionen $f_1, \ldots, f_n \in \mathcal{O}(U \times U)$ existieren mit $f(z) - f(w) = \sum_{1 \le i \le n}(z_i - w_i)f_i(z, w)$ für alle $z, w \in U$. Wir beweisen eine nützliche Variante des Okaschen Fortsetzungsprinzips und zeigen, dass eine offene Menge $U \subset \mathbb{C}^n$ genau dann ein Holomorphiebereich ist, wenn jeder Charakter von $\mathcal{O}(U)$ eine Punktauswertung ist.

10.1 Das Hefer-Lemma

Wir beginnen damit, einen Fortsetzungssatz für holomorphe Funktionen zu beweisen.

Lemma 10.1 *Sei $U \subset \mathbb{C}^n$ eine offene Menge mit $H^1(C^\infty(U), \overline{\partial}) = 0$ und sei $V = \{z' \in \mathbb{C}^{n-1}; (0, z') \in U\} \neq \varnothing$. Dann gibt es zu jeder holomorphen Funktion $f : V \to \mathbb{C}$ eine holomorphe Funktion $F : U \to \mathbb{C}$ mit $F(0, z') = f(z')$ für alle $z' \in V$.*

Beweis Wähle für jeden Punkt $\alpha = (\alpha_1, \ldots, \alpha_n) \in U$ einen offenen Polyzylinder $U_\alpha \subset U$ um α so, dass U_α ganz in $\{z \in \mathbb{C}^n; z_1 \neq 0\}$ enthalten ist, falls $\alpha_1 \neq 0$. Für $\alpha, \beta \in U$ mit $U_\alpha \cap U_\beta \neq \varnothing$ definieren wir eine holomorphe Funktion $h_{\alpha\beta} : U_\alpha \cap U_\beta \to \mathbb{C}$, indem wir $h_{\alpha\beta} = 0$ setzen, falls $\alpha_1 = 0 = \beta_1$ oder $\alpha_1 \neq 0 \neq \beta_1$ ist und

$$h_{\alpha\beta}(z) = \begin{cases} -f(z')/z_1, & \text{falls } \alpha_1 = 0 \neq \beta_1 \\ f(z')/z_1, & \text{falls } \alpha_1 \neq 0 = \beta_1. \end{cases}$$

© Springer-Verlag GmbH Deutschland 2017
J. Eschmeier, *Funktionentheorie mehrerer Veränderlicher*, Springer-Lehrbuch Masterclass, https://doi.org/10.1007/978-3-662-55542-2_10

Dann ist $(h_{\alpha\beta})$ ein Cousin-I-Datum bezüglich der Überdeckung $(U_\alpha)_{\alpha \in U}$ von U. Nach Satz 7.11 existieren holomorphe Funktionen $h_\alpha \in \mathcal{O}(U_\alpha)$ $(\alpha \in U)$ mit

$$h_{\alpha\beta}(z) = h_\beta(z) - h_\alpha(z)$$

für alle $\alpha, \beta \in U$ und $z \in U_\alpha \cap U_\beta$. Durch $F : U \to \mathbb{C}$,

$$F(z) = \begin{cases} f(z') - z_1 h_\alpha(z), & \text{falls } z \in U_\alpha \text{ mit } \alpha_1 = 0 \\ -z_1 h_\alpha(z), & \text{falls } z \in U_\alpha \text{ mit } \alpha_1 \neq 0. \end{cases}$$

wird eine holomorphe Funktion F mit den geforderten Eigenschaften definiert. □

Ist $g : U \to \mathbb{C}^m$ eine holomorphe Abbildung auf einer offenen Menge $U \subset \mathbb{C}^n$ und ist $V \subset \mathbb{C}^m$ ein Holomorphiebereich so, dass die Menge $\Omega = g^{-1}(V)$ nicht-leer ist mit $\overline{\Omega} \subset U$, dann ist Ω ein Holomorphiebereich in $\mathbb{C}^n$. Dies folgt etwa als Anwendung von Satz 5.5(iv). Denn wenn $(w_j)_{j\in\mathbb{N}}$ eine Folge in Ω ist, die gegen einen Punkt $w \in \partial\Omega$ konvergiert, so ist $\left(g(w_j)\right)_{j\in\mathbb{N}}$ eine Folge in V, die gegen $g(w) \in \partial V$ konvergiert. Da V ein Holomorphiebereich ist, existiert eine Funktion $f \in \mathcal{O}(V)$, die unbeschränkt ist auf der Folge $\left(g(w_j)\right)_{j\in\mathbb{N}}$. Dann ist $f \circ (g|\Omega) \in \mathcal{O}(\Omega)$ unbeschränkt auf der Folge $(w_j)_{j\in\mathbb{N}}$.

Satz 10.2

Sei $U \subset \mathbb{C}^n$ ein Holomorphiebereich und sei $1 \leq k \leq n$ gegeben so, dass die Menge $A = \{z \in U; z_1 = \ldots = z_k = 0\}$ nicht-leer ist. Ist $f \in \mathcal{O}(U)$ mit $f|A \equiv 0$, so gibt es holomorphe Funktionen $f_1, \ldots, f_k \in \mathcal{O}(U)$ mit

$$f(z) = \sum_{i=1}^k z_i f_i(z) \quad (z \in U).$$

Beweis Durch Induktion nach k zeigen wir, dass für jedes $k \in \mathbb{N}$, $k \geq 1$ die Behauptung richtig ist für alle $n \geq k$.

Für $k = 1$ und $n \geq 1$ ist $f_1 : U \to \mathbb{C}$,

$$f_1(z) = \begin{cases} f(z)/z_1, & z_1 \neq 0 \\ (\partial_1 f)(z), & z_1 = 0 \end{cases}$$

eine holomorphe Funktion auf U mit $f(z) = z_1 f_1(z)$ für alle $z \in U$. Die Holomorphie folgt etwa, indem man den Riemannschen Hebbarkeitssatz (Satz 4.8) anwendet auf die dünne Menge

$$A = \{z \in U;\ z_1 = 0\} \subset U$$

und für $a = (0, a') \in A$ und $(z_1, z') \in \overline{P}_r(a) \subset U$ mit $z_1 \neq 0$ die Abschätzung

$$|f_1(z_1, z')| = |\frac{1}{z_1} \int\limits_{[0, z_1]} (\partial_1 f)(\xi, z') \mathrm{d}\xi| \leq \|\partial_1 f\|_{\overline{P}_r(a)} < \infty$$

benutzt.

Sei $k \geq 2$ und sei die Behauptung bewiesen für $k - 1$ und $n \geq k - 1$. Ist $n \geq k$ fest und $f \in \mathcal{O}(U)$ eine Funktion wie in den Voraussetzungen des Satzes beschrieben, so ist

$$\tilde{U} = \{z' \in \mathbb{C}^{n-1};\ (0, z') \in U\} \subset \mathbb{C}^{n-1}$$

ein Holomorphiebereich (nach den Bemerkungen, die Satz 10.2 vorausgehen), und die Induktionsvoraussetzung angewendet auf die holomorphe Funktion

$$\tilde{f} : \tilde{U} \to \mathbb{C}, \quad \tilde{f}(z') = f(0, z')$$

zeigt, dass $\tilde{f}_2, \ldots, \tilde{f}_k \in \mathcal{O}(\tilde{U})$ existieren mit

$$\tilde{f}(z') = \sum_{i=2}^{k} z_i \tilde{f}_i(z') \quad (z' \in \tilde{U}).$$

Nach Lemma 10.1 und Satz 9.7 existieren holomorphe Funktionen $f_2, \ldots, f_k \in \mathcal{O}(U)$ mit $f_i(0, z') = \tilde{f}_i(z')$ für $i = 2, \ldots, k$ und $z' \in \tilde{U}$. Dann ist $g = f - \sum_{i=2}^{k} \pi_i f_i \in \mathcal{O}(U)$ eine Funktion mit $g(0, z') = 0$ für alle $z' \in \tilde{U}$. Der Induktionsanfang $k = 1$ zeigt, dass eine holomorphe Funktion $f_1 \in \mathcal{O}(U)$ existiert mit $g = \pi_1 f_1$. $\square$

Ist in der Situation von Satz 10.2 die Menge $A = \{z \in U;\ z_1 = \ldots = z_k = 0\}$ leer, so gibt es nach Korollar 9.8 Funktionen $g_1, \ldots, g_k \in \mathcal{O}(U)$ mit $\sum_{1 \leq i \leq k} \pi_i g_i = 1$ auf U. Für die so gewählten Funktionen gilt $f = \sum_{1 \leq i \leq k} \pi_i(f g_i)$. Also bleibt die Aussage von Satz 10.2 auch in diesem Fall richtig.

Korollar 10.3 *Sei $U \subset \mathbb{C}^n$ offen und sei*

$$D \subset \mathbb{C}^{n+m} = \{(z, w);\ z \in \mathbb{C}^n, w \in \mathbb{C}^m\}$$

ein Holomorphiebereich mit $\pi(D) \subset U$, wobei $\pi : \mathbb{C}^{n+m} \to \mathbb{C}^n$, $(z, w) \mapsto z$ die Projektion auf die ersten n Koordinaten bezeichne. Sind $F \in \mathcal{O}(D)$ und $g = (g_1, \ldots, g_m) \in \mathcal{O}(U, \mathbb{C}^m)$ holomorphe Abbildungen mit

$$F(z, g(z)) = 0$$

für alle $z \in \pi(D)$ mit $(z, g(z)) \in D$, so gibt es holomorphe Funktionen $F_1, \ldots, F_m \in \mathcal{O}(D)$
mit

$$F(z, w) = \sum_{i=1}^{m} (g_i(z) - w_i) F_i(z, w)$$

für $(z, w) \in D$.

Beweis Die Abbildung

$$\varphi : D \to \mathbb{C}^{n+m}, \ \varphi(z, w) = (g(z) - w, z)$$

ist holomorph und injektiv. Nach Satz 3.6 ist die Menge $W = \varphi(D) \subset \mathbb{C}^{n+m}$ offen und
$\varphi : D \to W$ ist biholomorph. Mit D ist auch W ein Holomorphiebereich (Aufgabe 5.1).
Die Abbildung

$$f = F \circ \varphi^{-1} : W \to \mathbb{C}$$

ist holomorph mit $f(0, z) = 0$ für alle $z \in \mathbb{C}^n$ mit $(0, z) \in W$. Nach Satz 10.2 und der
anschließenden Bemerkung gibt es holomorphe Funktionen $f_1, \ldots, f_m \in \mathcal{O}(W)$ mit

$$f(w, z) = \sum_{i=1}^{m} w_i f_i(w, z)$$

für alle $(w, z) \in W$. Folglich ist

$$F(z, w) = f(g(z) - w, z) = \sum_{i=1}^{m} (g_i(z) - w_i) f_i(\varphi(z, w))$$

für alle $(z, w) \in D$. Also folgt die Behauptung mit $F_i = f_i \circ \varphi \in \mathcal{O}(D)$ für $i = 1, \ldots, m$. $\square$

Ist $U \subset \mathbb{C}^n$ ein Holomorphiebereich, so ist auch $U \times U \subset \mathbb{C}^{2n}$ ein Holomorphiebereich.
Dies folgt als einfache Anwendung von Satz 5.5(iv).

Korollar 10.4 (Hefer) *Ist $U \subset \mathbb{C}^n$ ein Holomorphiebereich und ist $F \in \mathcal{O}(U \times U)$*
eine Funktion derart, dass $F(z, z) = 0$ ist für alle $z \in U$, so existieren holomorphe Funk-
tionen $F_1, \ldots, F_n \in \mathcal{O}(U \times U)$ mit

$$F(z, w) = \sum_{i=1}^{n} (z_i - w_i) F_i(z, w) \quad ((z, w) \in U \times U).$$

Beweis Die Behauptung folgt direkt aus dem vorhergehenden Resultat, indem man Korollar 10.3 anwendet mit $D = U \times U$ und $g : U \to \mathbb{C}^n, g(z) = z$.   □

Insbesondere gibt es zu jeder holomorphen Funktion $f \in \mathcal{O}(U)$ auf einem Holomorphie-bereich $U \subset \mathbb{C}^n$ holomorphe Funktionen $f_1, \dots, f_n \in \mathcal{O}(U \times U)$ mit

$$f(z) - f(w) = \sum_{i=1}^{n} (z_i - w_i) f_i(z, w) \quad \big((z, w) \in U \times U\big).$$

Man kann die Exaktheit der $\overline{\partial}$-Sequenz über Holomorphiebereichen benutzen, um eine Variante des Okaschen Fortsetzungsprinzips (Satz 7.5) zu beweisen.

Satz 10.5

Sei $U \subset \mathbb{C}^n$ ein Holomorphiebereich, $V = V_1 \times \dots \times V_m \subset \mathbb{C}^m$ ein kartesisches Produkt offener Mengen $V_i \subset \mathbb{C}$ und $g \in \mathcal{O}(U, \mathbb{C}^m)$ eine holomorphe Abbildung. Ist $W = g^{-1}(V) \neq \varnothing$, so definiert

$$r : \mathcal{O}(U \times V) \to \mathcal{O}(W), \ (rF)(z) = F(z, g(z))$$

einen surjektiven Algebrenhomomorphismus. Für $F \in \mathcal{O}(U \times V)$ ist $rF = 0$ genau dann, wenn Funktionen $F_1, \dots, F_m \in \mathcal{O}(U \times V)$ existieren mit

$$F(z, w) = \sum_{i=1}^{m} (g_i(z) - w_i) F_i(z, w) \quad \big((z, w) \in U \times V\big).$$

Beweis Für $k = 0, \dots, m$ sind die Mengen

$$U_k = \{ z \in U; \ g_i(z) \in V_i \text{ für } i = 1, \dots, k \} \subset \mathbb{C}^n$$

Holomorphiebereiche. Dies folgt mit Korollar 5.10 und Aufgabe 5.2. Wir schreiben r als Komposition $r = r_m \circ \dots \circ r_1$ der Abbildungen

$$r_k : \mathcal{O}(W_{k-1}) \to \mathcal{O}(W_k) \quad (k = 1, \dots, m),$$

wobei die Mengen W_k definiert seien durch

$$W_k = U_k \times V_{k+1} \times \dots \times V_m \ (k = 0, \dots, m-1), \ W_m = U_m$$

und die Abbildungen r_k wirken als

$$(r_k F)(z, w_{k+1}, \dots, w_m) = F(z, g_k(z), w_{k+1}, \dots, w_m).$$

Zum Beweis der Surjektivität von r zeigen wir, dass jede der Abbildungen r_k surjektiv ist. Sei dazu $f \in \mathcal{O}(W_k)$ gegeben. Zur Konstruktion eines Urbildes unter r_k benutzen wir die holomorphen Abbildungen $h, \tilde{f} \in \mathcal{O}(W_{k-1})$, die definiert sind durch

$$h(z, w_k, \ldots, w_m) = w_k - g_k(z) \text{ und } \tilde{f}(z, w_k, \ldots, w_m) = f(z, w_{k+1}, \ldots, w_m).$$

Der Definitionsbereich $W_{k-1} = U_{k-1} \times V_k \times \ldots \times V_m$ ist ein Holomorphiebereich (Aufgabe 5.1) und lässt sich schreiben als Vereinigung der beiden offenen Teilmengen

$$D_1 = U_k \times V_k \times \ldots \times V_m \text{ und } D_2 = h^{-1}(\mathbb{C} \setminus \{0\}).$$

Da jedes Cousin-I-Datum auf W_{k-1} nach Satz 9.7 und Satz 7.11 eine Lösung hat, gibt es holomorphe Funktionen $h_i \in \mathcal{O}(D_i)$ $(i = 1, 2)$ mit

$$h_1(\xi) - h_2(\xi) = \frac{\tilde{f}(\xi)}{h(\xi)}$$

für alle $\xi \in D_1 \cap D_2$. Dann wird durch $F : W_{k-1} \to \mathbb{C}$,

$$F(\xi) = \begin{cases} \tilde{f}(\xi) - h(\xi)h_1(\xi), & \xi \in D_1 \\ -h(\xi)h_2(\xi), & \xi \in D_2 \end{cases}$$

eine holomorphe Funktion definiert mit

$$(r_k F)(z, w_{k+1}, \ldots, w_m) = F(z, g_k(z), w_{k+1}, \ldots, w_m) = f(z, w_{k+1}, \ldots, w_m)$$

für alle $(z, w_{k+1}, \ldots, w_m) \in W_k$. Zur Begründung beachte man, dass

$$(z, g_k(z), w_{k+1}, \ldots, w_m) \in D_1 \cap Z(h)$$

ist. Damit ist gezeigt, dass r ein surjektiver Algebrenhomomorphismus ist. Die behauptete Darstellung der Funktionen $F \in \mathrm{Ker}\, r$ folgt direkt aus Korollar 10.3. $\qquad\square$

10.2   Der Charaktersatz von Igusa

Als weitere Anwendung der Ergebnisse aus Kap. 9 beweisen wir den sogenannten *Charaktersatz* für $\mathcal{O}(U)$ über Holomorphiebereichen in $\mathbb{C}^n$. Ist $U \subset \mathbb{C}^n$ offen, so nennt man einen unitalen $\mathbb{C}$-Algebrenhomomorphismus $\chi : \mathcal{O}(U) \to \mathbb{C}$ einen *Charakter* von $\mathcal{O}(U)$.

Satz 10.6 (Igusa)
Für eine offene Menge $U \subset \mathbb{C}^n$ sind äquivalent:

(i) *U ist ein Holomorphiebereich;*
(ii) *für jeden Charakter χ von $\mathcal{O}(U)$ ist $(\chi(z_1), \dots, \chi(z_n)) \in U$;*
(iii) *für jeden Charakter χ von $\mathcal{O}(U)$ existiert ein Punkt $a \in U$ mit $\chi(f) = f(a)$ für alle $f \in \mathcal{O}(U)$.*

Beweis (i) $\Rightarrow$ (iii). Sei $U \subset \mathbb{C}^n$ ein Holomorphiebereich und sei χ ein Charakter von $\mathcal{O}(U)$. Wäre $(\chi(z_1), \dots, \chi(z_n)) \notin U$, so gäbe es nach Korollar 9.8 holomorphe Funktionen $f_1, \dots, f_n \in \mathcal{O}(U)$ mit $1 = \Sigma_{i=1}^n (z_i - \chi(z_i)) f_i(z)$ für $z \in U$. Dann wäre aber

$$1 = \sum_{i=1}^n \big(\chi(z_i) - \chi(z_i)\big) \chi(f_i) = 0.$$

Also ist $a = (\chi(z_1), \dots, \chi(z_n)) \in U$. Nach Korollar 10.4 existieren zu jeder holomorphen Funktion $f \in \mathcal{O}(U)$ Funktionen $f_1, \dots, f_n \in \mathcal{O}(U)$ mit $f(z) - f(a) = \Sigma_{i=1}^n (z_i - a_i) f_i(z)$ für $z \in U$. In diesem Fall gilt

$$\chi(f) - f(a) = \sum_{i=1}^n \big(\chi(z_i) - a_i\big) \chi(f_i) = 0.$$

Die Implikation (iii) $\Rightarrow$ (ii) gilt trivialerweise.

(ii) $\Rightarrow$ (i). Sei $U \subset \mathbb{C}^n$ eine offene Menge, die kein Holomorphiebereich ist. Gemäß Definition 5.1 gibt es ein Paar (Ω_1, Ω_2) aus einer offenen Menge Ω_1 und einem Gebiet Ω_2 mit $\varnothing \neq \Omega_1 \subset U \cap \Omega_2 \neq \Omega_2$ so, dass für jede holomorphe Funktion $f \in \mathcal{O}(U)$ eine holomorphe Funktion $g_f \in \mathcal{O}(\Omega_2)$ existiert mit $f|\Omega_1 = g|\Omega_1$. Da nach dem Identitätssatz (Satz 2.3) die Funktion g_f eindeutig bestimmt ist, ist die Abbildung

$$\mathcal{O}(U) \to \mathcal{O}(\Omega_2), \quad f \mapsto g_f$$

ein wohldefinierter Algebrenhomomorphismus. Für $a \in \Omega_2 \cap (\mathbb{C}^n \setminus U)$ ist

$$\chi : \mathcal{O}(U) \to \mathbb{C}, \quad f \mapsto g_f(a)$$

ein Charakter von $\mathcal{O}(U)$ mit $(\chi(z_1), \dots, \chi(z_n)) = a \notin U$. $\qquad\square$

Aufgaben

10.1 Sei $U \subset \mathbb{C}^n$ offen und seien $g, h \in \mathcal{O}(U)$ mit $g|_{Z(h)} \equiv 0$ und $(\partial_\nu h(z))_{\nu=1,\dots,n} \neq 0$ für alle $z \in Z(h)$. Man zeige:

(a) Zu $a \in Z(h)$ existiert eine biholomorphe Abbildung $\varphi : V \to W$ von einer offenen Umgebung $V \subset U$ von a auf einen offenen Polyzylinder $W \subset \mathbb{C}^n$ um 0 mit $h \circ \varphi^{-1}(z) = z_n$ für alle $z \in W$.

(b) Für $z = (z', z_n) \in W$ mit $z_n \neq 0$ ist

$$\left(\frac{g}{h}\right) \circ \varphi^{-1}(z) = \frac{1}{z_n} \int\limits_{[0, z_n]} \partial_n (g \circ \varphi^{-1})(z', \xi)\mathrm{d}\xi.$$

(c) Es gibt eine eindeutige Funktion $G \in \mathcal{O}(U)$ mit $G(z) = g(z)/h(z)$ für alle $z \in U \setminus Z(h)$.

Sei $A \subset U$ analytisch in einer offenen Menge $U \subset \mathbb{C}^n$. Eine Funktion $f : A \to \mathbb{C}$ heißt *holomorph*, wenn zu jedem $a \in A$ eine offene Umgebung U_a von a und eine Funktion $f_a \in \mathcal{O}(U_a)$ existieren mit $f = f_a$ auf $A \cap U_a$.

10.2 Sei $U \subset \mathbb{C}^n$ offen mit $H^1(C^\infty(U), \overline{\partial}) = 0$. Sei $h \in \mathcal{O}(U)$ eine Funktion mit $(\partial_\nu h(z))_{\nu=1,\dots,n} \neq 0$ für alle $z \in Z(h)$ und $f : Z(h) \to \mathbb{C}$ holomorph. Man zeige:

(a) Es gibt eine offene Überdeckung $U = \bigcup_{\alpha \in U} U_\alpha$ und Funktionen $f_\alpha, h_\alpha \in \mathcal{O}(U_\alpha)$ mit

$$f_\beta - f_\alpha = h(h_\beta - h_\alpha) \text{ auf } U_\alpha \cap U_\beta \text{ und } f_\alpha = f \text{ auf } U_\alpha \cap Z(h).$$

   (Hinweis: Benutzen Sie das Ergebnis von Aufgabe 10.1.)

(b) Es gibt eine Funktion $F \in \mathcal{O}(U)$ mit $f = F|_{Z(h)}$.

10.3 Sei $U = B_1(0) \setminus \overline{B}_{\frac{1}{2}}(0) \subset \mathbb{C}^2$ und $V = \{z \in \mathbb{C}; (0, z) \in U\}$. Gibt es zu jeder holomorphen Funktion $f \in \mathcal{O}(V)$ eine holomorphe Funktion $F \in \mathcal{O}(U)$ mit $f(z) = F(0, z)$ für alle $z \in V$?

10.4 Sei $D \subset \mathbb{C}^n$ offen und konvex, $a \in D$ und $f \in \mathcal{O}(D)$. Man zeige, dass

$$f(z) = f(a) + \sum_{j=1}^{n}(z_j - a_j) \int\limits_{0}^{1} \frac{\partial f}{\partial z_j}(a + t(z - a))\mathrm{d}t$$

für alle $z \in D$ gilt und schließe, dass analytische Funktionen $g_1, \dots, g_n \in \mathcal{O}(D)$ existieren mit $f(z) = f(a) + \sum_{j=1}^{n}(z_j - a_j)g_j(z)$ für alle $z \in D$.

10.5 Seien $U \subset \mathbb{C}^n$, $V \subset \mathbb{C}^m$ offene Mengen und $g \in \mathcal{O}(U)$, $F \in \mathcal{O}(U \times V)$ holomorphe Funktionen mit $g(U) \subset V$ und $F(z, g(z)) = 0$ für alle $z \in U$. Man zeige, dass es eine offene Umgebung $W \subset \mathbb{C}^{n+m}$ der Menge $\{(z, g(z)); z \in U\}$ und holomorphe Funktionen $F_1, \ldots, F_m \in \mathcal{O}(W)$ gibt mit

$$F(z, \xi) = \sum_{j=1}^{m} (\xi_j - g_j(z)) F_j(z, \xi)$$

für alle $(z, \xi) \in W$.

(Hinweis: Man versuche die gesuchten Funktionen F_j zu definieren durch

$$F_j(z, \xi) = \frac{f_j(z, \xi) - f_j(z, \xi_1, \ldots, \xi_{j-1}, g_j(z), \xi_{j+1}, \ldots, \xi_m)}{\xi_j - g_j(z)}$$

und benutze dabei das Ergebnis von Aufgabe 4.9.)

Das Levi-Problem

11

Ziel dieses Kapitels ist es zu zeigen, dass eine offene Menge $D \subset \mathbb{C}^n$ genau dann ein Holomorphiebereich ist, wenn sie pseudokonvex ist, das heißt eine plurisubharmonische Ausschöpfungsfunktion besitzt. Eine C^2-Funktion $\varphi : D \to \mathbb{R}$ ist definitionsgemäß plurisubharmonisch, wenn für jedes $a \in D$ und jedes $t \in \mathbb{C}^n$ die Funktion einer Veränderlichen $z \mapsto \varphi(a + zt)$ auf ihrem maximalen Definitionsbereich subharmonisch ist. Die Existenz einer solchen Ausschöpfungsfunktion für Holomorphiebereiche lässt sich elementar beweisen. Die Frage, ob die Umkehrung gilt, ist als Levi-Problem bekannt. Positive Lösungen wurden 1953 von Oka sowie 1954 unabhängig von Bremermann und Norguet gegeben. Der hier gegebene Beweis beruht auf einer Arbeit von Grauert aus dem Jahre 1958. Als Anwendung zeigen wir, dass zu jedem Randpunkt einer streng pseudokonvexen Menge $D \subset \mathbb{C}^n$ eine holomorphe Peakfunktion $f \in \mathcal{O}(\overline{D})$ existiert.

11.1 Plurisubharmonische Funktionen

Eine C^2-Funktion $u : U \to \mathbb{R}$ auf einer offenen Menge $U \subset \mathbb{C}$ ist subharmonisch genau dann, wenn

$$(\Delta u)(z) = 4 \frac{\partial^2 u}{\partial \overline{z} \partial z}(z) \geq 0$$

für alle $z \in U$ gilt (Aufgabe 11.1). Im Folgenden untersuchen wir eine mehrdimensionale Verallgemeinerung dieser Eigenschaft.

© Springer-Verlag GmbH Deutschland 2017
J. Eschmeier, *Funktionentheorie mehrerer Veränderlicher*, Springer-Lehrbuch
Masterclass, https://doi.org/10.1007/978-3-662-55542-2_11

Lemma 11.1 *Sei $U \subset \mathbb{C}^n$ offen und sei $r \in C^2_{\mathbb{R}}(U)$ eine reellwertige, 2-mal stetig partiell differenzierbare Funktion auf U. Für $p \in U$ und $z = (z_1, \ldots, z_n) \in U - p$ gilt*

$$
\begin{aligned}
r(p+z) \quad = \quad & r(p) + 2\mathrm{Re} \sum_{j=1}^{n} (\partial_j r)(p)z_j + \mathrm{Re} \sum_{j,k=1}^{n} (\partial_j \partial_k r)(p)z_k z_j \\
+ \quad & \sum_{j,k=1}^{n} (\overline{\partial}_j \partial_k r)(p)z_k \overline{z}_j + \mathrm{o}(\|z\|^2).
\end{aligned}
$$

Beweis Wir schreiben $z_j = x_j + iy_j$ mit $x_j, y_j \in \mathbb{R}$ für $j = 1, \ldots, n$. Nach dem Satz über die reelle Taylorentwicklung gilt für $z \in U - p$

$$
\begin{aligned}
r(p+z) - r(p) \quad = \quad & \sum_{j=1}^{n} \frac{\partial r}{\partial x_j}(p)x_j + \frac{\partial r}{\partial y_j}(p)y_j \\
+ \quad & \frac{1}{2} \sum_{j,k=1}^{n} \left[\frac{\partial^2 r}{\partial x_j \partial x_k}(p)x_k x_j + \frac{\partial^2 r}{\partial y_j \partial y_k}(p)y_k y_j \right. \\
+ \quad & \left. \frac{\partial^2 r}{\partial x_j \partial y_k}(p)y_k x_j + \frac{\partial^2 r}{\partial y_j \partial x_k}(p)x_k y_j \right] + \mathrm{o}(\|z\|^2) \\
= \quad & 2\mathrm{Re}\left(\sum_{j=1}^{n} \partial_j r(p)z_j \right) + \mathrm{o}(\|z\|^2) \\
+ \quad & \mathrm{Re} \sum_{j,k=1}^{n} \left(\partial_k \frac{\partial}{\partial x_j} r \right)(p)z_k x_j + \mathrm{Re} \sum_{j,k=1}^{n} \left(\partial_k \frac{\partial}{\partial y_j} r \right)(p)z_k y_j.
\end{aligned}
$$

Wegen $\frac{\partial}{\partial x_j} = \partial_j + \overline{\partial}_j$ und $\frac{\partial}{\partial y_j} = i(\partial_j - \overline{\partial}_j)$ (siehe Definition 1.18) können wir die beiden letzten Summanden schreiben als

$$
\begin{aligned}
& \mathrm{Re}\left(\sum_{j,k=1}^{n} (\partial_j \partial_k r)(p)z_k x_j \right) \quad - \quad \mathrm{Im}\left(\sum_{j,k=1}^{n} (\partial_j \partial_k r)(p)z_k y_j \right) \\
+ \quad & \mathrm{Re}\left(\sum_{j,k=1}^{n} (\overline{\partial}_j \partial_k r)(p)z_k x_j \right) \quad + \quad \mathrm{Im}\left(\sum_{j,k=1}^{n} (\overline{\partial}_j \partial_k r)(p)z_k y_j \right) \\
= \quad & \mathrm{Re}\left(\sum_{j,k=1}^{n} (\overline{\partial}_j \partial_k r)(p)z_k z_j \right) \quad + \quad \mathrm{Re}\left(\sum_{j,k=1}^{n} (\overline{\partial}_j \partial_k r)(p)z_k \overline{z}_j \right).
\end{aligned}
$$

Diese Beobachtung liefert die Behauptung, wenn man noch beachtet, dass

$$
\sum_{j,k=1}^{n} (\overline{\partial}_j \partial_k r)(p)z_k \overline{z}_j = \langle (\overline{\partial}_j \partial_k r(p))_{1 \le j,k \le n} z, z \rangle
$$

wegen der Selbstadjungiertheit der Matrix $(\overline{\partial}_j \partial_k r(p))_{1 \le j,k \le n} \in M(n, \mathbb{C})$ reell ist. $\square$

Wir benutzen die gerade beschriebene Matrix, um den Begriff subharmonischer Funktionen auf den mehrdimensionalen Fall zu verallgemeinern.

▶ **Definition 11.2** Eine reellwertige Funktion $r \in C^2_{\mathbb{R}}(U)$ auf einer offenen Menge U in $\mathbb{C}^n$ heißt *streng plurisubharmonisch* in $p \in U$, wenn die Matrix

$$L_p(r) = \left(\overline{\partial}_j \partial_k r(p)\right)_{1 \leq j,k \leq n} \in M(n, \mathbb{C})$$

positiv definit ist, das heißt, wenn $\langle L_p(r)t, t \rangle > 0$ ist für alle $t \in \mathbb{C}^n \setminus \{0\}$. Man nennt r *streng plurisubharmonisch*, wenn diese Bedingung in jedem Punkt $p \in U$ erfüllt ist. Entsprechend nennt man die Funktion $r \in C^2_{\mathbb{R}}(U)$ *plurisubharmonisch*, wenn die Matrix $L_p(r)$ in jedem Punkt $p \in U$ positiv semidefinit ist. Wir nennen die Matrix $L_p(r)$ im Folgenden die *Levi-Matrix* von r im Punkt p.

Ist $A \in M(n, \mathbb{C})$ eine positiv definite Matrix, so existiert eine Konstante $c > 0$ mit

$$\langle At, t \rangle \geq c\|t\|^2 \quad (t \in \mathbb{C}^n).$$

Zur Begründung beachte man, dass die stetige Funktion $\partial B_1(0) \to \mathbb{R}, t \mapsto \langle At, t \rangle$ auf dem Kompaktum $\partial B_1(0)$ ihr Infimum

$$c = \min_{t \in \partial B_1(0)} \langle At, t \rangle$$

annimmt. Für die Levi-Matrix $L_p(r)$ einer streng plurisubharmonischen Funktion kann man die Konstante c lokal gleichmäßig in p und in r wählen. Bevor wir dieses Resultat beweisen, führen wir eine weitere Bezeichnung ein.

Für eine Funktion $\omega \in C^k(U)$ auf einer offenen Menge $U \subset \mathbb{C}^n$ und $M \subset U$ beliebig sei

$$\|\omega\|_{k,M} = \sup\{|D^\alpha \omega(z)|; \ z \in M \text{ und } \alpha \in \mathbb{N}^{2n} \text{ mit } |\alpha| \leq k\}.$$

Lemma 11.3 *Sei $r \in C^2_{\mathbb{R}}(U)$ streng plurisubharmonisch und sei $K \subset U$ kompakt. Dann gibt es Konstanten $c, \delta > 0$ so, dass die Abschätzung*

$$\langle L_z(r + \omega)t, t \rangle \geq c\|t\|^2$$

für alle $z \in K$, $t \in \mathbb{C}^n$ und alle $\omega \in C^2_{\mathbb{R}}(U)$ mit $\|\omega\|_{2,K} < \delta$ gilt.

Beweis Sei $S = \partial B_1(0)$. Da die Funktion

$$\ell : K \times S \to \mathbb{R}, \quad \ell(z, t) = \langle L_z(r)t, t \rangle$$

stetig ist und positive Werte hat, ist

$$c = \min\{\ell(z,t);\ (z,t) \in K \times S\}/2 > 0.$$

Ist $A \in M(n, \mathbb{C})$ eine selbstadjungierte Matrix mit $\|A\| < c$, so gilt

$$\langle (L_z(r) + A)t, t\rangle \geq 2c - \|A\| > c \quad ((z,t) \in K \times S).$$

Zu $c > 0$ existiert ein $\delta > 0$ so, dass $\|L_z(\omega)\| < c$ ist für alle $z \in K$ und alle $\omega \in C^2_\mathbb{R}(U)$ mit $\|\omega\|_{2,K} < \delta$. Da die Matrizen $L_z(\omega)$ selbstadjungiert sind, folgt die Behauptung für die so gewählten c und δ. $\qquad\qquad\square$

Bis auf einen Fehler der Ordnung $o(\|z\|^2)$ kann man jede C^2-Funktion $r \in C^2_\mathbb{R}(U)$ auf einer offenen Menge $U \subset \mathbb{C}^n$ in der Nähe eines festen Punktes $p \in U$ approximieren durch den Realteil eines holomorphen Polynoms höchstens 2. Grades und die durch die komplexe Hesse-Matrix gegebene quadratischen Form (Lemma 11.1).

▶ **Definition 11.4** Für eine offene Menge $U \subset \mathbb{C}^n$ und eine reellwertige Funktion $r \in C^2_\mathbb{R}(U)$ definieren wir eine Funktion $F^{(r)} : U \times \mathbb{C}^n \to \mathbb{C}$ durch

$$F^{(r)}(\xi, z) = \sum_{j=1}^n \partial_j r(\xi)(\xi_j - z_j) - \frac{1}{2} \sum_{j,k=1}^n \partial_j \partial_k r(\xi)(\xi_k - z_k)(\xi_j - z_j).$$

Für $\xi \in U$ heißt die Funktion $F^{(r)}(\xi, \cdot) : \mathbb{C}^n \to \mathbb{C}$ das *Levi-Polynom* von r im Punkt ξ.

Man beachte, dass für jedes $\xi \in U$ das Levi-Polynom $F^{(r)}(\xi, \cdot)$ ein Polynom höchstens zweiten Grades in $z \in \mathbb{C}^n$ ist mit $F^{(r)}(\xi, \xi) = 0$. Das Wachstumsverhalten von streng plurisubharmonischen Funktionen lässt sich lokal gleichmäßig abschätzen mit Hilfe des Levi-Polynoms.

Lemma 11.5 *Sei $U \subset \mathbb{C}^n$ offen und sei $r \in C^2_\mathbb{R}(U)$ streng plurisubharmonisch. Zu jeder kompakten Menge $K \subset U$ existieren Konstanten $c, \varepsilon, \delta > 0$ so, dass $K + B_\varepsilon(0) \subset U$ ist und für jedes $\omega \in C^3_\mathbb{R}(U)$ mit $\|\omega\|_{3,U} < \delta$ die Abschätzung*

$$2\,\mathrm{Re}\,F^{(r+\omega)}(\xi, z) \geq (r + \omega)(\xi) - (r + \omega)(z) + c\|\xi - z\|^2$$

gilt für alle $\xi \in K$ und $z \in B_\varepsilon(\xi)$.

Beweis Sei $f \in C^2_\mathbb{R}(U)$ und sei $K \subset U$ kompakt. Wir fixieren eine reelle Zahl $\eta > 0$ mit $K + \overline{B}_\eta(0) \subset U$. Nach Lemma 11.1 und dem Satz über die reelle Taylorentwicklung mit Restglied 2. Grades gibt es zu $p \in K$ und $t \in B_\eta(0)$ ein $\theta \in [0, 1]$ so, dass gilt

$$f(p + t) = f(p) - 2\mathrm{Re}\,F^{(f)}(p, p + t) + \langle L_p(f)t, t\rangle + \varphi_{f,p}(t).$$

mit einem Restglied der Form

$$\varphi_{f,p}(t) = \sum_{|\alpha|=2} \frac{D^\alpha f(p+\theta t) - D^\alpha f(p)}{\alpha!}\, t^\alpha$$

(siehe den Beweis von Corollar 7.1 in [10]). Zu dem Kompaktum $K \subset U$ und der gegebenen streng plurisubharmonischen Funktion $r \in C^2_{\mathbb{R}}(U)$ existieren nach Lemma 11.3 Konstanten $c, \delta_1 > 0$ mit

$$\langle L_p(r+\omega)t, t \rangle \geq 2\, c\, \|t\|^2$$

für $p \in K$, $t \in \mathbb{C}^n$ und jedes $\omega \in C^2_{\mathbb{R}}(U)$ mit $\|\omega\|_{2,K} < \delta_1$. Für solche ω und $p \in K$ sowie $t \in B_\eta(0) \setminus \{0\}$ gilt

$$\frac{|\varphi_{r+\omega}(t)|}{\|t\|^2} \leq \sum_{|\alpha|=2} \left[\frac{|D^\alpha r(p+\theta t) - D^\alpha r(p)|}{\alpha!} + \frac{|D^\alpha \omega(p+\theta t) - D^\alpha \omega(p)|}{\alpha!} \right]$$

und

$$|D^\alpha \omega(p+\theta t) - D^\alpha \omega(p)| \leq \eta \sup_{\xi \in K + \overline{B}\eta(0)} \|J_{D^\alpha \omega}(\xi)\|.$$

Indem man die gleichmäßige Stetigkeit der Funktionen $D^\alpha r$ $(|\alpha| = 2)$ auf dem Kompaktum $K + \overline{B}_\eta(0)$ ausnutzt, sieht man, dass reelle Zahlen $\varepsilon \in (0, \eta)$ und $\delta \in (0, \delta_1)$ existieren mit

$$|\varphi_{r+\omega,p}(t)| / \|t\|^2 \leq c$$

für alle $p \in K$, $t \in B_\varepsilon(0) \setminus \{0\}$ und jedes $\omega \in C^3_{\mathbb{R}}(U)$ mit $\|\omega\|_{3,U} < \delta$. Für alle p, t und ω wie oben gilt

$$\begin{aligned} 2\,\mathrm{Re}\, F^{(r+\omega)}(p, p+t) &= (r+\omega)(p) - (r+\omega)(p+t) + \langle L_p(r+\omega)t, t \rangle + \varphi_{r+\omega,p}(t) \\ &\geq (r+\omega)(p) - (r+\omega)(p+t) + c\|t\|^2. \end{aligned}$$

Damit ist die gewünschte Abschätzung bewiesen. $\qquad\qquad\qquad\qquad\qquad\qquad\square$

Mit Hilfe von streng plurisubharmonischen Funktionen lassen sich Holomorphiebereiche definieren. Um die Formulierung des nächsten Resultates zu vereinfachen, benutzen wir wie zuvor die Konvention, dass die leere Menge ein Holomorphiebereich ist.

Lemma 11.6 *Sei $U \subset \mathbb{C}^n$ offen, $r \in C^2_{\mathbb{R}}(U)$ eine streng plurisubharmonische Funktion und $C \subset U$ eine kompakte Menge. Dann existieren reelle Zahlen $\eta_0, \delta > 0$ so, dass für alle $\omega \in C^3_{\mathbb{R}}(U)$ mit $\|\omega\|_{3,U} < \delta$ und alle $p \in C$ jede Menge der Form*

$$B_\eta(p) \cap \{z \in U;\ (r+\omega)(z) < 0\} \quad (0 < \eta < \eta_0)$$

ein Holomorphiebereich ist.

Beweis Sei $K \subset U$ eine kompakte Menge mit $C \subset \text{Int}(K)$. Zu K und der gegebenen streng plurisubharmonischen Funktion $r \in C^2_{\mathbb{R}}(U)$ wählen wir Konstanten $c, \varepsilon, \delta > 0$ wie in Lemma 11.5 beschrieben. Sei $\omega \in C^3_{\mathbb{R}}(U)$ eine beliebige Funktion mit $\|\omega\|_{3,U} < \delta$. Dann gilt für $\varphi = r + \omega$ die Abschätzung

$$2 \, \text{Re} \, F^{(\varphi)}(\xi, z) \geq \varphi(\xi) - \varphi(z) + c\|z - \xi\|^2 \quad (\xi \in K, \; z \in B_{\varepsilon}(\xi)).$$

Für $\xi \in Z(\varphi, K)$ und $z \in B_{\varepsilon}(\xi)$ mit $\varphi(z) < 0$ folgt insbesondere

$$\text{Re} \, F^{(\varphi)}(\xi, z) > 0.$$

Indem wir ε gegebenenfalls verkleinern, dürfen wir annehmen, dass $C + B_{\varepsilon}(0) \subset K$ ist. Wir definieren $D = \{z \in U; \; \varphi(z) < 0\}$ und fixieren einen Punkt $p \in C$. Setze $B = B_{\varepsilon/2}(p)$. Sei

$$\xi \in \partial(B \cap D) \subset ((\partial B) \cap \overline{D}) \cup (\overline{B} \cap \partial D)$$

und sei $(z_k)_{k \in \mathbb{N}}$ eine Folge in $B \cap D$ mit $\lim_{k \to \infty} z_k = \xi$. Ist $\xi \in \overline{B} \cap \partial D$, so ist $\xi \in Z(\varphi, K)$ und wegen $B \cap D \subset B_{\varepsilon}(\xi)$ definiert $f_{\xi} : B \cap D \to \mathbb{C}, f_{\xi}(z) = 1/F^{(\varphi)}(\xi, z)$ eine holomorphe Funktion mit $\lim_{k \to \infty} |f_{\xi}(z_k)| = \infty$.

Ist $\xi \in (\partial B) \cap \overline{D}$, so existiert nach Korollar 5.7 und Satz 5.5 (iv) eine holomorphe Funktion $f \in \mathcal{O}(B)$ mit $\sup_{k \in \mathbb{N}} |f(z_k)| = \infty$. Dann ist auch die Funktion $f | B \cap D \in \mathcal{O}(B \cap D)$ unbeschränkt auf der Randpunktfolge $(z_k)_{k \in \mathbb{N}}$.

Nach Satz 5.5 ist $B \cap D$ ein Holomorphiebereich. Nach Korollar 5.10 ist dann auch jede Menge der Form $B_{\eta}(p) \cap D$ $(0 < \eta < \varepsilon/2)$ ein Holomorphiebereich. $\qquad\square$

11.2   Pseudokonvexe und streng pseudokonvexe Mengen

Wir werden die obigen Resultate anwenden auf offene Mengen in $\mathbb{C}^n$, die durch streng plurisubharmonische Randfunktionen definiert sind.

▶ **Definition 11.7** Eine beschränkte offene Menge D in $\mathbb{C}^n$ heißt *streng pseudo-konvex*, wenn eine offene Menge $U \supset \partial D$ und eine streng plurisubharmonische Funktion $r \in C^2_{\mathbb{R}}(U)$ existieren mit

$$D \cap U = \{z \in U; \; r(z) < 0\}.$$

Nach Lemma 11.6 (mit $\omega = 0$) ist der Durchschnitt von streng pseudokonvexen Mengen mit genügend kleinen Randpunktkugeln holomorph-konvex.

Korollar 11.8 *Sei $D \subset \mathbb{C}^n$ streng pseudokonvex. Dann gibt es ein $\eta_0 > 0$ so, dass für alle $0 < \eta < \eta_0$ und alle $p \in \partial D$ die offene Menge $B_{\eta}(p) \cap D$ ein Holomorphiebereich ist.*

Beweis   Sei $U \supset \partial D$ offen und $r \in C^2_{\mathbb{R}}(U)$ streng plurisubharmonisch mit

$$D \cap U = \{z \in U; \; r(z) < 0\}.$$

Zu der kompakten Menge $C = \partial D \subset U$ wählen wir positive reelle Zahlen η_0, δ wie in Lemma 11.6 beschrieben. Nach Verkleinern von η_0 dürfen wir annehmen, dass außerdem $\partial D + B_{\eta_0}(0) \subset U$ gilt. Dann ist für jedes $0 < \eta < \eta_0$ und jedes $p \in \partial D$ die Menge $B_\eta(p) \cap D = B_\eta(p) \cap D \cap U$ ein Holomorphiebereich. $\square$

Unser Ziel ist es zu zeigen, dass Holomorphiebereiche sich in natürlicher Weise mit Hilfe plurisubharmonischer Funktionen beschreiben lassen.

▶   **Definition 11.9** Sei $D \subset \mathbb{C}^n$ offen und sei $\varphi : D \to \mathbb{R}$ eine Funktion.

   (a) Man nennt φ eine *Ausschöpfungsfunktion* für D, falls für jedes $c \in \mathbb{R}$ die Menge

$$D_c = \{z \in D; \varphi(z) < c\}$$

   relativ-kompakt in D ist.
   (b) Die Menge D heißt *pseudokonvex*, falls eine plurisubharmonische Ausschöpfungsfunktion $\varphi \in C^2_{\mathbb{R}}(D)$ für D existiert.

Ist $\varphi \in C^2_{\mathbb{R}}(D)$ eine plurisubharmonische Ausschöpfungsfunktion für D, so definiert $D \to \mathbb{R}, \; z \mapsto \varphi(z) + \|z\|^2$ eine streng plurisubharmonische Ausschöpfungsfunktion für D. Man kann also in Teil (b) von Definition 11.9 äquivalent auch die Existenz einer streng plurisubharmonischen Ausschöpfungsfunktion verlangen.

Ähnlich wie wir zuvor gezeigt haben, dass jede holomorph-konvexe offene Menge Existenzbereich einer holomorphen Funktion ist (Satz 5.3), kann man beweisen, dass holomorph-konvexe offene Mengen eine streng plurisubharmonische Ausschöpfungsfunktion besitzen.

Satz 11.10
Jeder Holomorphiebereich D in $\mathbb{C}^n$ ist pseudokonvex.

Beweis   Sei $D \subset \mathbb{C}^n$ ein Holomorphiebereich. Nach Satz 5.5 ist D holomorph-konvex. Seien K_j ($j \in \mathbb{N}$) kompakte Teilmengen von D mit $K_j \subset \mathrm{Int}(K_{j+1})$ für alle $j \in \mathbb{N}$ und $D = \bigcup_{j \in \mathbb{N}} K_j$. Indem man die Mengen K_j gegebenenfalls durch die holomorph-konvexen Hüllen $(K_{j_\ell})^\wedge_D$ einer geeigneten Teilfolge $(K_{j_\ell})_{\ell \in \mathbb{N}}$ ersetzt, darf man zusätzlich annehmen, dass $K_j = (K_j)_D^\wedge$ für alle $j \in \mathbb{N}$ gilt.

Für jedes $j \in \mathbb{N}$ wählen wir eine offene Menge D_j mit $K_j \subset D_j \subset K_{j+1}$. Sei $j \in \mathbb{N}$. Für $z \in K_{j+2} \setminus D_j$ gibt es nach Bemerkung 5.2(b) eine Funktion $f_z \in \mathcal{O}(D)$ mit

$$\|f_z\|_{K_j} < 1 < |f_z(z)|.$$

Da $K_{j+2} \setminus D_j$ kompakt ist, gibt es ein endliches Tupel $f_j = (f_{j1}, \ldots, f_{jr_j}) \in \mathcal{O}(D)^{r_j}$ mit

$$\max_{z \in K_j} \|f_j(z)\|_\infty < 1 < \min_{z \in K_{j+2} \setminus D_j} \|f_j(z)\|_\infty.$$

Indem man die Komponenten f_{jm} von f_j durch geeignete Potenzen f_{jm}^p ($p \in \mathbb{N}$) ersetzt, kann man erreichen, dass die durch $h_j = \sum_{m=1}^{r_j} |f_{jm}|^2$ ($j \in \mathbb{N}$) auf D definierten Funktionen die Ungleichungen

$$\|h_j\|_{K_j} < 2^{-j}, \quad h_j > j \text{ auf } K_{j+2} \setminus D_j$$

erfüllen. Die durch die kompakt gleichmäßig konvergente Reihe $h = \sum_{j=0}^{\infty} h_j$ definierte stetige Funktion auf D ist eine Ausschöpfungsfunktion für D, da für alle $k \in \mathbb{N}$ gilt

$$D \setminus K_{k+1} = \bigcup_{j \geq k} (K_{j+2} \setminus K_{j+1}) \subset \bigcup_{j \geq k} (K_{j+2} \setminus D_j).$$

Die Funktionen $H_j : D \times D^* \to \mathbb{C}$,

$$H_j(z, w) = \sum_{m=1}^{r_j} f_{jm}(z) \overline{f_{jm}(\overline{w})},$$

wobei $D^* = \{\overline{w}; \ w \in D\}$ sei, sind analytisch mit

$$\|H_j\|_{K_j \times K_j^*} < 2^{-j} \quad (j \in \mathbb{N}).$$

Also definiert die kompakt gleichmäßig konvergente Reihe

$$H(z, w) = \sum_{j=0}^{\infty} H_j(z, w) \quad (z, \overline{w} \in D)$$

eine holomorphe Funktion auf $D \times D^*$ mit $H(z, \overline{z}) = h(z)$ für $z \in D$. Nach der Kettenregel (Satz 2.10) ist $(\partial_k h)(z) = (\partial_k H)(z, \overline{z})$ und $(\overline{\partial}_l h)(z) = (\partial_{n+l} H)(z, \overline{z})$ für $k, l = 1, \ldots, n$ und $z \in D$ und daher (siehe Aufgabe 1.3)

$$(\overline{\partial}_\ell \partial_k h)(z) = (\partial_{n+\ell} \partial_k H)(z, \overline{z}) = \sum_{j=0}^{\infty} \sum_{m=1}^{r_j} \partial_k f_{jm}(z) \overline{\partial_\ell f_{jm}(z)}.$$

Also gilt für $z \in D$ und $t \in \mathbb{C}^n$

$$\langle L_z(h)t, t \rangle = \sum_{j=0}^{\infty} \sum_{m=1}^{r_j} | \sum_{k=1}^{n} \partial_k f_{jm}(z) t_k |^2 \geq 0.$$

Somit ist $h \in C_{\mathbb{R}}^{\infty}(D)$ eine plurisubharmonische Ausschöpfungsfunktion für D.   □

Die Frage, ob auch umgekehrt jede pseudokonvexe offene Menge D in $\mathbb{C}^n$ ein Holomorphiebereich ist, wird als das *Levi-Problem* bezeichnet. Das Levi-Problem wurde 1942 von Oka in $\mathbb{C}^2$ gelöst. Die allgemeine Lösung geht auf Arbeiten von Oka (1953), Bremermann (1954) und Norguet (1954) zurück. Der hier gegebene Beweis beruht auf Ideen aus einer Arbeit von Grauert aus dem Jahre 1958.

Lemma 11.11 *Sei $D \subset \mathbb{C}^n$ eine pseudokonvexe offene Menge. Dann gibt es eine Folge streng pseudokonvexer offener Mengen D_j ($j \in \mathbb{N}$) mit $D_j \subset D_{j+1}$ für alle j und $D = \bigcup_{j \in \mathbb{N}} D_j$.*

Beweis Sei $\varphi \in C_{\mathbb{R}}^2(D)$ eine streng plurisubharmonische Ausschöpfungsfunktion für D. Für $j \in \mathbb{N}$ definiert

$$\psi_j : D \to \mathbb{R}, \quad \psi_j(z) = \varphi(z) - j$$

eine streng plurisubharmonische Funktion $\psi_j \in C_{\mathbb{R}}^2(D)$. Die Mengen

$$D_j = \{z \in D; \ \psi_j(z) < 0\} \quad (j \in \mathbb{N})$$

sind streng pseudokonvex und haben die gewünschten Eigenschaften.   □

11.3 Čech-Kohomologie

Das letzte Ergebnis, zusammen mit dem Satz von Behnke-Stein (Satz 9.11), reduziert das Levi-Problem auf die Frage, ob jede streng pseudokonvexe offene Menge ein Holomorphiebereich ist.

Zur Vorbereitung der Lösung dieses Problems wollen wir den erstmals in Satz 7.11 deutlich gewordenen Zusammenhang zwischen der Exaktheit der $\overline{\partial}$-Sequenz und der Lösbarkeit des *Cousin-I-Problems* näher untersuchen.

Sei $\mathfrak{U} = (U_i)_{i \in I}$ eine offene Überdeckung der offenen Menge $D \subset \mathbb{C}^n$. Für $p \geq 0$ und $s = (s_0, \dots, s_p) \in I^{p+1}$ schreiben wir abkürzend

$$U_s = U_{s_0} \cap U_{s_1} \cap \dots \cap U_{s_p}.$$

Ein *Cousin-I-Datum* bezüglich $\mathfrak{U}$ ist eine Abbildung

$$h : I^2 \to \bigcup_{s \in I^2} \mathcal{O}(U_s), \quad (s_0, s_1) \mapsto h_{s_0 s_1}$$

mit den in Satz 7.11 beschriebenen Eigenschaften. Wir nehmen im Folgenden an, dass eine Vorschrift $U \mapsto \mathcal{F}(U)$ gegeben ist, die jeder offenen Menge $U \subset \mathbb{C}^n$ einen $\mathbb{C}$-Vektorraum zuordnet zusammen mit Vektorraumhomomorphismen

$$r_V^U : \mathcal{F}(U) \to \mathcal{F}(V) \quad (V \subset U \subset \mathbb{C}^n \text{ offen})$$

so, dass $\mathcal{F}(\varnothing) = \{0\}$, $r_U^U = \text{id}$ und $r_W^V \circ r_V^U = r_W^U$ für alle offenen Mengen $W \subset V \subset U \subset \mathbb{C}^n$ gilt. Statt $r_V^U(f)$ werden wir meistens $f|V$ schreiben. Wir nehmen weiter an, dass für jede offene Überdeckung $(V_\alpha)_{\alpha \in A}$ einer offenen Menge $V \subset \mathbb{C}^n$ gilt:

(G1) Ist $f \in \mathcal{F}(V)$ mit $f|V_\alpha = 0$ für alle $\alpha \in A$, so ist $f = 0$.
(G2) Sind $f_\alpha \in \mathcal{F}(V_\alpha)$ $(\alpha \in A)$ gegeben mit $f_\alpha|V_\alpha \cap V_\beta = f_\beta|V_\alpha \cap V_\beta$ für alle $\alpha, \beta \in A$, so existiert ein $f \in \mathcal{F}(V)$ mit $f|V_\alpha = f_\alpha$ für alle $\alpha \in A$.

In dieser Situation nennen wir $(\mathcal{F}(U), r_V^U)$ ein *Garbendatum* über $\mathbb{C}^n$. Wichtige Beispiele sind die durch

$$\mathcal{F}(U) = \mathcal{O}(U) \text{ oder } \mathcal{F}(U) = C^\infty(U)$$

zusammen mit den Restriktionsabbildungen $\mathcal{F}(U) \to \mathcal{F}(V)$, $f \mapsto f|V$ definierten Garbendaten auf $\mathbb{C}^n$. Abkürzend schreiben wir einfach $\mathcal{O}$ und $\mathcal{E}$ für die durch die analytischen und C^∞-Funktionen definierten Garbendaten auf $\mathbb{C}^n$.
Sei im Folgenden $(\mathcal{F}(U), r_V^U)$ ein Garbendatum auf $\mathbb{C}^n$ und sei $\mathfrak{U} = (U_i)_{i \in I}$ eine offene Überdeckung einer offenen Menge $D \subset \mathbb{C}^n$.

▶   **Definition 11.12** Eine *p-Kokette* der Überdeckung $\mathfrak{U} = (U_i)_{i \in I}$ von D mit Werten in $\mathcal{F}$ ist eine Abbildung

$$c : I^{p+1} \to \bigcup_{s \in I^{p+1}} \mathcal{F}(U_s), \quad s \mapsto c_s$$

so, dass für alle $s \in I^{p+1}$ gilt:

(i) $c_s \in \mathcal{F}(U_s)$;
(ii) $c_{\pi(s)} = \text{sgn}(\pi)c_s$ für jede Permutation π der Zahlen $\{0, \ldots, p\}$.

Hierbei sei $\pi(s) = (s_{\pi(0)}, \ldots, s_{\pi(p)})$ und $\text{sgn}(\pi)$ bezeichne das Vorzeichen der Permutation π. Wir schreiben $C^p(\mathfrak{U}, \mathcal{F})$ für die Menge aller p-Koketten bezüglich $\mathfrak{U}$ mit Werten in $\mathcal{F}$.

Die Menge $C^p(\mathfrak{U}, \mathcal{F})$ ist ein $\mathbb{C}$-Vektorraum bezüglich der Verknüpfungen

$$(c^1 + c^2)_s = c_s^1 + c_s^2, \quad (\alpha c)_s = \alpha c_s \quad (s \in I^{p+1}).$$

Die Abbildungen $\delta^p : C^p(\mathfrak{U}, \mathcal{F}) \to C^{p+1}(\mathfrak{U}, \mathcal{F})$,

$$(\delta^p c)_s = \sum_{\rho=0}^{p+1} (-1)^{\rho+1} (c_{s_0 \dots \hat{s}_\rho \dots s_{p+1}} | U_s)$$

sind wohldefinierte Vektorraumhomomorphismen. Hierbei bedeutet das Dach über s_ρ, dass dieser Term wegzulassen ist. Da jede Permutation endliches Produkt von benachbarten Transpositionen ist, genügt es zum Beweis der Wohldefiniertheit, Bedingung (ii) aus Definition 11.12 für solche Transpositionen zu prüfen:

$$(\delta^p c)_{s_0 \dots s_{i+1} s_i \dots s_{p+1}} = - \sum_{\substack{\rho=0 \\ \rho \neq i, i+1}}^{p+1} (-1)^{\rho+1} (c_{s_0 \dots \hat{s}_\rho \dots s_{p+1}} | U_s)$$

$$+ (-1)^{i+1} (c_{s_0 \dots \hat{s}_{i+1} \dots s_{p+1}} | U_s) + (-1)^{i+2} (c_{s_0 \dots \hat{s}_i \dots s_{p+1}} | U_s)$$

$$= -(\delta^p c)_{s_0 \dots s_{p+1}}.$$

Die Abbildungen $(\delta^p)_{p \geq 0}$ definieren eine Sequenz von $\mathbb{C}$-Vektorräumen.

Lemma 11.13 *Für $p \geq 0$ ist $\delta^{p+1} \circ \delta^p = 0$.*

Beweis Für $c \in C^p(\mathfrak{U}, \mathcal{F})$ gilt

$$(\delta^{p+1} \circ \delta^p c)_s = \sum_{\rho=0}^{p+2} (-1)^{\rho+1} ((\delta^p c)_{s_0 \dots \hat{s}_\rho \dots s_{p+2}} | U_s)$$

$$= \sum_{\rho=0}^{p+2} (-1)^{\rho+1} \Big[\sum_{\tau < \rho} (-1)^{\tau+1} (c_{s_0 \dots \hat{s}_\tau \dots \hat{s}_\rho \dots s_{p+2}} | U_s)$$

$$+ \sum_{\tau > \rho} (-1)^\tau (c_{s_0 \dots \hat{s}_\rho \dots \hat{s}_\tau \dots s_{p+2}} | U_s) \Big] = 0$$

für alle $s \in I^{p+3}$. $\qquad\qquad\qquad\qquad\qquad\qquad\qquad\qquad\qquad\qquad\qquad\quad \square$

▶ **Definition 11.14** Man nennt die Sequenz

$$0 \to C^0(\mathfrak{U}, \mathcal{F}) \xrightarrow{\delta^0} C^1(\mathfrak{U}, \mathcal{F}) \xrightarrow{\delta^1} C^2(\mathfrak{U}, \mathcal{F}) \xrightarrow{\delta^2} \dots$$

den *(alternierenden) Čech-Komplex* der Überdeckung $\mathfrak{U}$ mit Werten in $\mathcal{F}$. Abkürzend schreiben wir hierfür $C^{\boldsymbol{\cdot}}(\mathfrak{U}, \mathcal{F})$. Die Elemente in Ker δ^p heißen *p-Kozyklen*, die Elemente in Im δ^{p-1} nennt man *p-Koränder*. Die Quotientenvektorräume

$$H^p(\mathfrak{U}, \mathcal{F}) = \operatorname{Ker} \delta^p / \operatorname{Im} \delta^{p-1} \quad (p \geq 0),$$

wobei $\delta^{-1} = 0$ sei, werden als die *Čechschen Kohomologiegruppen* von $\mathfrak{U}$ mit Werten in $\mathcal{F}$ bezeichnet.

Definiert man noch $\varepsilon : \mathcal{F}(D) \to C^0(\mathfrak{U}, \mathcal{F})$ durch

$$(\varepsilon f)_s = f|U_s \quad (s \in I),$$

so erhält man den sogenannten *erweiterten Čech-Komplex*

$$0 \to \mathcal{F}(D) \xrightarrow{\varepsilon} C^0(\mathfrak{U}, \mathcal{F}) \xrightarrow{\delta^0} C^1(\mathfrak{U}, \mathcal{F}) \xrightarrow{\delta^1} \dots$$

(abgekürzt mit $0 \to \mathcal{F}(D) \xrightarrow{\varepsilon} C^{\cdot}(\mathfrak{U}, \mathcal{F})$).

Bemerkung Die an die Familie $(\mathcal{F}(U), r_V^U)$ gestellten Bedingungen (G1) und (G2) bedeuten genau, dass für jede offene Überdeckung $\mathfrak{U}$ einer offenen Menge $D \subset \mathbb{C}^n$ gilt

$$\operatorname{Ker} \varepsilon = 0, \quad \operatorname{Ker} \delta^0 = \operatorname{Im} \varepsilon.$$

Die Bedingungen (i) bzw. (ii) in Satz 7.11 bedeuten genau, dass die dort betrachtete Familie $(h_{\alpha\beta})_{(\alpha,\beta) \in A^2}$ eine 1-Kokette bzw. einen 1-Kozyklus bezüglich der Überdeckung $\mathfrak{U} = (U_\alpha)_{\alpha \in A}$ mit Werten im Garbendatum $\mathcal{O}$ der analytischen Funktionen auf $\mathbb{C}^n$ bildet. Die Lösbarkeit des zugehörigen Cousin-I-Problems, das heißt die Existenz von Funktionen $h_\alpha \in \mathcal{O}(U_\alpha)$ mit $h_{\alpha\beta}(z) = h_\alpha(z) - h_\beta(z)$ für $\alpha, \beta \in A$ und $z \in U_{\alpha\beta}$, ist äquivalent dazu, dass $(h_{\alpha\beta})_{(\alpha,\beta) \in A^2}$ ein 1-Korand ist. In unserer neuen Sprache besagt Satz 7.11, dass unter der Voraussetzung $H^1(C^\infty(D), \bar{\partial}) = 0$ die erste Čechsche Kohomologiegruppe $H^1(\mathfrak{U}, \mathcal{O})$ trivial ist für jede offene Überdeckung $\mathfrak{U}$ von D.

Wir nennen eine Familie $(\mathcal{F}(U), r_V^U)$ wie oben ein *Garbendatum aus C^∞-Moduln*, falls alle Vektorräume $\mathcal{F}(U)$ eine C^∞-Modulstruktur bezüglich geeigneter Abbildungen

$$C^\infty(U) \times \mathcal{F}(U) \to \mathcal{F}(U), \quad (\theta, c) \mapsto \theta c$$

besitzen so, dass $r_V^U(\theta c) = (\theta|V) r_V^U(c)$ für alle offenen Mengen $V \subset U \subset \mathbb{C}^n$ und alle $c \in \mathcal{F}(U), \theta \in C^\infty(U)$ gilt.

Lemma 11.15 *Ist $(\mathcal{F}(U), r_V^U)$ ein Garbendatum aus C^∞-Moduln, so ist*

$$H^p(\mathfrak{U}, \mathcal{F}) = 0$$

für jedes $p \geq 1$ und jede offene Überdeckung $\mathfrak{U} = (U_i)_{i \in I}$ einer offenen Menge D in $\mathbb{C}^n$.

Beweis Zu der offenen Überdeckung $\mathfrak{U}$ wählen wir eine lokal-endliche Verfeinerung $(V_k)_{k \in \mathbb{N}}$ und eine C^∞-Zerlegung der Eins $(\theta_k)_{k \in \mathbb{N}}$ zu $(V_k)_{k \in \mathbb{N}}$ wie in Satz A.4 im Anhang beschrieben. Für $k \in \mathbb{N}$ sei $i(k) \in I$ ein Index mit $V_k \subset U_{i(k)}$.
Sei $c \in C^p(\mathfrak{U}, \mathcal{F})$ $(p \geq 1)$ ein p-Kozykel und $s \in I^p$. Für $k \in \mathbb{N}$ bezeichne $f_{k,s} \in \mathcal{F}(U_s)$ das eindeutige Element mit

$$f_{k,s}|U_s \cap \operatorname{supp}(\theta_k)^c = 0 \ \text{ und } \ f_{k,s}|U_s \cap V_k = (\theta_k|U_s \cap V_k) \cdot (c_{i(k),s}|U_s \cap V_k).$$

Da $(V_k)_{k \in \mathbb{N}}$ eine lokal endliche offene Überdeckung von D ist, definiert

$$\mathfrak{U}_s = \{V \subset U_s \text{ offen}; \ V \subset V_k^c \text{ für fast alle } k \in \mathbb{N}\}$$

eine offene Überdeckung von U_s. Die Eigenschaften (G1) und (G2) des Garbendatums $\mathcal{F}$ implizieren, dass ein eindeutiges Element $d_s \in \mathcal{F}(U_s)$ existiert mit

$$d_s|V = -\sum_{k \in \mathbb{N}} f_{k,s}|V$$

für alle $V \in \mathfrak{U}_s$. Ist π eine Permutation der Zahlen $\{0, \dots, p-1\}$, so stimmen die Einschränkungen von $d_{\pi(s)}$ und $\operatorname{sgn}(\pi)d_s$ auf allen Mengen $V \in \mathfrak{U}_s$ überein. Also definiert $d = (d_s)_{s \in I^p}$ eine $(p-1)$-Kokette zur Überdeckung $\mathfrak{U}$ von D mit Werten in $\mathcal{F}$.
Sei jetzt $s \in I^{p+1}$ ein beliebiges Indextupel. Für $z \in U_s$ sei $W \subset U_s$ eine offene Umgebung von z so, dass $W \subset V_k^c$ ist für fast alle $k \in \mathbb{N}$. Setze $N_0 = \{k \in \mathbb{N}; \ z \in \operatorname{supp}(\theta_k)\}$. Dann ist

$$W_0 = W \cap \bigcap(\operatorname{supp}(\theta_k)^c; \ k \in \mathbb{N} \setminus N_0) \cap \bigcap(V_k; k \in N_0)$$

eine offene Umgebung von z so, dass

$$
\begin{aligned}
(\delta^{p-1}d)_s|W_0 &= \sum_{\rho=0}^{p}(-1)^{\rho+1}(d_{s_0 \dots \hat{s}_\rho \dots s_p}|W_0) \\
&= \sum_{\rho=0}^{p}(-1)^\rho \sum_{k \in \mathbb{N}}(f_k, s_0 \dots \hat{s}_\rho \dots s_p|W_0) \\
&= \sum_{\rho=0}^{p}(-1)^\rho \sum_{k \in N_0}(\theta_k|W_0)(c_{i(k),s_0 \dots \hat{s}_\rho \dots s_p}|W_0) \\
&= \left[\sum_{k \in N_0}(\theta_k|W_0)\right](c_{s_0 \dots s_p}|W_0) = c_{s_0 \dots s_p}|W_0.
\end{aligned}
$$

Dabei haben wir im vorletzten Schritt benutzt, dass $(\delta^p c)_{i(k),s_0 \dots s_p} = 0$ und $W_0 \subset U_{i(k),s_0 \dots s_p}$ ist für alle $k \in N_0$. Da $s \in I^{p+1}$ und $z \in U_s$ beliebig waren, folgt $\delta^{p-1}d = c$. $\qquad \square$

Wir benutzen Doppelkomplexe, um Beziehungen herzustellen zwischen der Exaktheit der $\bar{\partial}$-Sequenz und der Exaktheit geeigneter Čech-Komplexe.
Für $q \geq 0$ liefert Lemma 11.15, angewendet auf das Garbendatum $\mathcal{E}^q$ aus C^∞-Moduln,

$$U \mapsto \mathcal{E}^q(U) = C_{0,q}^\infty(U) = \{\omega; \ \omega \text{ ist } C^\infty\text{-Form vom Bigrad } (0,q) \text{ über } U\}$$

(vgl. Definition 6.10) die Exaktheit der erweiterten Čech-Komplexe

$$0 \longrightarrow \mathcal{E}^q(D) \xrightarrow{\varepsilon} C^{\cdot}(\mathfrak{U}, \mathcal{E}^q) \quad (q = 0, \dots, n)$$

für jede offene Überdeckung $\mathfrak{U} = (U_i)_{i \in I}$ einer offenen Menge D in $\mathbb{C}^n$. Für festes $p \geq 0$ induziert die $\overline{\partial}$-Sequenz einen Komplex

$$0 \longrightarrow C^p(\mathfrak{U}, \mathcal{O}) \xrightarrow{i} C^p(\mathfrak{U}, \mathcal{E}^0) \xrightarrow{\overline{\partial}} C^p(\mathfrak{U}, \mathcal{E}^1) \xrightarrow{\overline{\partial}} \dots \xrightarrow{\overline{\partial}} C^p(\mathfrak{U}, \mathcal{E}^n) \longrightarrow 0,$$

wobei der $\overline{\partial}$-Operator komponentenweise definiert sei

$$\overline{\partial}(\omega_s)_{s \in I^{p+1}} = (\overline{\partial}\omega_s)_{s \in I^{p+1}}.$$

Sind alle Überdeckungsmengen U_i ($i \in I$) Holomorphiebereiche, so gilt dies auch für alle endlichen Durchschnitte $U_s = U_{s_0} \cap \dots \cap U_{s_p}$ ($s \in I^{p+1}$) (Korollar 5.10). Nach Satz 9.7 ist die $\overline{\partial}$-Sequenz exakt über jedem U_s und eine einfache Überlegung zeigt, dass auch die induzierte Sequenz der p-Koketten exakt bleibt. Sei dazu $p \geq 0$ und $\psi = (\psi_s)_{s \in I^{p+1}}$ in $C^p(\mathfrak{U}, \mathcal{E}^q)$ ($q \geq 1$) eine p-Kokette mit $\overline{\partial}\psi = 0$. Wir nennen $s, s' \in I^{p+1}$ äquivalent, wenn sie durch eine Platzpermutation auseinander hervorgehen. Wähle aus jeder Äquivalenzklasse ein Tupel s_0 als Vertreter und dazu eine Form $\varphi_{s_0} \in \mathcal{E}^{q-1}(U_{s_0})$ mit $\overline{\partial}\varphi_{s_0} = \psi_{s_0}$ und $\varphi_{s_0} = 0$, falls $\psi_{s_0} = 0$ ist. Falls s aus s_0 durch die Platzpermutation π hervorgeht, definiere $\varphi_s = \mathrm{sgn}(\pi)\varphi_{s_0}$. Dann ist $\varphi = (\varphi_s)_{s \in I^{p+1}}$ ein Element in $C^p(\mathfrak{U}, \mathcal{E}^{q-1})$ mit $\overline{\partial}\varphi = \psi$.

Sei $\mathfrak{U} = (U_i)_{i \in I}$ eine feste offene Überdeckung der offenen Menge $D \subset \mathbb{C}^n$. Indem man die Operatoren in den erweiterten Čech-Komplexen

$$0 \longrightarrow \mathcal{E}^q(D) \xrightarrow{\varepsilon} C^{\cdot}(\mathfrak{U}, \mathcal{E}^q) \quad (q = 0, \dots, n)$$

mit Vorzeichen $(-1)^{q+1}$ versieht, erhält man ein Diagramm

$$
\begin{array}{ccccccccc}
 & & 0 & & 0 & & 0 & & \\
 & & \downarrow & & \downarrow & & \downarrow & & \\
0 & \longrightarrow & \mathcal{O}(D) & \xrightarrow{b} & C^0(\mathfrak{U}, \mathcal{O}) & \xrightarrow{b} & C^1(\mathfrak{U}, \mathcal{O}) & \xrightarrow{b} & \dots \\
 & & \downarrow i & & \downarrow i & & \downarrow i & & \\
0 & \longrightarrow & \mathcal{E}^0(D) & \xrightarrow{b} & C^0(\mathfrak{U}, \mathcal{E}^0) & \xrightarrow{b} & C^1(\mathfrak{U}, \mathcal{E}^0) & \xrightarrow{b} & \dots \\
 & & \downarrow \overline{\partial} & & \downarrow \overline{\partial} & & \downarrow \overline{\partial} & & \\
0 & \longrightarrow & \mathcal{E}^1(D) & \xrightarrow{b} & C^0(\mathfrak{U}, \mathcal{E}^1) & \xrightarrow{b} & C^1(\mathfrak{U}, \mathcal{E}^1) & \xrightarrow{b} & \dots \\
 & & \downarrow \overline{\partial} & & \downarrow \overline{\partial} & & \downarrow \overline{\partial} & & \\
 & & \vdots & & \vdots & & \vdots & & \\
 & & \downarrow \overline{\partial} & & \downarrow \overline{\partial} & & \downarrow \overline{\partial} & & \\
0 & \longrightarrow & \mathcal{E}^n(D) & \xrightarrow{b} & C^0(\mathfrak{U}, \mathcal{E}^n) & \xrightarrow{b} & C^1(\mathfrak{U}, \mathcal{E}^n) & \xrightarrow{b} & \dots \\
 & & \downarrow & & \downarrow & & \downarrow & & \\
 & & 0 & & 0 & & 0 & & \\
\end{array}
$$

aus Vektorraumhomomorphismen, in dem alle Zeilen bis auf die erste exakt sind (Lemma 11.15) und alle Quadrate antikommutativ.

Für $0 \leq r \leq n$ und $\varphi \in \mathrm{Ker}\left(C^r(\mathfrak{U}, \mathcal{O}) \xrightarrow{\delta^r} C^{r+1}(\mathfrak{U}, \mathcal{O})\right)$ liefert das im Beweis von Satz 9.3 beschriebene Verfahren Elemente $\varphi_i \in \mathcal{E}^{r-i}(\mathfrak{U}, \mathcal{E}^{i-1})$ $(i = 1, \ldots, r)$ mit

$$b\varphi_1 = i\varphi, \quad b\varphi_i = \overline{\partial}\varphi_{i-1} \quad (i = 2, \ldots, r).$$

Wegen $b\overline{\partial}\varphi_r = -\overline{\partial}b\varphi_r = 0$ gibt es eine Form $\psi \in \mathcal{E}^r(D)$ mit $b\psi = \overline{\partial}\varphi_r$. Für $r < n$ ist $\overline{\partial}\psi = 0$, da

$$b\overline{\partial}\psi = -\overline{\partial}b\psi = 0.$$

Indem man nochmals die Exaktheit aller Zeilen (bis auf die erste) und die Injektivität von ε benutzt, erhält man die Unabhängigkeit der Äquivalenzklasse $[\psi] \in H^r(C^\infty(D), \overline{\partial})$ von der Wahl der φ_i. Diese Beobachtung impliziert im Falle $r > 0$ auch, dass $[\psi] = 0$ ist für $\varphi \in \mathrm{Im}\,\delta^{r-1}$.

Auf diese Weise erhält man wohldefinierte $\mathbb{C}$-lineare Abbildungen

$$\Phi_r : H^r(\mathfrak{U}, \mathcal{O}) \to H^r(C^\infty(D), \overline{\partial}), \quad [\varphi] \mapsto [\psi] \quad (r = 0, \ldots, n).$$

Vermöge Φ_0 erhält man die Isomorphien $H^0(\mathfrak{U}, \mathcal{O}) \cong H^0(C^\infty(D), \overline{\partial}) \cong \mathcal{O}(D)$. Die Abbildung Φ_1 ist injektiv. Denn wenn mit den obigen Bezeichnungen $g \in \mathcal{E}^0(D)$ eine Funktion mit $\overline{\partial}g = \psi$ ist, so ist $\overline{\partial}(\varphi_1 + bg) = 0$. Folglich ist $\varphi_1 + bg = ic$ für ein $c \in C^0(\mathfrak{U}, \mathcal{O})$ und wegen $ib(-c) = b\varphi_1 = i\varphi$ ist $\varphi = b(-c)$.

> **Satz 11.16 (Dolbeault-Isomorphien)**
> *Sei $D \subset \mathbb{C}^n$ offen und sei $\mathfrak{U} = (U_i)_{i \in I}$ eine offene Überdeckung von D.*
>
> (a) *Die oben definierten Abbildungen*
>
> $$\Phi_r : H^r(\mathfrak{U}, \mathcal{O}) \to H^r(C^\infty(D), \overline{\partial}) \quad (r = 0, \ldots, n)$$
>
> *sind Vektorraumhomomorphismen. Die Abbildung Φ_0 ist ein Isomorphismus und die Abbildung Φ_1 ist injektiv.*
>
> (b) *Sind alle Mengen U_i $(i \in I)$ Holomorphiebereiche, so sind die Abbildungen*
>
> $$\Phi_r : H^r(\mathfrak{U}, \mathcal{O}) \to H^r(C^\infty(D), \overline{\partial}) \quad (r = 0, \ldots, n)$$
>
> *Vektorraumisomorphismen und $H^p(\mathfrak{U}, \mathcal{O}) = 0$ für alle $p > n$.*

Beweis Wir müssen nur noch Teil (b) begründen. Sind die Mengen U_i ($i \in I$) Holomorphiebereiche, so sind alle Spalten bis auf die erste im obigen Diagramm exakt. Indem man in der obigen Argumentation die Rollen der Zeilen und Spalten vertauscht, erhält man Vektorraumhomomorphismen

$$\psi_r : H^r(C^\infty(D), \overline{\partial}) \to H^r(\mathfrak{U}, \mathcal{O}) \quad (r = 0, \dots, n),$$

die invers sind zu den entsprechenden Abbildungen Φ_r. Indem man die Exaktheit aller Spalten bis auf die erste benutzt, erhält man mit denselben Argumenten das Verschwinden der Čechschen Kohomologiegruppen

$$H^p(\mathfrak{U}, \mathcal{O}) = 0 \quad (p > n).$$

Damit sind alle Teile von Satz 11.16 bewiesen.   □

Das in Satz 7.11 gegebene Kriterium für die Lösbarkeit von Cousin-I-Problemen folgt direkt aus der Injektivität der Abbildung Φ_1. Auch für die angekündigte Lösung des Levi-Problems werden wir nur die Abbildung Φ_1 benutzen.

11.4   Die Grauertsche Beulenmethode

Wir beweisen zunächst einen Kohomologie-Fortsetzungssatz für streng pseudokonvexe Mengen.

Lemma 11.17 *Sei $D \subset \mathbb{C}^n$ offen und seien $p \in \mathbb{C}^n$, $\varepsilon > 0$ gegeben so, dass $B_{2\varepsilon}(p) \cap D$ ein Holomorphiebereich ist. Ist $U \supset D$ eine offene Menge mit*

$$U \setminus D \subset B_\varepsilon(p),$$

so sind die Restriktionsabbildungen

$$H^q(C^\infty(U), \overline{\partial}) \to H^q(C^\infty(D), \overline{\partial}), \quad [\varphi] \mapsto [\varphi|D] \quad (q = 1, \dots, n)$$

surjektiv.

Beweis Seien D, U, p und ϵ wie in den Voraussetzungen des Lemmas beschrieben (siehe Abb. 11.1). Sei $\varphi \in C^\infty_{0,q}(D)$ ($q \in \{1, \dots, n\}$) eine Form mit $\overline{\partial}\varphi = 0$. Wegen $U = D \cup (U \cap B_\varepsilon(p))$ dürfen wir annehmen, dass $B_\varepsilon(p) \cap D \neq \varnothing$ ist. Wir wählen eine Form χ in $C^\infty_{0,q-1}(B_{2\varepsilon}(p) \cap D)$ mit $\varphi = \overline{\partial}\chi$ auf $B_{2\varepsilon}(p) \cap D$ und eine Abschneidefunktion $\theta \in C^\infty_c(B_{2\varepsilon}(p))$ mit $\theta = 1$ auf $B_\varepsilon(p)$. Fasst man $\theta\chi$ auf als Form in $C^\infty_{0,q-1}(D)$, so definiert

$$\psi_0 = \varphi - \overline{\partial}(\theta\chi) \in C^\infty_{0,q}(D)$$

Abb. 11.1 Die Grauertsche
Beulenmethode

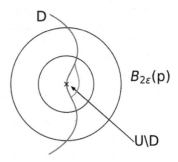

eine $\overline{\partial}$-geschlossene Form mit $\psi_0|B_\epsilon(p) \cap D = 0$. Die Form $\psi \in C^\infty_{0,q}(U)$ mit $\psi|D = \psi_0$
und $\psi|U \cap B_\epsilon(p) = 0$ ist $\overline{\partial}$-geschlossen und $\varphi - \psi|D = \overline{\partial}(\theta\chi)$ auf D.   □

Die in Lemma 11.17 beschriebene Fortsetzungsmethode ist auch als Grauertsche Beulenmethode bekannt. Eine iterative Anwendung dieser Methode erlaubt es uns, den gewünschten Kohomologie-Fortsetzungssatz für streng pseudokonvexe Mengen zu beweisen.

Satz 11.18
*Sei $D \subset \mathbb{C}^n$ eine streng pseudokonvexe offene Menge. Dann existiert eine offene
Menge $V \supset \overline{D}$ derart, dass die Restriktionsabbildungen*

$$H^q(C^\infty(V), \overline{\partial}) \to H^q(C^\infty(D), \overline{\partial}), \quad [\varphi] \mapsto [\varphi|D] \quad (q = 1, \ldots, n)$$

surjektiv sind.

Beweis Sei $U \supset \partial D$ offen und $r \in C^2_\mathbb{R}(U)$ streng plurisubharmonisch mit

$$U \cap D = \{z \in U; \ r(z) < 0\}.$$

Nach Lemma 11.6 existieren zu $C = \partial D$ reelle Zahlen $\varepsilon, \delta > 0$ mit $C + B_{2\varepsilon}(0) \subset U$ so,
dass für alle $\omega \in C^3_\mathbb{R}(U)$ mit $\|\omega\|_{3,U} < \delta$ und jeden Punkt $p \in C$ die Mengen

$$B_{2\varepsilon}(p) \cap \{z \in U; \ (r + \omega)(z) < 0\}, \ B_\epsilon(p) \cap D = B_\epsilon(p) \cap \{z \in U; r(z) < 0\}$$

Holomorphiebereiche sind. Wir fixieren Punkte $p_1, \ldots, p_m \in C$ mit

$$C \subset B_\varepsilon(p_1) \cup \ldots \cup B_\varepsilon(p_m).$$

Zu dieser offenen Überdeckung wählen wir C^∞-Funktionen $\omega_i \in C_c^\infty(B_\varepsilon(p_i))$ mit $\omega_i \geq 0$ so, dass $\omega = \sum_{i=1}^m \omega_i$ strikt positiv auf C ist und

$$\|\omega_i\|_{3,U} < \delta/m$$

gilt für $i = 1, \ldots, m$. Setze $D_0 = D$ und

$$D_j = D \cup \left\{ z \in U; \ \left(r - \sum_{i=1}^j \omega_i \right)(z) < 0 \right\} \quad (j = 1, \ldots, m).$$

Für $j = 1, \ldots, m$ ist $D_j \setminus D_{j-1} \subset \operatorname{supp}(\omega_j) \subset B_\varepsilon(p_j)$, und die Menge

$$B_{2\varepsilon}(p_j) \cap D_{j-1} = B_{2\varepsilon}(p_j) \cap \left\{ z \in U; \ \left(r - \sum_{i=1}^{j-1} \omega_i \right)(z) < 0 \right\}$$

ist ein Holomorphiebereich. Indem man Lemma 11.17 m-mal anwendet, erhält man die Surjektivität der Restriktionsabbildungen

$$H^q(C^\infty(D_m), \overline\partial) \to H^q(C^\infty(D), \overline\partial), \quad [\varphi] \mapsto [\varphi|D] \quad (q = 1, \ldots, n).$$

Die Menge $V = D_m$ hat die gewünschten Eigenschaften. □

Mit den Bezeichnungen aus dem letzten Beweis gilt

$$V = D \cup (D_1 \setminus D) \cup (D_2 \setminus D_1) \cup \ldots \cup (D_m \setminus D_{m-1}) = D \cup \bigcup_{j=1}^m (B_{2\varepsilon}(p_j) \cap V).$$

Nach Konstruktion sind die Mengen

$$U_i = B_\varepsilon(p_i) \cap D \quad \text{und} \quad V_i = B_{2\varepsilon}(p_i) \cap V = B_{2\varepsilon}(p_i) \cap \{ z \in U; \ (r - \sum_{i=1}^m \omega_i)(z) < 0 \}$$

für $i = 1, \ldots, m$ Holomorphiebereiche mit $\overline U_i \subset V_i$. Wegen $\partial D \subset B_\varepsilon(p_1) \cup \ldots \cup B_\varepsilon(p_m)$ können wir offene konzentrische Kugeln $U_i \subset \overline U_i \subset V_i$ $(i = m+1, \ldots, N)$ wählen so, dass

$$D = \bigcup_{i=1}^N U_i \quad \text{und} \quad V = \bigcup_{i=1}^N V_i$$

gilt. Wir wenden Satz 11.16 an auf die offenen Überdeckungen $\mathfrak{U} = (U_i)_{i=1}^N$ und $\mathfrak{V} = (V_i)_{i=1}^N$ von D und V. Die durch die Restriktionsabbildungen $r^q : C^q(\mathfrak{V}, \mathcal{O}) \to C^q(\mathfrak{U}, \mathcal{O})$,

$$(r^q c)_s = c|U_s \quad (s \in \{1, \ldots, N\}^{q+1})$$

induzierten Kohomologieabbildungen liefern zusammen mit den Isomorphien aus
Satz 11.16 die kommutativen Diagramme

$$H^q(C^{\cdot}(\mathfrak{V}, \mathcal{O})) \quad \overset{\sim}{\longrightarrow} \quad H^q(C^\infty(V), \overline{\partial})$$

$$r^q \downarrow \qquad\qquad\qquad \downarrow \text{rest}$$

$$H^q(C^{\cdot}(\mathfrak{U}, \mathcal{O})) \quad \overset{\sim}{\longrightarrow} \quad H^q(C^\infty(D), \overline{\partial}).$$

Da die rechten Vertikalen surjektiv sind für $q > 0$, sind es auch die Restriktionsabbildungen auf der linken Seite.

Ein wohlbekanntes Störungsresultat aus der Funktionalanalysis für surjektive stetig
lineare Operatoren zwischen Frécheträumen impliziert, dass in der obigen Situation die
Kohomologiegruppen $H^q(C^{\cdot}(\mathfrak{U}, \mathcal{O}))$ $(q > 0)$ endlichdimensionale $\mathbb{C}$-Vektorräume sind.

Satz (Laurent Schwartz) *Ist $T : E \to F$ eine surjektive stetig lineare Abbildung
zwischen Frécheträumen und ist $K : E \to F$ eine kompakte lineare Abbildung, so ist
$\dim(F/\text{Im}(T + K)) < \infty$.*

Einen Beweis dieses Satzes findet man etwa in [7] (Lemma A.1.14). Wir beschränken uns
hier darauf anzudeuten, wie der obige Störungssatz in der gegenwärtigen Situation angewendet werden kann.

Für $U \subset \mathbb{C}^n$ offen trägt der Raum $\mathcal{O}(U)$ aller analytischen Funktionen auf U eine kanoni-
sche Fréchetraum-Topologie derart, dass eine Folge in $\mathcal{O}(U)$ konvergiert genau dann, wenn
sie kompakt gleichmäßig auf U konvergiert. Die Räume in den Čech-Komplexen $C^{\cdot}(\mathfrak{V}, \mathcal{O})$
und $C^{\cdot}(\mathfrak{V}, \mathcal{O})$ sind als abgeschlossene Teilräume des topologischen Produkts der Räume
$\mathcal{O}(V_s)$ bzw. $\mathcal{O}(U_s)$ $(s \in \{1, \ldots, N\}^{q+1})$ wieder Frécheträume. Die Restriktionsabbildungen
$r^{q-1}, r^q, \ldots$ in dem kommutativen Diagramm

$$\ldots \longrightarrow C^{q-1}(\mathfrak{V}, \mathcal{O}) \overset{\delta_{\mathfrak{V}}^{q-1}}{\longrightarrow} C^q(\mathfrak{V}, \mathcal{O}) \overset{\delta_{\mathfrak{V}}^{q}}{\longrightarrow} \ldots$$

$$r^{q-1} \downarrow \qquad\qquad \downarrow r^q$$

$$\ldots \longrightarrow C^{q-1}(\mathfrak{U}, \mathcal{O}) \underset{\delta_{\mathfrak{U}}^{q-1}}{\longrightarrow} C^q(\mathfrak{U}, \mathcal{O}) \underset{\delta_{\mathfrak{U}}^{q}}{\longrightarrow} \ldots$$

sind nach dem Satz von Montel (Satz 2.7) kompakte Operatoren zwischen Frécheträumen.
Die Surjektivität der induzierten Kohomologie-Abbildung $r^q : H^q(\mathfrak{V}, \mathcal{O}) \to H^q(\mathfrak{U}, \mathcal{O})$
bedeutet genau, dass die Abbildung

$$C^{q-1}(\mathfrak{U}, \mathcal{O}) \oplus \text{Ker}\, \delta_{\mathfrak{V}}^{q} \overset{(\delta_{\mathfrak{U}}^{q-1}, r^q)}{\longrightarrow} \text{Ker}\, \delta_{\mathfrak{U}}^{q}$$

surjektiv ist. Da die Abbildung $(0, r^q)$ kompakt ist, liefert der zitierte Satz von Laurent Schwartz, dass der Raum

$$H^q(\mathfrak{U}, \mathcal{O}) = \operatorname{Ker} \delta^q_{\mathfrak{U}} / \operatorname{Im} (\delta^{q-1}_{\mathfrak{U}}, 0)$$

endlichdimensional ist. Satz 11.16 zeigt, dass

$$\dim H^q(C^\infty(D), \overline{\partial}) < \infty \quad (q > 0)$$

ist für jede streng pseudokonvexe Menge $D \subset \mathbb{C}^n$.

11.5   Das Levi-Problem

Nach diesen Vorbereitungen können wir das *Levi-Problem* lösen.

Satz 11.19
Jede streng pseudokonvexe offene Menge $D \subset \mathbb{C}^n$ ist ein Holomorphiebereich.

Beweis Sei $U \supset \partial D$ offen und sei $r \in C^2_{\mathbb{R}}(U)$ streng plurisubharmonisch mit

$$U \cap D = \{z \in U; \ r(z) < 0\}.$$

Sei $\xi \in \partial D$ ein Randpunkt von D und U_0 eine relativ-kompakte offene Umgebung von ∂D in U. Zu $K = \partial D$ wählen wir reelle Zahlen $c, \varepsilon, \delta > 0$ wie in Lemma 11.5 beschrieben. Dann ist $\operatorname{Re} F^{(r)}(\xi, z) > 0$ für $z \in B_\varepsilon(\xi) \cap D$. Also ist $Q = F^{(r)}(\xi, \cdot) \in \mathbb{C}[z]$ ein Polynom mit

$$B_\varepsilon(\xi) \cap D \cap Z(Q) = \varnothing, \quad Q(\xi) = 0.$$

Nach Lemma 11.3 existiert ein $\delta_1 > 0$ so, dass $(r + \omega)|U_0 \in C^2_{\mathbb{R}}(U_0)$ streng plurisubharmonisch ist für alle $\omega \in C^2_{\mathbb{R}}(U)$ mit $\|\omega\|_{2, \overline{U}_0} < \delta_1$. Wir wählen ein solches ω derart, dass zusätzlich gilt

$$\operatorname{supp}(\omega) \subset B_\varepsilon(\xi) \cap U_0, \quad \omega(\xi) \neq 0, \quad \omega \geq 0$$

und definieren

$$D_1 = D \cup \{z \in U_0; \ (r - \omega)(z) < 0\}.$$

Dann ist $r_0 = (r - \omega)|U_0$ streng plurisubharmonisch und

$$D_1 \setminus D \subset \text{supp}(\omega) \subset B_\varepsilon(\xi) \cap U_0, \quad U_0 \cap D_1 = \{z \in U_0; \ r_0(z) < 0\}.$$

Wegen $\partial D \subset U_0$ und $\partial D_1 \cap \overline{D}^c \subset \text{supp}(\omega)$ ist $\partial D_1 \subset U_0$. Die Mengen

$$U_1 = D_1 \cap B_\varepsilon(\xi), \quad U_2 = D$$

bilden eine offene Überdeckung $\mathfrak{U} = (U_i)_{i=1,2}$ der streng pseudokonvexen Menge D_1. Da die Abbildung

$$\Phi_1 : H^1(\mathfrak{U}, \mathcal{O}) \to H^1(C^\infty(D_1), \overline{\partial})$$

nach Satz 11.16 injektiv ist, ist $m = \dim H^1(\mathfrak{U}, \mathcal{O}) < \infty$. Zu der holomorphen Funktion $1/Q \in \mathcal{O}(U_1 \cap U_2)$ gibt es Funktionen $f_i \in \mathcal{O}(U_i)$ $(i = 1, 2)$ und ein Tupel $(\alpha_1, \ldots, \alpha_{m+1})$ in $\mathbb{C}^{m+1} \setminus \{0\}$ mit

$$f_2 - f_1 = \sum_{j=1}^{m+1} \frac{\alpha_j}{Q^j} \quad \text{auf } U_1 \cap U_2.$$

Sei $k \in \{1, \ldots, m+1\}$ der maximale Index mit $\alpha_k \neq 0$. Da $\xi \in U_1$ ist, zeigt die Darstellung

$$\sum_{j=1}^{k} \frac{\alpha_j}{Q^j} = \frac{1}{Q^k}(\alpha_k + \alpha_{k-1}Q + \ldots + \alpha_1 Q^{k-1}),$$

dass $\lim_{z \to \xi} |f_2(z)| = \infty$. Da $\xi \in \partial D$ ein beliebiger Randpunkt von D war, folgt mit Satz 5.5(iv), dass D ein Holomorphiebereich ist. $\qquad\square$

Als Anwendung des Satzes von Behnke-Stein (Satz 9.11) erhalten wir dasselbe Resultat für pseudokonvexe offene Mengen und damit die vollständige Lösung des Levi-Problems.

Korollar 11.20 (Oka, Bremermann, Norguet) *Eine offene Menge $D \subset \mathbb{C}^n$ ist pseudokonvex genau dann, wenn sie ein Holomorphiebereich ist.*

Beweis Nach Satz 11.10 ist jeder Holomorphiebereich pseudokonvex. Die umgekehrte Implikation folgt unter Benutzung von Lemma 11.11 und Satz 11.19 aus dem Satz von Behnke-Stein (Satz 9.11). $\qquad\square$

11.6   Peak-Funktionen

Als Anwendung beweisen wir einen Satz über die Existenz von *Peak-Funktionen* für Randpunkte streng pseudokonvexer offener Mengen.

Satz 11.21

Sei $K \subset \mathbb{C}^n$ eine kompakte Menge mit Cousin-Eigenschaft. Sei $p \in K$ so, dass eine offene Umgebung U von p und eine in p streng plurisubharmonische Funktion $r \in C_{\mathbb{R}}^2(U)$ existieren mit $r(p) = 0$ und

$$K \cap U \subset \{z \in U; \ r(z) \leq 0\}.$$

Dann existiert eine Funktion $f \in \mathcal{O}(K)$ mit $f(p) = 1$ und so, dass $|f(z)| < 1$ ist für alle $z \in K \setminus \{p\}$.

Beweis Nach Verkleinern von U dürfen wir annehmen, dass r streng plurisubharmonisch auf U ist und dass Konstanten $c, \varepsilon > 0$ existieren so, dass für $z \in B_\varepsilon(p)$ gilt

$$2 \operatorname{Re} F^{(r)}(p, z) \geq -r(z) + c\|z - p\|^2$$

(siehe Lemma 11.5). Sei $\theta \in C_c^\infty(B_\varepsilon(p))$ mit $0 \leq \theta \leq 1$ und $\theta = 1$ auf $B_{\varepsilon/2}(p)$. Für die C^∞-Funktion $\varphi : \mathbb{C}^n \to \mathbb{C}$, definiert durch

$$\varphi(z) = \theta(z) F^{(r)}(p, z) + (1 - \theta(z))\|p - z\|^2,$$

ist $\operatorname{Re} \varphi(z) > 0$ für alle $z \in K \setminus \{p\}, \varphi(p) = 0$ und $\overline{\partial}\varphi = 0$ auf $B_{\varepsilon/2}(p)$. Auf der offenen Menge

$$D = \{z \in \mathbb{C}^n; \ \operatorname{Re} \varphi(z) > 0\}$$

definiert $g : D \to \mathbb{C}, g(z) = 1/\varphi(z)$ eine C^∞-Funktion mit $\overline{\partial}g = 0$ auf $B_{\varepsilon/2}(p) \cap D$. Auf der offenen Umgebung $W = D \cup B_{\varepsilon/2}(p)$ von K definieren wir eine Form $\omega \in C_{0,1}^\infty(W)$ durch

$$\omega = \begin{cases} \overline{\partial}g & \text{auf } D, \\ 0 & \text{auf } B_{\varepsilon/2}(p). \end{cases}$$

Nach Voraussetzung existieren eine offene Umgebung W_0 von K mit $W_0 \subset W$ und eine Funktion $h \in C^\infty(W_0)$ mit $\overline{\partial}h = \omega|W_0$. Nach Verkleinern von W_0 dürfen wir annehmen, dass h beschränkt ist. Wir wählen $0 < \delta < \varepsilon/2$ so klein, dass $B_\delta(p) \subset W_0$ ist und dass für alle $z \in B_\delta(p)$ gilt

$$2\|h\|_{W_0}|\varphi(z)| < 1.$$

Dann ist $V = (D \cap W_0) \cup B_\delta(p)$ eine offene Umgebung von K, und $F : V \to \mathbb{C}$,

$$F(z) = \frac{\varphi(z)}{1 + \varphi(z)(\|h\|_{W_0} - h(z))}$$

definiert eine C^∞-Funktion mit $F(p) = 0$. Die Darstellung

$$F(z) = 1/(g(z) - h(z) + \|h\|_{W_0}) \quad (z \in D \cap W_0)$$

zeigt, dass F analytisch auf ganz V ist mit $\mathrm{Re}\, F(z) > 0$ für alle $z \in D \cap W_0$. Folglich ist $f = e^{-F} \in \mathcal{O}(V)$ analytisch auf der offenen Menge $V \supset K$ mit $f(p) = 1$ und $|f| < 1$ auf $K \setminus \{p\}$. $\qquad\square$

Kompakte Mengen, die eine Umgebungsbasis aus Holomorphiebereichen besitzen, haben nach Satz 9.7 die *Cousin-Eigenschaft*.

▶ **Definition 11.22** Eine kompakte Menge $K \subset \mathbb{C}^n$ heißt *Steinsches Kompaktum*, wenn zu jeder offenen Umgebung U von K ein Holomorphiebereich $V \subset \mathbb{C}^n$ existiert mit $K \subset V \subset U$.

Nach Lemma 7.3 und Lemma 7.2(b) sind polymon-konvexe Kompakta Steinsch.

Lemma 11.23 *Ist $D \subset \mathbb{C}^n$ eine streng pseudokonvexe offene Menge, so ist $K = \overline{D}$ ein Steinsches Kompaktum.*

Beweis Sei $V \supset \overline{D}$ offen und sei $r \in C^2_{\mathbb{R}}(U)$ streng plurisubharmonisch auf der offenen Menge $U \supset \partial D$ mit

$$U \cap D = \{z \in U;\ r(z) < 0\}.$$

Wir wählen eine offene Menge U_0 mit $\partial D \subset U_0 \subset \overline{U}_0 \subset U \cap V$. Nach Lemma 11.3 existiert eine C^∞-Funktion $\omega \in C^\infty_c(U_0)$ mit $0 \leq \omega \leq 1$ und $\omega > 0$ auf ∂D so, dass $(r - \omega)|U_0$ streng plurisubharmonisch ist. Dann ist

$$D_1 = D \cup \{z \in U_0;\ (r - \omega)(z) < 0\}$$

eine offene beschränkte Menge mit $D_1 \setminus D \subset \mathrm{supp}(\omega)$, $\partial D_1 \subset U_0$ und

$$U_0 \cap D_1 = \{z \in U_0;\ (r - \omega)(z) < 0\}.$$

Damit haben wir eine streng pseudokonvexe Menge D_1 gefunden mit $\overline{D} \subset D_1 \subset V$. Gemäß Satz 11.19 ist D_1 ein Holomorphiebereich. $\qquad\square$

Das gerade bewiesene Lemma erlaubt es uns, Satz 11.21 anzuwenden auf den Abschluss streng pseudokonvexer Mengen.

Korollar 11.24 *Sei $D \subset \mathbb{C}^n$ eine streng pseudokonvexe offene Menge. Dann gibt es zu jedem Punkt $p \in \partial D$ eine holomorphe Funktion $f \in \mathcal{O}(\overline{D})$ mit $f(p) = 1$ und $|f(z)| < 1$ für $z \in \overline{D} \setminus \{p\}$.*

Beweis Nach Lemma 11.23 ist $\overline{D}$ ein Steinsches Kompaktum und nach Satz 9.7 hat jedes Steinsche Kompaktum die Cousin-Eigenschaft.
Nach Voraussetzung existiert eine streng plurisubharmonische Funktion $r \in C^2_{\mathbb{R}}(U)$ auf einer offenen Umgebung U von ∂D so, dass

$$D \cap U = \{z \in U;\ r(z) < 0\}.$$

Wegen $r|\partial D = 0$ und $\overline{D} \cap U \subset \{z \in U;\ r(z) \leq 0\}$ folgt die Behauptung aus Satz 11.21. $\square$

Eine Verfeinerung der in diesem Kapitel beschriebenen Methoden erlaubt es zu zeigen, dass eine offene Menge D in $\mathbb{C}^n$ genau dann pseudokonvex ist, wenn jeder Randpunkt $p \in \partial D$ eine offene Umgebung U besitzt so, dass $U \cap D$ pseudokonvex ist (Theorem II.5.10 in [26]). Also ist die Eigenschaft, ein Holomorphiebereich zu sein, eine lokale Randeigenschaft. Eine alternative Lösung des Levi-Problems, die auf einem direkten Beweis der Exaktheit des $\overline{\partial}$-Komplexes über pseudokonvexen Mengen mittels L^2-Abschätzungen und Hilbertraum-Methoden beruht, wurde 1965 von Hörmander gegeben. Eine Darstellung dieses Zuganges findet man in [20] (Kap. 4).
Der Begriff des in Abschn. 11.3 definierten Garbendatums und die darauf aufbauende Garbentheorie sind zu einem wichtigen Hilfsmittel in der weiterführenden komplexen Analysis geworden (siehe etwa die Monographie von Grauert und Remmert [16]). Garbentheorie und Kohomologietheorie mit Koeffizienten in analytischen Garben erlauben es, in vielen Situationen die Lösung globaler Existenzprobleme auf einfacher zu lösende lokale Probleme zurückzuführen.

Aufgaben

11.1 Sei $U \subset \mathbb{C}$ offen und $u \in C^2_{\mathbb{R}}(U)$. Man zeige:

(a) Hat u in einem Punkt $a \in U$ ein lokales Maximum, so ist $\Delta u(a) \leq 0$.
(b) Ist $\Delta u \geq 0$ auf U, so ist u subharmonisch.
    (Hinweis: Mit Teil (a) folgt zunächst, dass für alle $\epsilon, \delta > 0$ die Funktion $u(z) - \epsilon + \delta|z|^2$ subharmonisch ist auf U.)
(c) Ist u subharmonisch, so ist $\Delta u \geq 0$.

11.2 Man zeige, dass eine Funktion $u \in C^2_{\mathbb{R}}(U)$ genau dann plurisubharmonisch ist, wenn für jedes $a \in U$ und jedes $t \in \mathbb{C}^n$ die Funktion

$$\{z \in \mathbb{C};\, a + zt \in U\} \to \mathbb{R},\ z \mapsto u(a + zt)$$

subharmonisch ist. (Hinweis: Man benutze Aufgabe 11.1 und berechne $\overline{\partial}_z \partial_z u(a + zt)$.)

11.3 Sei $U \subset \mathbb{C}^n$ offen und $r \in C^2_{\mathbb{R}}(U)$. Man zeige:

(a) Ist $V \subset \mathbb{C}^m$ offen und $h : V \to U$ holomorph, so gilt für alle $z \in V$

$$L_z(r \circ h) = J_h(z)^* L_{h(z)}(r) J_h(z).$$

(b) Ist $h : V \to U$ biholomorph, so ist mit r auch $r \circ h$ streng plurisubharmonisch.

11.4 Sei $\mathbb{D} = D_1(0)$ der offene Einheitskreis in $\mathbb{C}$ und $\Omega \subset \mathbb{C}^n$ streng pseudokonvex. Man zeige: Ist $h : \mathbb{D} \to \mathbb{C}^n$ holomorph mit $h(0) \in \partial\Omega$ und $h(\mathbb{D}) \subset \overline{\Omega}$, so ist h konstant.

11.5 Sei $a \in \mathbb{C}^n, R > 0$ und $r = (r_1, \dots, r_n) \in (0, \infty)^n$. Man zeige, dass die Kugel $B_R(a) \subset \mathbb{C}^n$ streng pseudokonvex ist, aber für $n > 1$ der Polyzylinder $P_r(a) \subset \mathbb{C}^n$ nicht.

11.6 Man zeige: Für $n \geq 2$ gibt es keine biholomorphe Abbildung $f : \mathbb{D}^n \to D$ auf eine streng pseudokonexe offene Menge $D \subset \mathbb{C}^n$. Man nehme dazu an, dass eine solche Abbildung f existiert, und zeige nacheinander wie im Beweis des Satzes von Poincaré (Satz 2.14):

(i) Jede Folge (z_k) in $\mathbb{D}^{n-1}$ mit $\lim_{k\to\infty} \|z_k\|_\infty = 1$ hat eine Teilfolge (w_k) so, dass $(f(w_k, \cdot))$ kompakt gleichmäßig auf $\mathbb{D}$ gegen eine Funktion $h \in \mathcal{O}(\mathbb{D}, \mathbb{C}^n)$ konvergiert.

(ii) Ist h eine Funktion wie in (i), so gilt $h(\mathbb{D}) \subset \partial D$ und daher ist h konstant.

(iii) Für jedes feste $b \in \mathbb{D}$ ist $\lim_{\|z\|_\infty \to 1} \frac{\partial f}{\partial z_n}(z, b) = 0$ und daher ist $f(\cdot, b)$ konstant.

11.7 Man zeige: Die Funktion $r : \mathbb{C}^n \to \mathbb{R}, r(z) = \log(1 + \|z\|^2)$ ist streng plurisubharmonisch. Die Funktion $u : \mathbb{C}^2 \to \mathbb{R}$,

$$u(z) = \operatorname{Re} z_2 + |z_1|^8 + \frac{15}{7}|z_1|^2 \operatorname{Re} z_1^6$$

ist C^∞ mit $\langle L_z(u)t, t \rangle \geq 0$ für alle $z, t \in \mathbb{C}^2$, aber u ist in keinem Punkt $z \in \mathbb{C}^2$ streng plurisubharmonisch.

11.8 Sei $D \subset \mathbb{C}^n$ eine beschränkte offene Menge mit C^2-Rand, das heißt, es gebe eine Funktion $r \in C^2(U, \mathbb{R})$ auf einer offenen Menge $U \supset \partial D$ mit $\operatorname{grad} r(z) \neq 0$ für alle $z \in \partial D$ und $U \cap D = \{z \in U; r(z) < 0\}$. Man zeige:

(a) Sei $p \in \partial D$ ein Punkt mit $\langle L_p(r)t, t \rangle > 0$ für alle $t \in \mathbb{C}^n \setminus \{0\}$ mit $\sum_{j=1}^{n} (\partial_j r)(p)t_j = 0$.
Dann gibt es eine Funktion $\rho \in C^2(U, \mathbb{R})$ mit denselben Eigenschaften wie r,
die außerdem streng plurisubharmonisch im Punkt p ist. Dazu überlege man sich
nacheinander:

   (i) Sei $\lambda > 0$ und $\rho = e^{\lambda r} - 1$. Dann gilt für $t \in \mathbb{C}^n$

$$\langle L_p(\rho)t, t \rangle = \lambda \left(\langle L_p(r)t, t \rangle + \lambda \left| \sum_{j=1}^{n} (\partial_j r)(p)t_j \right|^2 \right).$$

   (ii) Sei $K = \{t \in \mathbb{C}^n; \|t\| = 1 \text{ und } \langle L_p(r)t, t \rangle \leq 0\}$. Dann ist

$$\inf_{t \in K} \left| \sum_{j=1}^{n} (\partial_j r)(p)t_j \right| > 0.$$

   (iii) Für λ groß genug ist ρ streng plurisubharmonisch in p.
(b) Gilt $\langle L_z(r)t, t \rangle > 0$ für alle $z \in \partial D$ und $t \in \mathbb{C}^n \setminus \{0\}$ mit $\sum_{j=1}^{n} (\partial_j r)(z)t_j = 0$, so ist D
streng plurisubharmonisch.
(c) Ist $n = 1$, so ist $D \subset \mathbb{C}$ streng pseudokonvex.

11.9 Für eine offene Menge $D \subset \mathbb{C}^n$ sei $A(D) = \{f \in C(\overline{D}); f|D \in \mathcal{O}(D)\}$. Man
zeige: Ist D streng pseudokonvex, so ist der topologische Rand ∂D von D die kleinste
abgeschlossene Menge $S \subset \overline{D}$ mit $\|f\|_S = \|f\|_{\overline{D}}$ für alle $f \in A(D)$.

11.10 Ein Interpolationssatz aus der Theorie der Hardyräume besagt, dass zu jeder Folge
(z_k) im Einheitskreis $\mathbb{D} = D_1(0) \subset \mathbb{C}$ mit $\mathrm{dist}(z_k, \partial \mathbb{D}) \to 0$ für $k \to \infty$ eine Teilfolge (z_{k_j})
existiert so, dass es zu jeder beschränkten Folge (c_j) komplexer Zahlen eine beschränkte
holomorphe Funktion $h : \mathbb{D} \to \mathbb{C}$ gibt mit $h(z_{k_j}) = c_j$ für alle j. Man zeige, dass dieses
Ergebnis richtig bleibt, wenn man den Einheitskreis $\mathbb{D}$ ersetzt durch eine beliebige streng
pseudokonvexe offene Menge $D \subset \mathbb{C}^n$.

Der Satz von Arens-Royden

12

Wir benutzen die in den vorigen Kapiteln erzielten Ergebnisse, um den mehrdimensionalen analytischen Funktionalkalkül für kommutative komplexe Banachalgebren nach Shilov, Waelbroeck und Arens-Calderon zu konstruieren. Als Anwendung beweisen wir den Shilovschen Idempotentensatz über die Existenz nicht-trivialer idempotenter Elemente in kommutativen Banachalgebren A mit unzusammenhängendem Strukturraum Δ_A und den Satz von Arens-Royden, der es erlaubt, die Zusammenhangskomponenten der topologischen Gruppen A^{-1} und $C(\Delta_A)^{-1}$ zu identifizieren.

12.1 Gemeinsame Spektren und Gelfand-Theorie

Sei A eine komplexe Banachalgebra, das heißt eine $\mathbb{C}$-Algebra versehen mit einer vollständigen Norm $\|\cdot\|$, derart, dass für alle $x, y \in A$ die Ungleichung

$$\|xy\| \leq \|x\| \, \|y\|$$

gilt. Wir setzen im Folgenden immer voraus, dass A kommutativ ist und ein Einselement $1 \in A$ enthält mit $\|1\| = 1$.

▶ **Definition 12.1** Für $a = (a_1, \ldots, a_n) \in A^n$ heißt die Menge

$$\sigma(a) = \{z \in \mathbb{C}^n; \sum_{i=1}^{n}(z_i - a_i)A \neq A\}$$

das *Spektrum* von a. Das Komplement $\rho(a) = \mathbb{C}^n \setminus \sigma(a)$ bezeichnet man als die *Resolventenmenge* von a. Die Menge

$$\Delta_A = \{\lambda; \lambda : A \to \mathbb{C} \text{ ist eine multiplikative Linearform mit } \lambda(1) = 1\}$$

© Springer-Verlag GmbH Deutschland 2017
J. Eschmeier, *Funktionentheorie mehrerer Veränderlicher*, Springer-Lehrbuch Masterclass, https://doi.org/10.1007/978-3-662-55542-2_12

der von Null verschiedenen multiplikativen Linearformen von A nennt man den *Strukturraum* von A.

Für $n = 1$ und $a \in A$ ist

$$\sigma(a) = \{z \in \mathbb{C};\ z - a \text{ ist nicht invertierbar in } A\}$$

das übliche Spektrum von a als Element der Banachalgebra A. Ist $a \in A$ mit $\|a\| < 1$, so ist die Reihe $\sum_{k=0}^{\infty} a^k$ absolut konvergent und daher konvergent in A. Da die Multiplikation in A stetig ist, erhält man

$$(1 - a) \sum_{k=0}^{\infty} a^k = \lim_{N \to \infty} \sum_{k=0}^{N} (a^k - a^{k+1}) = 1 = \left(\sum_{k=0}^{\infty} a^k \right) (1 - a).$$

Für beliebiges $a \in A$ folgt hieraus, dass $z - a = z(1 - \frac{a}{z})$ für $|z| > \|a\|$ invertierbar ist in A mit

$$(z - a)^{-1} = \sum_{k=0}^{\infty} \frac{a^k}{z^{k+1}}.$$

Also gilt für jedes $a \in A$ die Inklusion

$$\sigma(a) \subset \overline{D}_{\|a\|}(0).$$

Für ein Tupel $a \in A^n$ folgt hieraus

$$\sigma(a) \subset \sigma(a_1) \times \ldots \times \sigma(a_n) \subset \overline{P}_{(\|a_1\|, \ldots, \|a_n\|)}(0).$$

Für $a \in A$ nennt man die Funktion $R_a : \rho(a) \to A, R_a(z) = (z - a)^{-1}$ die *Resolventenfunktion* von a. Elementare Argumente (Beweis von Theorem 10.13 in [30]) zeigen, dass die Resolventenfunktion stetig ist und dass

$$\lim_{z \to w} \frac{R_a(z) - R_a(w)}{z - w} = \lim_{z \to w} -R_a(z) R_a(w) = -R_a(w)^2$$

für alle $w \in \rho(a)$ gilt. Für $a = (a_1, \ldots, a_n) \in A^n$ folgt hieraus, dass die Funktion

$$R_a : \prod_{i=1}^{n} \rho(a_i) \to A, \ z \mapsto \prod_{i=1}^{n} R_{a_i}(z_i)$$

stetig ist und dass in jedem Punkt w ihres Definitionsbereiches die partiellen Ableitungen

$$\partial_j R_a(w) = \lim_{h \to 0} \frac{R_a(w + he_j) - R_a(w)}{h} \in A$$

existieren. Eine Funktion mit diesen Eigenschaften nennen wir eine A-wertige holomorphe Funktion (vergleiche Definition 1.1). Genau wie im skalarwertigen Fall kann man die Konvergenz von Mehrfachreihen $\sum_{j \in \mathbb{N}^n} x_j$ über Familien $(x_j)_{j \in \mathbb{N}^n}$ in Banachräumen X definieren. Indem man überall den Absolutbetrag durch die Norm in X ersetzt, sieht man, dass alle in Kap. 1 bewiesenen Sätze über Mehrfachreihen richtig bleiben. Insbesondere konvergiert für jedes $r \in (0, \infty)^n$ mit

$$\sup_{j \in \mathbb{N}^n} \|x_j\| r^j < \infty$$

die Potenzreihe $\sum_{j \in \mathbb{N}^n} z^j x_j$ kompakt gleichmäßig auf $P_r(0)$ (vgl. Satz 1.12). Als Anwendung erhält man, dass für $a \in A^n$ die Potenzreihe $\sum_{j \in \mathbb{N}^n} z^j a^j$ kompakt gleichmäßig konvergiert auf $P_r(0)$ für jeden Multiradius $r \in (0, \infty)^n$ mit $r_i \|a_i\| \leq 1$ für $i = 1, \ldots, n$. Damit erhält man eine Reihenentwicklung der Funktion R_a. Für $z \in \mathbb{C}^n$ mit $|z_i| > \|a_i\|$ für alle i gilt mit $e = (1, \ldots, 1)$

$$\sum_{j \in \mathbb{N}^n} \frac{a^j}{z^{j+e}} = \lim_{N \to \infty} \sum_{j_1, \ldots, j_n = 0}^{N} \frac{a^j}{z^{j+e}} = \lim_{N \to \infty} \prod_{i=1}^{n} \left(\sum_{j=0}^{N} \frac{a_i^j}{z_i^{j+1}} \right) = \prod_{i=1}^{n} R_{a_i}(z_i) = R_a(z),$$

wobei die Reihe gleichmäßig konvergiert auf jeder Menge

$$\prod_{i=1}^{n} (\mathbb{C} \setminus D_{r_i}(0))$$

mit $r_i > \|a_i\|$ für $i = 1, \ldots, n$.

Für $a \in A$ nennen wir die Funktion

$$\hat{a} : \Delta_A \to \mathbb{C}, \quad \hat{a}(\lambda) = \lambda(a)$$

die *Gelfand-Transformierte* von a. Für ein n-Tupel $a = (a_1, \ldots, a_n) \in A^n$ betrachten wir allgemeiner die Funktion

$$\hat{a} : \Delta_A \to \mathbb{C}^n, \quad \hat{a}(\lambda) = (\hat{a}_1(\lambda), \ldots, \hat{a}_n(\lambda)).$$

Lemma 12.2 *Für $a \in A^n$ ist $\sigma(a) = \hat{a}(\Delta_A)$.*

Beweis Sei $a = (a_1, \ldots, a_n) \in A^n$. Für $z \in \sigma(a)$ ist $\sum_{i=1}^{n}(z_i - a_i)A \subsetneq A$ als echtes Ideal in einem maximalen Ideal $m \subset A$ enthalten. Da jedes maximale Ideal in A Kern einer nicht-trivialen multiplikativen Linearform ist (Theorem 11.5 in [30]), können wir ein $\lambda \in \Delta_A$ wählen mit $m = \mathrm{Ker}\,\lambda$. Wegen

$$z_i - \lambda(a_i) = \lambda(z_i - a_i) = 0 \quad (1 \leq i \leq n)$$

ist $z = \hat{a}(\lambda) \in \hat{a}(\Delta_A)$. Umgekehrt gilt für $\lambda \in \Delta_A$

$$\sum_{i=1}^{n}(\lambda(a_i) - a_i)A \subset \mathrm{Ker}\,\lambda \neq A$$

und damit $\hat{a}(\lambda) \in \sigma(a)$. $\square$

Sei $A' = \{u; u : A \to \mathbb{C} \text{ ist stetig linear}\}$ die Menge der stetigen Linearformen auf A. Versehen mit der Norm

$$\|u\| = \sup\{|u(x)|; \ x \in A \text{ mit } \|x\| \leq 1\}$$

ist A' ein Banachraum. Ist $\lambda \in \Delta_A$, so ist $\lambda(\lambda(a) - a) = 0$ und damit

$$\lambda(a) \in \sigma(a) \subset \overline{D}_{\|a\|}(0)$$

für alle $a \in A$. Also ist Δ_A enthalten in der abgeschlossenen Einheitskugel

$$B_{A'} = \{u \in A'; \ \|u\| \leq 1\}.$$

Wir benötigen einige weitere Resultate aus der Funktionalanalysis. Bezüglich der Norm-topologie auf A' ist $B_{A'}$ kompakt dann und nur dann, wenn A als komplexer Vektorraum endlichdimensional ist (Theorem 1.22 in [30]). Versieht man A' jedoch mit der gröbsten Topologie τ_{w*}, bezüglich der alle Abbildungen

$$A' \to \mathbb{C}, \ u \mapsto u(x) \quad (x \in A)$$

stetig sind, so wird (A', τ_{w*}) zu einem Hausdorffschen topologischen Raum und nach dem Satz von Alaoglu-Bourbaki (Theorem 3.15 in [30]) ist $B_{A'} \subset A'$ τ_{w*}-kompakt. Die Menge $\Delta_A \subset A'$ ist τ_{w*}-abgeschlossen und als τ_{w*}-abgeschlossene Teilmenge der τ_{w*}-kompakten Menge $B_{A'} \subset A'$ wieder τ_{w*}-kompakt. Also wird Δ_A, versehen mit der Relativtopologie von τ_{w*}, zu einem kompakten Hausdorff-Raum. Man nennt τ_{w*} die *schwach-*-Topologie* von A' und die Relativtopologie von τ_{w*} auf Δ_A die *Gelfand-Topologie* von Δ_A.

Korollar 12.3 *Sei $a \in A^n$. Dann ist $\sigma(a) \subset \mathbb{C}^n$ eine nicht-leere kompakte Menge. Für jedes Tupel $p = (p_1, \ldots, p_m) \in \mathbb{C}[z_1, \ldots, z_n]^m$ gilt*

$$\sigma(p_1(a), \ldots, p_m(a)) = p(\sigma(a)).$$

Beweis Da jedes von A verschiedene Ideal von A in einem maximalen Ideal enthalten ist und da jedes maximale Ideal Kern einer nicht-trivialen multiplikativen Linearform ist, ist $\Delta_A \neq \emptyset$. Da die Funktionen

$$\hat{c} : \Delta_A \to \mathbb{C}, \ \lambda \mapsto \lambda(c) \qquad (c \in A)$$

stetig sind bezüglich der Gelfand-Topologie und da Δ_A, versehen mit dieser Topologie, kompakt ist, ist $\sigma(a) = \hat{a}(\Delta_A) \subset \mathbb{C}^n$ nach Lemma 12.2 eine nicht-leere kompakte Menge. Ebenfalls mit Lemma 12.2 folgt, dass für $p = (p_1, \ldots, p_m) \in \mathbb{C}[z_1, \ldots, z_n]^m$ und $p(a) = (p_1(a), \ldots, p_m(a))$ die behauptete Darstellung

$$\sigma(p(a)) = \{\widehat{p(a)}(\lambda); \ \lambda \in \Delta_A\} = \{p(\hat{a}(\lambda)); \ \lambda \in \Delta_A\} = p(\sigma(a))$$

des Spektrums von $p(a)$ gilt. $\qquad\qquad\qquad\qquad\qquad\qquad\qquad\qquad\qquad\qquad\quad\square$

Für ein Tupel $a = (a_1, \ldots, a_n) \in A^n$ ist

$$[a] := \overline{\{p(a); \ p \in \mathbb{C}[z_1, \ldots, z_n]\}} \subset A$$

die kleinste norm-abgeschlossene Teilalgebra von A, die das Einselement $1 \in A$ und $a_1, \ldots, a_n$ enthält. Man nennt A endlich erzeugt, wenn ein endliches Tupel $a \in A^n$ existiert mit $A = [a]$.

Satz 12.4

Sei A endlich erzeugt und sei $a \in A^n$ ein Tupel mit $A = [a]$. Dann gilt:

(a) *Die Abbildung $\hat{a} : \Delta_A \to \sigma(a), \ \lambda \mapsto \hat{a}(\lambda)$ ist ein Homöomorphismus.*
(b) *Das Spektrum $\sigma(a) \subset \mathbb{C}^n$ ist ein polynom-konvexes Kompaktum.*

Beweis (a) Nach Definition der Gelfand-Topologie auf Δ_A ist $\hat{a}$ stetig. Lemma 12.2 zeigt, dass $\hat{a} : \Delta_A \to \sigma(a)$ surjektiv ist. Sind $\lambda, \mu \in \Delta_A$ mit $\hat{a}(\lambda) = \hat{a}(\mu)$, so folgt

$$\lambda(p(a)) = p(\hat{a}(\lambda)) = p(\hat{a}(\mu)) = \mu(p(a))$$

für alle Polynome $p \in \mathbb{C}[z_1, \ldots, z_n]$. Da multiplikative Linearformen auf A automatisch stetig sind und da $\{p(a); \ p \in \mathbb{C}[z_1, \ldots, z_n]\} \subset A$ nach Voraussetzung dicht ist, ist $\lambda = \mu$. Nach einem wohlbekannten Resultat aus der Topologie ist $\hat{a} : \Delta_A \to \sigma(a)$ als stetige Bijektion zwischen kompakten Hausdorff-Räumen ein Homöomorphismus.

(b) Ist $w \in \mathbb{C}^n$ ein Punkt der polynom-konvexen Hülle von $\sigma(a)$, so folgt mit Lemma 12.2

$$|p(w)| \le \|p\|_{\sigma(a)} = \|p \circ \hat{a}\|_{\Delta_A} = \sup\{|\lambda(p(a))|;\ \lambda \in \Delta_A\} \le \|p(a)\|$$

für jedes Polynom $p \in \mathbb{C}[z_1, \ldots, z_n]$. Also ist die Abbildung

$$\{p(a);\ p \in \mathbb{C}[z_1, \ldots, z_n]\} \to \mathbb{C},\ p(a) \mapsto p(w)$$

wohldefiniert und besitzt eine Fortsetzung zu einer multiplikativen Linearform $\lambda \in \Delta_A$. Offensichtlich gilt

$$w = (\lambda(a_1), \ldots, \lambda(a_n)) = \hat{a}(\lambda) \in \sigma(a).$$

Damit ist gezeigt, dass $\sigma(a)$ mit seiner polynom-konvexen Hülle übereinstimmt.   □

Ist $a = (a_1, \ldots, a_n) \in A^n$ und ist B eine abgeschlossene Teilalgebra von A mit $1, a_1, \ldots, a_n \in B$, so bezeichnen wir mit $\sigma_B(a)$ das Spektrum von a, aufgefasst als Tupel von Elementen in B, und mit $\rho_B(a) = \mathbb{C}^n \setminus \sigma_B(a)$ die Resolventenmenge von a in B. Offensichtlich ist $\sigma(a) \subset \sigma_B(a)$. Es gibt bereits für $n = 1$ einfache Beispiele, in denen diese Inklusion strikt ist. Die folgende elementare Beobachtung erlaubt es manchmal, Aussagen über beliebige kommutative Banachalgebren A zurückzuführen auf den Spezialfall von endlich erzeugten Algebren.

Lemma 12.5 *Sei $a \in A^n$ und sei $U \subset \mathbb{C}^n$ offen mit $\sigma(a) \subset U$. Dann gibt es eine endlich erzeugte abgeschlossene Unteralgebra $B \subset A$ mit $1, a_1, \ldots, a_n \in B$ und $\sigma_B(a) \subset U$.*

Beweis Sei $K = \overline{P}_{(\|a_1\|, \ldots, \|a_n\|)}(0) \cap (\mathbb{C}^n \setminus U)$. Ist $K = \varnothing$, so gilt die Behauptung für $B = [a]$. Ist $z \in K$, so gibt es $x_1, \ldots, x_n \in A$ mit

$$\sum_{i=1}^{n} (z_i - a_i)x_i = 1.$$

Dann ist $B = [a_1, \ldots, a_n, x_1, \ldots, x_n] \subset A$ eine endlich erzeugte abgeschlossene Teilalgebra mit $z \in \rho_B(a)$. Da K kompakt ist, gibt es endlich viele solcher Teilalgebren

$$B_i = [a_1, \ldots, a_n, x_1^i, \ldots, x_n^i] \subset A \quad (i = 1, \ldots, r)$$

so, dass $K \subset \rho_{B_1}(a) \cup \ldots \cup \rho_{B_r}(a)$. Dann ist

$$B = [a_1, \ldots, a_n, x_1^1, \ldots, x_n^1, \ldots, x_1^r, \ldots, x_n^r] \subset A$$

eine endlich erzeugte Teilalgebra mit

$$\sigma_B(a) \subset \bigcap_{i=1}^{r} \sigma_{B_i}(a) \subset \overline{P}_{(\|a_1\|,\dots,\|a_n\|)}(0) \cap (\mathbb{C}^n \setminus K) \subset U.$$

Also hat B alle gewünschten Eigenschaften. $\qquad\square$

12.2 Holomorpher Funktionalkalkül

Unser Ziel im Folgenden ist es, für $a \in A^n$ und jede offene Menge $U \supset \sigma(a)$ einen Algebrenhomomorphismus $\Phi : \mathcal{O}(U) \to A$ zu konstruieren, der den polynomiellen Funktionalkalkül von a fortsetzt. In einem ersten Schritt konstruieren wir Φ für genügend große Umgebungen U von $\sigma(a)$.

Lemma 12.6 *Sei $a \in A^n$ und sei $U \subset \mathbb{C}^n$ eine offene Menge derart, dass ein Polyzylinder $P = P_r(0) \subset \mathbb{C}^n$ mit Multiradius $r = (r_1, \dots, r_n) \in (0, \infty)^n$ existiert mit $\sigma(a) \subset P \subset \overline{P} \subset U$. Dann definiert*

$$\Phi : \mathcal{O}(U) \to A, \quad \Phi(f) = \left(\frac{1}{2\pi i}\right)^n \int_{\partial_0 P} f(z) R_a(z) \mathrm{d}z$$

einen Algebrenhomomorphismus so, dass für alle $f \in \mathcal{O}(U)$ und $\lambda \in \Delta_A$ gilt

(i) $\Phi(f) = \sum_{j \in \mathbb{N}^n} \frac{(\partial^j f)(0)}{j!} a^j$ *und*
(ii) $\lambda(\Phi(f)) = f(\hat{a}(\lambda))$.

Beweis Wir zeigen zunächst, dass

$$p(a) = \left(\frac{1}{2\pi i}\right)^n \int_{\partial_0 P} p(z) R_a(z) \mathrm{d}z$$

für jedes Polynom $p \in \mathbb{C}[z_1, \dots, z_n]$ gilt. Da die Abbildung Φ offensichtlich linear ist, dürfen wir annehmen, dass $p(z) = z^k$ ein Monom ist. Wir fixieren eine Zahl $s > 0$ mit $\overline{P} \cup \overline{P}_{(\|a_1\|,\dots,\|a_n\|)}(0) \subset P_s(0)$ und setzen $Q = P_s(0)$. Da die in Abschn. 12.1 hergeleitete Reihenentwicklung für $R_a(z)$ gleichmäßig auf $\partial_0 Q$ konvergiert, folgt

$$\left(\frac{1}{2\pi i}\right)^n \int\limits_{\partial_0 Q} z^k R_a(z) \mathrm{d}z = \left(\frac{1}{2\pi i}\right)^n \int\limits_{\partial_0 Q} \left(\sum_{j \in \mathbb{N}^n} \frac{a^j}{z^{j-k+e}}\right) \mathrm{d}z$$

$$= \sum_{j \in \mathbb{N}^n} \left(\frac{1}{2\pi i}\right)^n \left(\int\limits_{\partial_0 Q} \frac{1}{z^{j-k+e}} \mathrm{d}z\right) a^j = a^k.$$

Indem man n-mal den Cauchyschen Integralsatz für Banachraum-wertige holomorphe Funktionen einer Veränderlichen (Theorem 10.35 in [29]) anwendet, erhält man

$$a^k = \int\limits_{\partial D_s(0)} \cdots \int\limits_{\partial D_s(0)} z^k R_a(z) \mathrm{d}z = \int\limits_{\partial D_{r_1}(0)} \cdots \int\limits_{\partial D_{r_n}(0)} z^k R_a(z) \mathrm{d}z = \int\limits_{\partial_0 P} z^k R_a(z) \mathrm{d}z.$$

Insbesondere existiert eine nur von P und a abhängige Konstante $c > 0$ mit $\|a^j\| \leq cr^j$ für alle $j \in \mathbb{N}^n$. Sei $P_R(0)$ ein Polyzylinder mit $\overline{P} \subset P_R(0) \subset \overline{P}_R(0) \subset U$. Die Cauchy-schen Abschätzungen (Satz 2.1) zeigen, dass für jede holomorphe Funktion $f \in \mathcal{O}(U)$ die Ungleichungen

$$\left|\frac{(\partial^j f)(0)}{j!}\right| \leq \frac{\|f\|_{P_R(0)}}{R^j} \quad (j \in \mathbb{N}^n)$$

gelten. Nach dem Majorantenkriterium konvergieren die in Teil (i) auftretenden Reihen absolut.

Zum Beweis der Multiplikativität von Φ wähle man für $f, g \in \mathcal{O}(U)$ mit dem Satz über die Taylorentwicklung (Satz 1.17) Folgen (p_k) und (q_k) von Polynomen, die gleichmäßig auf $\overline{P}$ gegen f und g konvergieren. Dann ist

$$\Phi(fg) = \lim_{k \to \infty} \Phi(p_k q_k) = \lim_{k \to \infty} p_k(a) q_k(a) = \Phi(f)\Phi(g).$$

Ist $f \in \mathcal{O}(U)$ und ist (p_k) eine approximierende Folge von Polynomen für f wie oben, so gilt

$$\lambda(f(a)) = \lim_{k \to \infty} \lambda(p_k(a)) = \lim_{k \to \infty} p_k(\hat{a}(\lambda)) = f(\hat{a}(\lambda)).$$

Indem man für (p_k) die Folge der Taylor-Polynome von f wählt, sieht man, dass Φ auch die in (ii) beschriebene Eigenschaft besitzt. □

Den im Beweis von Lemma 12.6 benutzten Cauchyschen Integralsatz für holomorphe Funktionen $f : U \to X$ einer Variablen mit Werten in Banachräumen kann man genauso wie im skalarwertigen Fall beweisen. Alternativ kann man die Aussage auch auf den $\mathbb{C}$-wertigen Fall zurückführen, indem man benutzt, dass $u \circ f : U \to \mathbb{C}$ eine $\mathbb{C}$-wertige holomorphe Funktion ist für jede stetige Linearform $u : X \to \mathbb{C}$ und dass nach dem

Satz von Hahn-Banach (Korollar 3.4 in [30]) zwei Vektoren $x_1, x_2 \in X$ gleich sind, wenn $u(x_1) = u(x_2)$ für jede stetige Linearform $u : X \to \mathbb{C}$ gilt.

Versieht man $\mathcal{O}(U)$ mit seiner kanonischen Fréchetraum-Topologie, so ist der in Lemma 12.6 konstruierte Algebrenhomomorphismus $\Phi : \mathcal{O}(U) \to A$ stetig. Da die Topologie von $\mathcal{O}(U)$ von einer Metrik induziert wird, genügt es, die Folgenstetigkeit zu begründen. Da Konvergenz in $\mathcal{O}(U)$ kompakt gleichmäßige Konvergenz ist, folgt die Stetigkeit von Φ aus der Standardabschätzung für iterierte Kurvenintegrale

$$\| \int_{\partial_0 P} f(z) R_a(z) \mathrm{d}z \| \leq \left(L(\partial_0 P) \sup_{z \in \partial_0 P} \| R_a(z) \| \right) \|f\|_{\partial_0 P}.$$

Enthält der Definitionsbereich U einer holomorphen Funktion $f : U \to \mathbb{C}$ einen offenen Polyzylinder $P_r(0) \supset \sigma(a)$, so ist nach Lemma 12.6

$$f(a) = \sum_{j \in \mathbb{N}^n} \frac{\partial^j f(0)}{j!} a^j$$

ein wohldefiniertes Element der Banachalgebra A. Sind $f_i : U_i \to \mathbb{C}$ ($i = 1, 2$) zwei solche Funktionen und definiert man $f_1 + f_2$, $f_1 f_2 : U_1 \cap U_2 \to \mathbb{C}$ durch

$$(f_1 + f_2)(z) = f_1(z) + f_2(z), \quad (f_1 f_2)(z) = f_1(z) f_2(z),$$

so gilt

$$(f_1 + f_2)(a) = f_1(a) + f_2(a), \quad (f_1 f_2)(a) = f_1(a) f_2(a).$$

Nach diesen Vorbereitungen können wir unser Hauptergebnis über die Existenz eines holomorphen Funktionalkalküls beweisen.

Satz 12.7 (Shilov, Waelbroeck, Arens-Calderon)
Sei $a \in A^n$ und sei $U \subset \mathbb{C}^n$ eine offene Menge mit $\sigma(a) \subset U$. Dann gibt es einen Algebrenhomomorphismus $\Phi : \mathcal{O}(U) \to A$ mit

(i) $\Phi(p) = p(a)$ *für jedes Polynom* $p \in \mathbb{C}[z_1, \ldots, z_n]$ *und*
(ii) $\lambda(\Phi(f)) = f(\hat{a}(\lambda))$ *für alle* $f \in \mathcal{O}(U)$ *und* $\lambda \in \Delta_A$.

Beweis (1) Wir betrachten zunächst den Fall, dass ein polynomieller Polyeder

$$\Delta_p = \{z \in \mathbb{C}^n; \ \|p(z)\|_\infty < 1\} \quad (p = (p_1, \ldots, p_m) \in \mathbb{C}[z_1, \ldots, z_n]^m)$$

existiert mit $\sigma(a) \subset \Delta_p \subset U$. Satz 10.5 mit $g : \mathbb{C}^n \to \mathbb{C}^m$, $g(z) = p(z)$, $V = \mathbb{D}^n$ und $W = \Delta_p$ zeigt, dass in dieser Situation die Sequenz

$$\mathcal{O}(\mathbb{C}^n \times \mathbb{D}^m)^m \xrightarrow{s} \mathcal{O}(\mathbb{C}^n \times \mathbb{D}^m) \xrightarrow{r} \mathcal{O}(\Delta_p) \to 0$$

mit den durch

$$(rF)(z) = F(z, p(z)), \quad (s(F_i)_{i=1}^m)(z, w) = \sum_{i=1}^m (p_i(z) - w_i)F_i(z, w)$$

definierten Abbildungen exakt ist. Gemäß Korollar 12.3 gilt

$$\sigma(a, p(a)) = \{(z, p(z)); \; z \in \sigma(a)\} \subset \mathbb{C}^n \times \mathbb{D}^m.$$

Für $F \in \mathcal{O}(\mathbb{C}^n \times \mathbb{D}^m)$ ist nach Lemma 12.6 und den anschließenden Bemerkungen $F(a, p(a)) \in A$ ein wohldefiniertes Element der Banachalgebra A. Ist $F \in \operatorname{Ker} r = \operatorname{Im} s$, so ist

$$F(a, p(a)) = \sum_{i=1}^m (p_i(a) - p_i(a))F_i(a, p(a)) = 0.$$

Also gibt es eine wohldefinierte Abbildung $\Phi : \mathcal{O}(U) \to A$ mit

$$\Phi(f) = F(a, p(a))$$

für alle $f \in \mathcal{O}(U)$, $F \in \mathcal{O}(\mathbb{C}^n \times \mathbb{D}^m)$ mit $rF = f|\Delta_p$. Mit r ist auch die hierdurch definierte Abbildung Φ ein Algebrenhomomorphismus.
Für $\lambda \in \Delta_A$ ist

$$\lambda(F(a, p(a))) = F(\hat{a}, p(\hat{a}(\lambda))) = f(\hat{a}(\lambda))$$

nach Lemma 12.6. Ist $f = q \in \mathbb{C}[z_1, \ldots, z_n]$ ein Polynom, so kann man F als die Funktion $F : \mathbb{C}^n \times \mathbb{D}^m \to \mathbb{C}, F(z, w) = q(z)$ wählen. Dann folgt $\Phi(q) = F(a, p(a)) = q(a)$.
(2) Sei jetzt $U \supset \sigma(a)$ eine beliebige offene Menge. Nach Lemma 12.5 gibt es ein Tupel $b = (b_1, \ldots, b_r) \in A^r$ so, dass für die abgeschlossene Unteralgebra $B = [a_1, \ldots, a_n, b_1, \ldots, b_r] \subset A$ die Inklusion $\sigma_B(a) \subset U$ gilt. Nach Satz 12.4(b) ist $\sigma_B(a, b)$ polynom-konvex. Wegen

$$\sigma(a, b) \subset \sigma_B(a, b) \subset \sigma_B(a) \times \mathbb{C}^r \subset U \times \mathbb{C}^r$$

gibt es nach Lemma 7.3 einen polynomiellen Polyeder W mit $\sigma(a, b) \subset W \subset U \times \mathbb{C}^r$. Nach Teil (1) des Beweises, angewendet auf das Tupel $(a, b) \in A^{n+r}$ anstelle von a, existiert ein

Algebrenhomomorphismus $\Phi_{(a,b)} : \mathcal{O}(U \times \mathbb{C}^r) \to A$ mit den Eigenschaften (i) und (ii). Für $f \in \mathcal{O}(U)$ sei $f \otimes 1 \in \mathcal{O}(U \times \mathbb{C}^r)$ die holomorphe Funktion mit $f \otimes 1(z, w) = f(z)$. Dann definiert

$$\Phi : \mathcal{O}(U) \to A, \ \Phi(f) = \Phi_{(a,b)}(f \otimes 1)$$

einen Algebrenhomomorphismus mit den Eigenschaften (i) und (ii) für a. $\qquad\square$

Die zu Beginn des zweiten Beweisteils benutzte Beobachtung, dass zu jedem Tupel $a \in A^n$ und jeder offenen Umgebung $U \supset \sigma(a)$ ein verlängertes Tupel $(a, b) \in A^{n+r}$ existiert, für das die polynom-konvexe Hülle von $\sigma(a, b)$ in $U \times \mathbb{C}^r$ enthalten ist, ist in der Literatur als das Arens-Calderon-Lemma bekannt.

Der im ersten Teil des Beweises von Satz 12.7 konstruierte Algebrenhomomorphismus $\Phi : \mathcal{O}(U) \to A$ hängt nicht von der Wahl des Polynomtupels $p \in \mathbb{C}[z_1, \ldots, z_n]^m$ ab. Ist $q \in \mathbb{C}[z_1, \ldots, z_n]^k$ ein weiteres Tupel mit $\sigma(a) \subset \Delta_q \subset U$, so zeigt ein einfaches Argument, dass die bezüglich p und q gebildeten Algebrenhomomorphismen mit dem bezüglich $(p, q) \in \mathbb{C}[z_1, \ldots, z_n]^{m+k}$ gebildeten übereinstimmen (Aufgabe 12.1(a)). Auch der in Teil (2) des Beweises konstruierte Funktionalkalkül ist unabhängig von der speziellen Wahl des ergänzenden Tupels $b \in A^r$. Ist $c \in A^s$ ein weiteres Tupel mit $\sigma_{[a,c]}(a) \subset U$, so stimmen die mit Hilfe von b und c gebildeten Algebrenhomomorphismen mit dem bezüglich $(b, c) \in A^{r+s}$ gebildeten Funktionalkalkül überein (Aufgabe 12.1(b)).

Standardargumente aus der Funktionalanalysis zeigen, dass die in beiden Teilen des Beweises von Satz 12.7 konstruierten Algebrenhomomorphismen $\Phi : \mathcal{O}(U) \to A$ stetig sind. Der im ersten Teil benutzte surjektive Algebrenhomomorphismus

$$r : \mathcal{O}(\mathbb{C}^n \times \mathbb{D}^m) \to \mathcal{O}(\Delta_p), \ (rF)(z) = F(z, p(z))$$

ist offensichtlich stetig. Nach dem Prinzip des stetigen Inversen für Frécheträume (Korollar 2.12 in [30]) ist die induzierte Abbildung

$$\hat{r} : \mathcal{O}(\mathbb{C}^n \times \mathbb{D}^m)/\mathrm{Ker}\, r \to \mathcal{O}(\Delta_p), \ \hat{r}([F]) = r(F)$$

ein topologischer Isomorphismus. Der im ersten Teil des Beweises benutzte holomorphe Funktionalkalkül des Tupels $(a, p(a))$ ist nach den Bemerkungen im Anschluss an Lemma 12.6 stetig und induziert daher einen stetigen Algebrenhomomorphismus

$$\mathcal{O}(\mathbb{C}^n \times \mathbb{D}^m)/\mathrm{Ker}\, r \to A, \ [F] \mapsto F(a, p(a)).$$

Also ist der im ersten Teil des Beweises von Satz 12.7 konstruierte holomorphe Funktionalkalkül $\Phi : \mathcal{O}(U) \to A$ als Komposition der letztgenannten Abbildung, der Inversen

$(\hat{r})^{-1}$ und der Restriktionsabbildung $\mathcal{O}(U) \to \mathcal{O}(\Delta_p)$ stetig. Da auch der Algebren-homomorphismus

$$\mathcal{O}(U) \to \mathcal{O}(U \times \mathbb{C}^r),\, f \mapsto f \otimes 1$$

stetig ist, gilt dasselbe für den im zweiten Teil des Beweises konstruierten Algebren-homomorphismus $\Phi : \mathcal{O}(U) \to A$.

Ist $a \in A^n$ und ist $U \subset \mathbb{C}^n$ eine Rungesche offene Menge mit $\sigma(a) \subset U$, so ist ein stetiger Algebrenhomomorphismus $\Phi : \mathcal{O}(U) \to A$ nach Satz 7.10 bereits eindeutig bestimmt durch seine Werte auf den Polynomen. Die direkt im Anschluss an Satz 12.7 gemachten Bemerkungen erlauben es zu zeigen, dass die in Satz 12.7 konstruierte Familie von Algebrenhomomorphismen $\Phi_{a,U} : \mathcal{O}(U) \to A$ ($a \in A^n$, $U \supset \sigma(a)$ offen) verträglich ist mit Restriktionen und der Komposition mit Projektionen (Aufgabe 12.2). Diese beiden Bedingungen, zusammen mit der oben begründeten Stetigkeitseigenschaft, legen die Familie $(\Phi_{a,U})$ eindeutig fest. Eine präzise Formulierung dieser Eindeutigkeitseigenschaft findet man in Aufgabe 12.3.

Für $a \in A^n$ und $U \supset \sigma(a)$ offen schreibt man die Abbildung $\Phi_{a,U}$ daher oft auch einfach in der Form

$$\mathcal{O}(U) \to A,\, f \mapsto f(a)$$

und nennt sie den analytischen Funktionalkalkül von a über U. Für den Beweis des Shilovschen Idempotentensatzes und des Satzes von Arens-Royden werden die in den Aufgaben zu Kap. 12 bewiesenen zusätzlichen Eigenschaften des analytischen Funktio-nalkalküls aber nicht benötigt.

Als unmittelbare Folgerung der Verträglichkeit des holomorphen Funktionalkalküls mit der Gelfand-Transformation erhält man den folgenden spektralen Abbildungssatz.

Korollar 12.8 (Spektraler Abbildungssatz) *Sei $a \in A^n$, $U \subset \mathbb{C}^n$ eine offene Menge mit $\sigma(a) \subset U$ und $\Phi : \mathcal{O}(U) \to A$ ein Algebrenhomomorphismus wie in Satz 12.7. Dann gilt für $f \in \mathcal{O}(U)^k$*

$$\sigma(\Phi(f_1), \ldots, \Phi(f_k)) = f(\sigma(a)).$$

Beweis Nach Lemma 12.2 und Bedingung (ii) aus Satz 12.7 gilt

$$\sigma(\Phi(f_1), \ldots, \Phi(f_k)) = \{(\lambda(\Phi(f_1)), \ldots, \lambda(\Phi(f_k)));\, \lambda \in \Delta_A\} = f(\hat{a}(\Delta_A)).$$

Mit nochmaliger Anwendung von Lemma 12.2 folgt die Behauptung. $\square$

Der holomorphe Funktionalkalkül ist in einem sehr allgemeinen Sinne verträglich mit Kompositionen. Wir beweisen dies nur in einem Spezialfall.

Korollar 12.9 *Sei $a \in A^n$, $\Phi : \mathcal{O}(U) \to A$ ein stetiger Algebrenhomomorphismus mit den Eigenschaften (i) und (ii) aus Satz 12.7 auf einer offenen Menge $U \supset \sigma(a)$ und sei $g \in \mathcal{O}(U)^k$. Ist $V \subset \mathbb{C}^k$ eine Rungesche offene Menge mit $g(U) \subset V$, so gilt*

$$f(\Phi(g_1), \ldots, \Phi(g_k)) = \Phi(f \circ g)$$

für alle $f \in \mathcal{O}(V)$.

Beweis Nach Korollar 12.8 ist

$$\sigma(\Phi(g_1), \ldots, \Phi(g_k)) = g(\sigma(a)) \subset V.$$

Die Abbildung

$$\rho : \mathcal{O}(V) \to A, f \mapsto \Phi(f \circ g)$$

ist ein stetiger Algebrenhomomorphismus mit $\rho(1) = 1$ und $\rho(z_i) = \Phi(g_i)$ für $i = 1, \ldots, k$. Nach den Vorbemerkungen zu Korollar 12.8 stimmt ρ mit dem analytischen Funktionalkalkül von $(\Phi(g_1), \ldots, \Phi(g_k))$ über V überein. $\square$

Indem man Korollar 12.9 anwendet mit $U = \mathbb{C}^2$, $V = \mathbb{C}$, sowie der äußeren Funktion $f = \exp : \mathbb{C} \to \mathbb{C}$ und den inneren Funktionen $g(z_1, z_2) = z_1 + z_2$, $g(z_1, z_2) = z_i$ ($i = 1, 2$), erhält man, dass für alle $a_1, a_2 \in A$ die Identität

$$\exp(a_1 + a_2) = \exp(a_1)\exp(a_2)$$

gilt. Insbesondere ist $\exp A = \{\exp(a); \ a \in A\}$ eine Untergruppe der multiplikativen Gruppe A^{-1} aller invertierbaren Elemente in A.

Mit dem Ergebnis von Aufgabe 10.5 kann man zeigen, dass die Familie der in Satz 12.7 konstruierten Funktionalkalküle $\Phi_{a,U}$ ($a \in A^n$ endlich, $U \supset \sigma(a)$ offen) in einem viel allgemeineren Sinne verträglich ist mit Kompositionen (Aufgabe 12.4). Wir werden im Folgenden nur das speziellere Ergebnis aus Korollar 12.9 benutzen.

Als erste Anwendung des analytischen Funktionalkalküls folgern wir die Existenz nicht-trivialer idempotenter Elemente für kommutative Banachalgebren, deren Strukturraum unzusammenhängend ist.

Satz 12.10 (Shilovscher Idempotentensatz)

Ist $\Delta_A = \Delta_1 \cup \Delta_2$ mit disjunkten abgeschlossenen Mengen $\Delta_1, \Delta_2 \subset \Delta_A$, so existiert ein Element $p \in A$ mit $p^2 = p$ und $\hat{p} = 1$ auf $\Delta_1, \hat{p} = 0$ auf Δ_2.

Beweis Wir zeigen zunächst, dass zu jedem Funktional $\mu \in \Delta_2$ offene Mengen U_μ, V_μ in Δ_A mit $\Delta_1 \subset U_\mu, \mu \in V_\mu$ und eine endliche Teilmenge $M_\mu \subset A$ existieren so, dass für jedes Paar von Funktionalen $\lambda \in U_\mu, \lambda' \in V_\mu$ ein $a \in M_\mu$ existiert mit $\hat{a}(\lambda) \neq \hat{a}(\lambda')$. Um dies zu sehen, wähle man für jedes $\lambda \in \Delta_1$ ein $a_\lambda \in A$ und offene Umgebungen G_λ von λ, H_λ von μ mit

$$\hat{a}_\lambda(G_\lambda) \cap \hat{a}_\lambda(H_\lambda) = \varnothing.$$

Da Δ_1 kompakt ist, gibt es $\lambda_1, \ldots, \lambda_r \in \Delta_1$ mit $\Delta_1 \subset G_{\lambda_1} \cup \ldots \cup G_{\lambda_r}$. Dann haben die offenen Mengen $U_\mu = G_{\lambda_1} \cup \ldots \cup G_{\lambda_r}, V_\mu = \bigcap_{i=1}^r H_{\lambda_i}$ und die endliche Teilmenge $M_\mu = \{a_{\lambda_1}, \ldots, a_{\lambda_r}\} \subset A$ die gewünschten Eigenschaften.

Da auch Δ_2 kompakt ist, gibt es $\mu_1, \ldots, \mu_s \in \Delta_2$ mit $\Delta_2 \subset V_{\mu_1} \cup \ldots \cup V_{\mu_s}$. Sei $a = (a_1, \ldots, a_t) \in A^t$ ein endliches Tupel mit

$$\{a_1, \ldots, a_t\} = \bigcup_{i=1}^s M_{\mu_i}.$$

Dann ist $\sigma(a) = \hat{a}(\Delta_1) \cup \hat{a}(\Delta_2)$ eine Zerlegung von $\sigma(a)$ in zwei disjunkte Kompakta. Zu den disjunkten kompakten Mengen $\hat{a}(\Delta_1), \hat{a}(\Delta_2) \subset \mathbb{C}^n$ gibt es disjunkte offene Mengen $U_1 \supset \hat{a}(\Delta_1)$ und $U_2 \supset \hat{a}(\Delta_2)$ in $\mathbb{C}^n$. Auf der offenen Umgebung $U = U_1 \cup U_2$ von $\sigma(a) = \hat{a}(\Delta)$ wird durch $f : U \to \mathbb{C}, f(z) = 1$ für $z \in U_1, f(z) = 0$ für $z \in U_2$, eine holomorphe Funktion definiert. Sei $\Phi : \mathcal{O}(U) \to A$ ein Algebrenhomomorphismus wie in Satz 12.7. Dann ist $p = \Phi(f) \in A$ ein idempotentes Element, denn

$$p^2 = \Phi(f^2) = \Phi(f) = p.$$

Die Gelfand-Transformierte $\hat{p} = f \circ \hat{a}$ ist konstant 1 auf Δ_1 und konstant 0 auf Δ_2. $\square$

In der Situation von Satz 12.10 ist der Multiplikationsoperator $M_p : A \to A, x \mapsto px$ stetig und linear mit $M_p^2 = M_p$. Also zerfällt A in die algebraische direkte Summe

$$A = I_1 \oplus I_2$$

der beiden abgeschlossenen Ideale $I_1 = pA$ und $I_2 = (1 - p)A$.

12.3   Der Satz von Arens-Royden

Die Gelfand-Transformation $A \to C(\Delta_A)$, $a \mapsto \hat{a}$ definiert einen unitalen Algebrenhomomorphismus. Insbesondere bildet die Gelfand-Transformation die Menge

$$A^{-1} = \{x \in A; x \text{ ist invertierbar in } A\}$$

der invertierbaren Elemente in A in die Menge $C(\Delta_A)^{-1}$ der invertierbaren Elemente in $C(\Delta_A)$ ab. Nach Satz 12.7 vertauscht die Gelfand-Transformation mit dem analytischen Funktionalkalkül. Also erhält man einen wohldefinierten Gruppenhomomorphismus

$$\rho : A^{-1}/\exp A \to C(\Delta_A)^{-1}/\exp C(\Delta_A), \quad [x] \mapsto [\hat{x}].$$

Als weitere Anwendung des analytischen Funktionalkalküls zeigen wir, dass diese Abbildung ein Gruppenisomorphismus ist.

Der nächste Satz zeigt die Surjektivität. Im Beweis bezeichnen wir für eine Funktion $f : \Delta_A \to \mathbb{C}$ mit $f^* : \Delta_A \to \mathbb{C}, f^*(z) = \overline{f(z)}$ die komplex konjugierte Funktion.

Satz 12.11
Zu $\varphi \in C(\Delta_A)^{-1}$ existiert ein Element $x \in A^{-1}$ mit

$$\varphi/\hat{x} \in \exp C(\Delta_A).$$

Beweis Da die von den Funktionen $\hat{a}$ ($a \in A$) und ihren komplex konjugierten erzeugte Teilalgebra

$$C = \left\{ \sum_{j=1}^{m} \hat{a}_j \hat{a}_{m+j}^*; \ m \in \mathbb{N} \text{ und } a_1, \ldots, a_{2m} \in A \right\} \subset C(\Delta_A)$$

die konstanten Funktionen enthält, die Punkte von Δ_A trennt und mit jeder Funktion auch die komplex konjugierte Funktion enthält, ist sie nach dem Satz von Stone-Weierstraß (Theorem 5.7 in [30]) dicht in $C(\Delta_A)$ bezüglich der Supremumsnorm. Insbesondere gibt es eine Funktion

$$\psi = \sum_{j=1}^{m} \hat{a}_j \hat{a}_{m+j}^* \in C$$

mit

$$\left\|1 - \frac{\psi}{\varphi}\right\|_{\Delta_A} \le \frac{1}{\|\varphi\|_{\Delta_A}}\|\varphi - \psi\|_{\Delta_A} < 1.$$

Da ψ/φ Werte in $D_1(1)$ hat, gibt es eine stetige Funktion $\theta_1 \in C(\Delta_A)$ mit $\psi/\varphi = \exp(\theta_1)$. Um den Beweis zu beenden, genügt es, ein Element $x \in A^{-1}$ und eine stetige Funktion $\theta_2 \in C(\Delta_A)$ zu finden mit $\psi/\hat{x} = \exp(\theta_2)$. Denn dann ist $\varphi/\hat{x} = \exp(\theta_2 - \theta_1)$.
Nach Lemma 12.2 ist $\sigma(a_1, \ldots, a_{2m})$ Teilmenge der offenen Menge

$$U = \left\{ z \in \mathbb{C}^{2m};\ \sum_{j=1}^{m} z_j \bar{z}_{m+j} \ne 0 \right\}.$$

Wie in Teil (2) des Beweises von Satz 12.7 sieht man, dass ein verlängertes Tupel $a = (a_1, \ldots, a_{2m}, a_{2m+1}, \ldots, a_n) \in A^n$ existiert mit

$$\tilde{\sigma}(a) \subset U \times \mathbb{C}^{n-2m}.$$

Lemma 7.3 erlaubt es uns, einen polynomiellen Polyeder $P \subset \mathbb{C}^n$ zu wählen derart, dass $\tilde{\sigma}(a) \subset P \subset U \times \mathbb{C}^{n-2m}$ ist. Durch

$$g : P \to \mathbb{C},\ g(z) = \sum_{j=1}^{m} z_j \bar{z}_{m+j}$$

wird eine nullstellenfreie stetige Funktion definiert mit $g \circ \hat{a} = \psi$. Da g nullstellenfrei ist, können wir für jeden Punkt $\alpha \in P$ einen offenen Kreis D_α in $\mathbb{C} \setminus \{0\}$ mit Mittelpunkt $g(\alpha)$ und eine holomorphe Funktion $\ell_\alpha : D_\alpha \to \mathbb{C}$ wählen mit $\exp(\ell_\alpha(z)) = z$ für alle $z \in D_\alpha$. Die Mengen $U_\alpha = g^{-1}(D_\alpha)$ bilden eine offene Überdeckung $\mathcal{U} = (U_\alpha)_{\alpha \in P}$ von P. Da für $\alpha, \beta \in P$ mit $U_\alpha \cap U_\beta \ne \emptyset$ durch $D_\alpha \cap D_\beta \to \mathbb{C}, z \mapsto \ell_\beta(z) - \ell_\alpha(z)$ eine stetige Funktion auf einem Gebiet definiert wird mit Werten in $2\pi i\mathbb{Z}$, gibt es für jedes solche Paar α, β eine Zahl $c_{\alpha\beta} \in 2\pi i\mathbb{Z}$ mit

$$\ell_\beta(z) - \ell_\alpha(z) = c_{\alpha\beta}$$

für $z \in D_\alpha \cap D_\beta$. Fasst man die so gewählten Zahlen $c_{\alpha\beta}$ als holomorphe Funktionen auf den Durchschnitten $U_{\alpha\beta} = U_\alpha \cap U_\beta$ auf, so erhält man ein Cousin-I-Datum auf P bezüglich der offenen Überdeckung $\mathcal{U}$. Nach Satz 7.11 existieren holomorphe Funktionen $h_\alpha \in \mathcal{O}(U_\alpha)\ (\alpha \in P)$ mit

$$c_{\alpha\beta} = h_\beta(z) - h_\alpha(z)$$

für alle $\alpha, \beta \in P$ und $z \in U_{\alpha\beta}$. Nach Konstruktion gilt für $\alpha, \beta \in P$ und $z \in U_{\alpha\beta}$

$$e^{h_\alpha(z)} = e^{h_\beta(z)}$$

und

$$\ell_\alpha(g(z)) - h_\alpha(z) = \ell_\beta(g(z)) - h_\beta(z).$$

Also gibt es eine holomorphe Funktion $f : P \to \mathbb{C}$ und eine stetige Funktion $\ell : P \to \mathbb{C}$ mit

$$f(z) = e^{h_\alpha(z)} \quad \text{und} \quad \ell(z) = \ell_\alpha(g(z)) - h_\alpha(z)$$

für alle $\alpha \in P$ und $z \in U_\alpha$. Dann ist $x = f(a) \in A$ ein Element mit $0 \notin f(\sigma(a)) = \sigma(x)$ und

$$\psi / \hat{x} = (g/f) \circ \hat{a} = \exp(\ell \circ \hat{a}).$$

Also ist $x \in A^{-1}$ ein Element mit den gewünschten Eigenschaften.   □

Zum Beweis der Injektivität von $\rho : A^{-1}/\exp A \to C(\Delta_A)^{-1}/\exp C(\Delta_A)$ genügt es zu zeigen, dass für jedes $a \in A$ mit $\hat{a} \in \exp C(\Delta_A)$ ein Element $x \in A$ existiert mit $a = \exp(x)$. Dies folgt als spezielle Anwendung des folgenden Satzes über implizit definierte Elemente in Banachalgebren

Satz 12.12

Sei $a \in A^n$, $\omega \in C(\Delta_A)$ und $F \in \mathcal{O}(V)$ eine holomorphe Funktion auf einer offenen Umgebung $V \subset \mathbb{C}^{n+1}$ des Kompaktums

$$\sigma = \{(\omega(\lambda), \hat{a}(\lambda)); \; \lambda \in \Delta_A\} \subset \mathbb{C}^{n+1}$$

mit $F|\sigma = 0$ und $Z(\partial_1 F, \sigma) = \emptyset$. Dann gibt es ein eindeutig bestimmtes Element $x \in A$ mit $\hat{x} = \omega$ und $F(x, a) = 0$.

Beweis In einem ersten Schritt zeigen wir, dass a verlängert werden kann zu einem Tupel $c = (a, b) \in A^{n+m}$ mit der Eigenschaft, dass $\omega(\lambda_1) = \omega(\lambda_2)$ ist für alle $\lambda_1, \lambda_2 \in \Delta_A$ mit $\hat{c}(\lambda_1) = \hat{c}(\lambda_2)$. Nach dem Satz über implizite Funktionen (Satz 2.12) gibt es zu jedem $\xi \in \Delta_A$ offene Umgebungen $V_1(\xi) \subset \mathbb{C}$ von $\omega(\xi)$ und $V_2(\xi) \subset \mathbb{C}^n$ von $\hat{a}(\xi)$ so, dass zu jedem $z \in V_2(\xi)$ genau ein $w \in V_1(\xi)$ existiert mit $F(w, z) = 0$. Da ω und $\hat{a}$ stetig sind, können wir eine offene Umgebung W_ξ von ξ in Δ_A wählen mit $(\omega, \hat{a})(W_\xi) \subset V_1(\xi) \times V_2(\xi)$. Sei $W = \bigcup_{\xi \in \Delta_A} W_\xi \times W_\xi$. Dann ist $W \subset \Delta_A^2$ eine offene Umgebung der Diagonale

$$\{(\xi, \xi);\ \xi \in \Delta_A\} \subset \Delta_A^2$$

bezüglich der Produkttopologie von $\Delta_A^2 = \Delta_A \times \Delta_A$ und für $(\lambda_1, \lambda_2) \in W$ mit $\hat{a}(\lambda_1) = \hat{a}(\lambda_2)$ ist $\omega(\lambda_1) = \omega(\lambda_2)$. Die Menge $K = (\Delta_A \times \Delta_A) \setminus W$ ist kompakt und zu jedem Paar (λ_1, λ_2) in K gibt es ein Element $b \in A$ und offene Umgebungen $W_i \subset \Delta_A$ von λ_i $(i = 1, 2)$ mit

$$\hat{b}(W_1) \cap \hat{b}(W_2) = \varnothing.$$

Da K von endlich vielen Mengen der Form $W_1 \times W_2$ überdeckt wird, gibt es ein endliches Tupel $b \in A^m$ und eine offene Menge $\tilde{W} \supset K$ in Δ_A^2 so, dass $\hat{b}(\lambda_1) \neq \hat{b}(\lambda_2)$ ist für jedes Paar $(\lambda_1, \lambda_2) \in \tilde{W}$. Das Tupel $c = (a, b) \in A^{n+m}$ hat die gewünschte Eigenschaft. Denn sind $\lambda_1, \lambda_2 \in \Delta_A$ mit $\hat{c}(\lambda_1) = \hat{c}(\lambda_2)$, so ist $(\lambda_1, \lambda_2) \in W$ und $\omega(\lambda_1) = \omega(\lambda_2)$. Diese Eigenschaft von c stellt sicher, dass es eine wohldefinierte Funktion $H : \sigma(c) \to \mathbb{C}$ gibt mit

$$H(\hat{c}(\lambda)) = \omega(\lambda)$$

für alle $\lambda \in \Delta_A$.

Im zweiten Schritt zeigen wir, dass die hierdurch definierte Funktion H stetig ist. Wäre H unstetig, könnten wir eine Folge $(z_k)_{k \in \mathbb{N}} = (\hat{c}(\lambda_k))_{k \in \mathbb{N}}$ in $\sigma(c)$ wählen derart, dass (z_k) gegen einen Punkt $z \in \sigma(c)$ konvergiert, aber

$$\inf_{k \in \mathbb{N}} |H(z_k) - H(z)| > 0$$

ist. Da Δ_A kompakt ist, können wir ein Funktional

$$\lambda \in \bigcap_{k \in \mathbb{N}} \overline{\{\lambda_j; j \geq k\}}$$

wählen. Da $\hat{c}$ und ω stetig sind, findet man in jeder Umgebung von $\hat{c}(\lambda)$ Folgenglieder $\hat{c}(\lambda_k)$ und in jeder Umgebung von $\omega(\lambda)$ Folgenglieder $\omega(\lambda_j)$ mit beliebig großen Indizes k und j. Dann ist notwendigerweise $z = \hat{c}(\lambda)$ und

$$\inf_{k \in \mathbb{N}} |H(z_k) - H(z)| = \inf_{k \in \mathbb{N}} |\omega(\lambda_k) - \omega(\lambda)| = 0.$$

Dieser Widerspruch zeigt, dass die Funktion H stetig. ist.
Als nächstes zeigen wir, dass H eine holomorphe Fortsetzung auf eine Umgebung von $\sigma(c)$ besitzt. Sei dazu

$$\pi : V \times \mathbb{C}^m \to V,\ (w, z_1, \ldots, z_{n+m}) \mapsto (w, z_1, \ldots, z_n)$$

die Projektion auf die ersten $n + 1$ Koordinaten. Dann ist $G = F \circ \pi \in \mathcal{O}(V \times \mathbb{C}^m)$ eine holomorphe Funktion mit

$$G(H(z), z) = 0 \text{ und } \frac{\partial G}{\partial w}(H(z), z) = \frac{\partial F}{\partial w}(H(z), z_1, \ldots, z_n) \neq 0$$

für alle $z \in \sigma(c)$. Lemma 4.3 und ein offensichtliches Kompaktheitsargument erlauben es, Punkte $z_1, \ldots, z_\ell \in \sigma(c)$ und positive Zahlen $\delta_1, \ldots, \delta_\ell, r_1, \ldots, r_\ell > 0$ zu wählen mit

$$\sigma(c) \subset \bigcup_{i=1}^{\ell} P_{\delta_i/2}(z_i)$$

so, dass für $i = 1, \ldots, \ell$ die Inklusionen

$$\overline{D}_{r_i}(H(z_i)) \times \overline{P}_{\delta_i}(z_i) \subset V \times \mathbb{C}^m, \ H(P_{\delta_i}(z_i) \cap \sigma(c)) \subset D_{r_i}(H(z_i))$$

gelten, für jedes $z \in P_{\delta_i}(z_i)$ die Funktion $G(\cdot, z)$ genau eine Nullstelle $\alpha_i(z)$ in $D_{r_i}(H(z_i))$ hat und die resultierende Funktion

$$\alpha_i : P_{\delta_i}(z_i) \to \mathbb{C}$$

analytisch ist. Wegen $G(H(z), z) = 0$ für alle $z \in \sigma(c)$ folgt

$$H(z) = \alpha_i(z)$$

für $i = 1, \ldots, \ell$ und $z \in P_{\delta_i}(z_i) \cap \sigma(c)$.
Wir definieren $U_i = P_{\delta_i/2}(z_i)$ für $i = 1, \ldots, \ell$ und zeigen, dass

$$\alpha_i | U_i \cap U_j = \alpha_j | U_i \cap U_j$$

ist für alle i, j. Sei dazu $\xi \in U_i \cap U_j$ und ohne Einschränkung $\delta_j \geq \delta_i$. Mit der Dreiecksungleichung für die Maximumsnorm folgt, dass

$$z_i \in P_{\delta_j}(z_j) \cap P_{\delta_i}(z_i) \cap \sigma(c)$$

ist. Wegen $\alpha_i(z_i) = H(z_i) = \alpha_j(z_i) \in D_{r_j}(H(z_j))$ ist $\alpha_i(z) \in D_{r_j}(H(z_j))$ für alle $z \in P_{\delta_i}(z_i)$, die nahe genug bei z_i liegen. Da

$$G(\alpha_i(z), z) = 0$$

ist, folgt mit dem Identitätssatz, dass $\alpha_i = \alpha_j$ auf $P_{\delta_i}(z_i) \cap P_{\delta_j}(z_j)$ gilt. Also lassen sich die Funktionen α_i zusammensetzen zu einer holomorphen Fortsetzung von $H : \sigma(c) \to \mathbb{C}$ auf die offene Umgebung

$$U = \bigcup_{i=1}^{\ell} U_i$$

von $\sigma(c)$. Der Einfachheit halber bezeichnen wir diese Fortsetzung wieder mit H. Nach Konstruktion definiert $h : U \to \mathbb{C}^{1+n+m}, h(z) = (H(z), z)$ eine holomorphe Funktion mit $h(U) \subset V \times \mathbb{C}^m$ und $G \circ h = 0$ auf U. Sei

$$\Phi : \mathcal{O}(U) \to A$$

ein Funktionalkalkül für das Tupel $c \in A^{n+m}$ wie in Satz 12.7. Dann ist $x = \Phi(H) \in A$ ein Element mit

$$\hat{x} = H \circ \hat{c} = \omega.$$

Da der analytische Funktionalkalkül verträglich ist mit Kompositionen, folgt

$$F(x, a) = F \circ \pi(x, c) = G(x, c) = G(H(c), c) = G \circ h(c) = 0.$$

Für den Fall, dass V Rungesch ist, folgt die benötigte Verträglichkeit mit Kompositionen aus Korollar 12.9; für beliebiges V benutze man Aufgabe 12.4.
Sei $x_1 \in A$ ein weiteres Element mit $\hat{x}_1 = 0$ und $F(x_1, a) = 0$. Dann ist $y = x_1 - x \in A$ ein Element mit $\hat{y} = 0$ und

$$D = \{(u, w, z) \in \mathbb{C}^{n+2}; \ (w, z) \in V \text{ und } (w + u, z) \in V\} \subset \mathbb{C}^{n+2}$$

ist offen mit $\sigma(y, x, a) = \{(0, \omega(\lambda), \hat{a}(\lambda)); \ \lambda \in \Delta_A\} \subset D$. Sei $E = D \cap (\{0\} \times \mathbb{C}^{n+1})$. Dann ist $E \subset D$ dünn. Mit dem Riemannschen Hebbarkeitssatz (Satz 4.8) folgt, dass die holomorphe Funktion $\varphi_0 : D \setminus E \to \mathbb{C}$,

$$\varphi_0(u, w, z) = \frac{F(w + u, z) - F(w, z) - u(\partial_w F)(w, z)}{u^2}$$

eine holomorphe Fortsetzung $\varphi \in \mathcal{O}(D)$ hat. Um dies zu sehen, wähle man für $(0, w_0, z_0) \in E$ eine Zahl $r > 0$ so, dass das Kompaktum $K = \overline{P}_{2r}(w_0, z_0)$ in V enthalten ist. Dann folgt mit dem Satz über die Taylorentwicklung und den Cauchyschen Abschätzungen (Satz 2.1) für $(u, w, z) \in (D_{r/2}(0) \times P_r(w_0, z_0)) \cap (\mathbb{C}^{n+2} \setminus E)$

$$|\varphi_0(u, w, z)| \leq \sum_{k=2}^{\infty} \frac{|(\partial_w^k F)(w, z)|}{k!} |u|^{k-2} \leq \sum_{k=2}^{\infty} \frac{\|F\|_K}{r^k} |u|^{k-2} \leq 2\frac{\|F\|_K}{r^2}.$$

Für $(u, w, z) \in D$ gilt

$$u(u\varphi(u, w, z) + (\partial_w F)(w, z)) = F(w + u, z) - F(w, z).$$

Sei $\Phi_D : \mathcal{O}(D) \to A, f \mapsto f(y, x, a)$ der in Satz 12.7 definierte analytische Funktional-kalkül für $(y, x, a) \in A^{n+2}$ über D. Indem man Φ_D auf beide Seiten der letzten Gleichung anwendet und die Verträglichkeit des analytischen Funktionalkalküls mit Kompositionen benutzt, erhält man

$$y(y\varphi(y, x, a) + (\partial_w F)(x, a)) = F(x + y, a) - F(x, a) = 0.$$

Für den Fall, dass V Rungesch ist, genügt dabei wieder Korollar 12.9; für beliebiges V benutze man das Ergebnis von Aufgabe 12.4.
Da

$$\lambda((\partial_w F)(x, a)) = (\partial_w F)(\hat{x}(\lambda), \hat{a}(\lambda)) \neq 0 = \lambda(y)$$

ist für alle $\lambda \in \Delta_A$, ist $y\varphi(y, x, a) + (\partial_w F)(x, a)$ nach Lemma 12.2 invertierbar. Also ist $y = 0$ und $x_1 = x$. Damit ist auch der Eindeutigkeitsteil von Satz 12.12 bewiesen. $\square$

Im Folgenden benutzen wir Satz 12.12 nur für den Fall, dass die Menge V eine sehr einfache Rungesche Menge ist.

Beispiel 12.13

Sei $a \in A$ und sei $p \in \mathbb{C}[z]$ ein komplexes Polynom einer Variablen. Dann gilt:

(a) Gibt es eine stetige Funktion $\omega \in C(\Delta_A)$ mit $e^\omega = \hat{a}$, so existiert ein eindeutig bestimmtes Elemnet $x \in A$ mit $e^x = a$.
(b) Gibt es ein $\omega \in C(\Delta_A)$ mit $p(\omega(\lambda)) = \hat{a}(\lambda)$ und $p'(\omega(\lambda)) \neq 0$ für alle $\lambda \in \Delta_A$, so existiert genau ein $x \in A$ mit $p(x) = a$.

Zum Beweis genügt es, Satz 12.12 (und Korollar 12.9) anzuwenden auf die Funktionen $F : \mathbb{C}^2 \to \mathbb{C}$,

$$F(w, z) = e^w - z \quad \text{und} \quad F(w, z) = p(w) - z.$$

Nach diesen Vorarbeiten erhalten wir als einfache Anwendung den Satz von Arens und Royden.

Satz 12.14 (Arens-Royden)
Sei A eine kommutative komplexe Banachalgebra mit Eins. Dann induziert die Gelfand-Transformation einen Isomorphismus abelscher Gruppen

$$\rho : A^{-1}/\exp A \rightarrow C(\Delta_A)^{-1}/\exp C(\Delta_A), \quad [x] \mapsto [\hat{x}]$$

Beweis Offensichtlich ist ρ ein wohldefinierter Homomorphismus abelscher Gruppen. Die Surjektivität folgt aus Satz 12.11 und die Injektivität folgt aus Satz 12.12 oder auch aus Teil (a) von Beispiel 12.13. $\qquad\square$

Man kann die Quotientengruppe $A^{-1}/\exp A$ identifizieren mit der Menge $C(A^{-1}) = \{C(x); \ x \in A^{-1}\}$ der Zusammenhangskomponenten aller invertierbaren Elemente $x \in A^{-1}$ in der offenen Menge $A^{-1} \subset A$. Da A^{-1} lokal wegzusammenhängend ist, sind die Zusammenhangskomponenten von A^{-1} offene Teilmengen von A^{-1}, die mit den Wegzusammenhangskomponenten übereinstimmen (Theorem 4.1 und Theorem 4.3 in [24]). Da für jedes $a \in A^{-1}$ die Abbildung

$$[0,1] \rightarrow A^{-1}, \ t \mapsto \exp(ta) = \sum_{n=0}^{\infty} t^n a^n/n!$$

stetig ist, ist $\exp A \subset C(1)$. Wir zeigen zunächst, dass auch die umgekehrte Inklusion gilt.

Satz 12.15
Sei A eine kommuative komplexe Banachalgebra mit Eins. Dann ist

(i) $\{a \in A; \ \|a-1\| < 1\} \subset \exp A$ *und*
(ii) $\exp A = C(1) \subset A^{-1}$ *offen und abgeschlossen in* A^{-1}.

Beweis Sei $a \in B_1(1) = \{x \in A; \ \|x-1\| < 1\}$. Wegen

$$\sigma(a) = \sigma(a-1) + 1 \subset D_1(1)$$

ist der Hauptzweig des komplexen Logarithmus $\log : \mathbb{C} \setminus (-\infty, 0] \rightarrow \mathbb{C}$ holomorph auf einer Umgebung von $\sigma(a)$. Aus der Verträglichkeit des analytischen Funktionalkalküls mit Kompositionen (Korollar 12.9) folgt

$$a = (\exp \circ \log)(a) = \exp(\log a) \in \exp A.$$

Da die Abbildungen $A^{-1} \to A^{-1}, y \mapsto xy \, (x \in A^{-1})$ Homöomorphismen sind, ist die Menge $b \, B_1(1) \subset A$ offen für alle $b \in A^{-1}$. Also ist

$$\exp A = \bigcup_{b \in \exp A} b \, B_1(1) \subset A$$

offen. Mit $\exp A$ ist auch die Menge

$$A^{-1} \setminus \exp A = \bigcup (a \exp A; \; a \in A^{-1} \setminus \exp A) \subset A$$

offen. Da die erste der beiden Mengen in der Zerlegung

$$C(1) = (C(1) \cap \exp A) \cup (C(1) \cap (A^{-1} \setminus \exp A))$$

nicht-leer ist, folgt die Identität $C(1) = \exp A$. $\qquad\square$

Der gerade bewiesene Satz bleibt richtig in beliebigen, nicht notwendig kommutativen komplexen Banachalgebren mit Eins, wenn man $\exp A$ ersetzt durch die Untergruppe

$$\exp A = \left\{ \prod_{i=1}^{r} \exp(a_i); \; r \in \mathbb{N} \text{ und } a_1, \dots, a_r \in A \right\} \subset A^{-1}.$$

Zum Beweis von Teil (i) des letzten Satzes in dieser allgemeineren Situation beachte man, dass man jedes Element $a \in B_1(1)$ natürlich auch auffassen kann als Element der kommutativen Banachalgebra $[a] \subset A$. Der Beweis von Teil (ii) bleibt wortwörtlich richtig im nicht kommutativen Fall.

Korollar 12.16 *Die Abbildung*

$$\varkappa : A^{-1}/\exp A \to C(A^{-1}), \; [x] \mapsto C(x)$$

ist eine wohldefinierte Bijektion.

Beweis Ist $xy^{-1} = \exp(a)$, so ist die Abbildung

$$\gamma : [0, 1] \to A^{-1}, \; \gamma(t) = \exp(-ta)x$$

stetig mit $\gamma(0) = x$ und $\gamma(1) = y$. Also ist $\varkappa$ wohldefiniert. Ist umgekehrt $\gamma : [0, 1] \to A^{-1}$ stetig mit $\gamma(0) = x$ und $\gamma(1) = y$, so definiert

$$\delta : [0, 1] \to A^{-1}, \; \delta(t) = \gamma(t)y^{-1}$$

eine stetige Abbildung mit $\delta(0) = xy^{-1}$ und $\delta(1) = 1$. Nach Satz 12.15 ist $xy^{-1} \in C(1) = \exp A$. Dies zeigt die Injektivität von $\varkappa$. Die Surjektivität ist klar. $\qquad\square$

Auch Korollar 12.16 bleibt richtig für beliebige, nicht notwendig kommutative komplexe Banachalgebren mit Eins. Da $x^{-1}C(1)x$ wegzusammenhängend ist als stetiges Bild der wegzusammenhängenden Menge $C(1)$ und da $1 \in x^{-1}C(1)x \subset A^{-1}$ gilt, ist $\exp A = C(1) \subset A^{-1}$ ein Normalteiler der multiplikativen Gruppe A^{-1}. Auch im nichtkommutativen Fall ist daher $A/\exp A$ kanonisch eine Gruppe.

Die Gruppe $C(\Delta_A)/\exp C(\Delta_A)$ ist eine topologische Invariante des kompakten Hausdorff-Raums Δ_A. Man kann zeigen, dass diese Gruppe isomorph ist zur ersten Čechschen Kohomologiegruppe $H^1(X, \mathbb{Z})$ (Proposition 3.9 in [34]). Der holomorphe Funktionalkalkül für Tupel in kommutativen komplexen Banachalgebren wurde eingeführt von Shilov [31], Arens-Calderon [4] und Waelbroeck [36]. Der Satz von Arens und Royden geht auf Arbeiten von Arens [3] und Royden [28] zurück. In einer Arbeit von W. R. Zame [37] aus dem Jahre 1979 wird gezeigt, dass für jedes Tupel $a \in A^n$ und jede offene Menge $U \supset \sigma(a)$ ein stetiger Algebrenhomomorphismus $\Phi : \mathcal{O}(U) \to A$ schon eindeutig bestimmt ist durch die Eigenschaften (1) und (2) aus Satz 12.7. Der Beweis dieses stärkeren Eindeutigkeitsergebnisses benötigt Methoden aus der komplexen Analysis, deren Herleitung den Rahmen dieses Buches sprengen würde. Ein alternativer holomorpher Funktionalkalkül für vertauschende Operatoren auf Banachräumen, der ohne die Existenz einer einhüllenden Banachalgebra auskommt, wurde im Jahre 1970 von J. L. Taylor [32, 33] eingeführt. Eine Darstellung dieses Kalküls einschließlich des Analogons des erwähnten Eindeutigkeitsergebnisses von Zame findet man in [7].

Eine Einführung in die Theorie der Banachalgebren einschließlich eines schönen Kapitels über mehrdimensionale Funktionentheorie und den analytischen Funktionalkalkül findet man in [2]. Weitere Darstellungen des analytischen Funktionalkalküls in kommutativen Banachalgebren und Anwendungen findet man etwa auch in [1, 18] oder [20]. In [14] wird zur Konstruktion des analytischen Kalküls nicht der Fortsetzungssatz von Oka benutzt, sondern ähnlich zur ursprünglichen Arbeit von Shilov eine geeignete Integraldarstellungsformel.

Aufgaben

Sei im Folgenden A eine kommutative komplexe Banachalgebra mit Eins.

12.1 Sei $a \in A^n$ und $U \subset \mathbb{C}^n$ eine offene Menge mit $\sigma(a) \subset U$. Man zeige:

(a) Der in Teil (1) des Beweises von Satz 12.7 konstruierte Algebrenhomomorphismus $\Phi : \mathcal{O}(U) \to A$ hängt nicht von der Wahl des Polynomtupels $p \in \mathbb{C}[z_1, \dots, z_n]^m$ ab.

(b) Der in Teil (2) des Beweises von Satz 12.7 konstruierte Algebrenhomomorphismus $\Phi : \mathcal{O}(U) \to A$ hängt nicht von der Wahl des Tupels $b \in A^r$ ab.

(Hinweis: Man benutze die Bemerkungen im Anschluss von Satz 12.7.)

12.2 Sei $a \in A^n$ und seien $U, V \subset \mathbb{C}^n$ offene Mengen mit $\sigma(a) \subset V \subset U$. Man zeige:

(a) Für die im Beweis von Satz 12.7 über U und V konstruierten holomorphen Funktionalkalküle gilt

$$\Phi_{a,U}(f) = \Phi_{a,V}(f|V) \quad \text{für alle } f \in \mathcal{O}(U).$$

(b) Ist $b = (a_1, \ldots, a_m)$ $(1 \leq m < n)$ und ist $W \supset \sigma(b)$ eine offene Menge mit $\pi U \subset W$, wobei $\pi : \mathbb{C}^n \to \mathbb{C}^m$ die Projektion auf die ersten m Variablen bezeichnet, so gilt

$$\Phi_{a,U}(f \circ \pi) = \Phi_{b,W}(f) \quad \text{für alle } f \in \mathcal{O}(W)$$

für die im Beweis von Satz 12.7 konstruierten Funktionalkalküle.

(Hinweis: Man benutze Aufgabe 12.1.)

12.3 Sei $\theta_{a,U}$ ($a \in A^n$ endliches Tupel, $U \supset \sigma(a)$ offen) eine Familie von Algebrenhomomorphismen $\theta_{a,U} : \mathcal{O}(U) \to A$ so, dass für alle $a \in A^n$ ($n \geq 1$) und jede offene Menge $U \supset \sigma(a)$ gilt

 (i) $\theta_{a,U}$ ist stetig, falls U Rungesch ist,
 (ii) $\theta_{a,U}(f) = \theta_{a,V}(f|V)$ für $\sigma(a) \subset V \subset U$ und alle $f \in \mathcal{O}(U)$ und
 (iii) $\theta_{a,U}(f \circ \pi) = \theta_{b,W}(f)$ für b, W und π wie in Aufgabe 12(b) und alle $f \in \mathcal{O}(W)$.

Man zeige, dass für alle endlichen Tupel $a \in A^n$ und offenen Mengen $U \supset \sigma(a)$ die Abbildung $\theta_{a,U}$ mit dem im Beweis von Satz 12.7 konstruierten Funktionalkalkül übereinstimmt. (Hinweis: Beweis von Satz 12.7.)

12.4 Für $a \in A^n$ und eine holomorphe Funktion $g \in \mathcal{O}(\sigma(a))$ definieren wir $g(a) = \Phi_{a,U}(g)$, falls $U \supset \sigma(a)$ der Definitionsbereich von g ist und $\Phi_{a,U}$ den im Beweis von Satz 12.7 konstruierten Funktionalkalkül von a über U bezeichnet. Für $g \in \mathcal{O}(\sigma(a))^k$ setzen wir $g(a) = (g_1(a), \ldots, g_k(a))$. Sei $U \supset \sigma(a)$ offen und $g \in \mathcal{O}(U)^k$. Man zeige: Ist $V \subset \mathbb{C}^k$ offen mit $g(U) \subset V$, so gilt für alle $f \in \mathcal{O}(V)$

$$f(g(a)) = f \circ g(a).$$

(Hinweis: Man wende die in Aufgabe 10.5 bewiesenen Aussagen auf die holomorphe Funktion $F : U \times V \to \mathbb{C}, F(z, \xi) = f(\xi) - f \circ g(z)$ an und benutze die in Aufgabe 12.2 bewiesenen Eigenschaften der Familie $(\Phi_{a,U})$.)

Anhang A

Ziel in diesem Anhang ist es zu zeigen, dass zu einer beliebigen offenen Überdeckung $\mathcal{U} = \bigcup_{\alpha \in A} U_\alpha$ einer offenen Menge $U \subset \mathbb{R}^n$ eine zugehörige C^∞-Zerlegung der Eins existiert.

Im ersten Schritt konstruieren wir eine C^∞-Funktion $f : \mathbb{R} \to [0, \infty)$, die ein vorgegebenes Intervall $[a, b] \subset \mathbb{R}$ als Träger besitzt.

Lemma A.1 *Für $a, b \in \mathbb{R}$ mit $a < b$ wird durch $f : \mathbb{R} \to \mathbb{R}$,*

$$f(x) = \begin{cases} e^{\frac{-1}{(x-a)(b-x)}}, & a < x < b \\ 0, & sonst \end{cases}$$

eine C^∞-Funktion auf $\mathbb{R}$ definiert.

Beweis Wir betrachten zunächst die Funktion

$$g : \mathbb{R} \to \mathbb{R}, \quad g(x) = \begin{cases} e^{-\frac{1}{x}}, & x > 0 \\ 0, & x \le 0. \end{cases}$$

Wir zeigen induktiv, dass für jedes $k \in \mathbb{N}$ die so definierte Funktion k-mal differenzierbar ist mit $g^{(k)}(0) = 0$ und dass mit einem geeigneten Polynom $p_k \in \mathbb{R}[x]$ gilt

$$g^{(k)}(x) = \begin{cases} p_k(\frac{1}{x})e^{-\frac{1}{x}}, & x > 0 \\ 0, & x \le 0. \end{cases}$$

Für $k = 0$ ist dies klar. Ist die Behauptung für ein $k \in \mathbb{N}$ gezeigt, so folgt zunächst für alle $x > 0$

$$g^{(k+1)}(x) = \left(-p_k'\left(\frac{1}{x}\right)\frac{1}{x^2} + p_k\left(\frac{1}{x}\right)\frac{1}{x^2}\right)e^{-\frac{1}{x}} = p_{k+1}\left(\frac{1}{x}\right)e^{-\frac{1}{x}}$$

mit $p_{k+1}(x) = (p_k(x) - p_k'(x))x^2$. Hat p_k die Form

$$p_k(x) = \sum_{i=0}^{N} a_i x^i,$$

© Springer-Verlag GmbH Deutschland 2017
J. Eschmeier, *Funktionentheorie mehrerer Veränderlicher*, Springer-Lehrbuch
Masterclass, https://doi.org/10.1007/978-3-662-55542-2

so folgt für $x > 0$

$$\frac{g^{(k)}(x) - g^{(k)}(0)}{x} = p_k\left(\frac{1}{x}\right) \frac{1}{x} e^{-\frac{1}{x}} = \sum_{i=0}^{N} a_i \left(\frac{1}{x}\right)^{i+1} e^{-\frac{1}{x}} \overset{(x\downarrow 0)}{\longrightarrow} 0.$$

Also ist g eine $(k+1)$-mal differenzierbare Funktion auf $\mathbb{R}$ und $g^{(k+1)}$ hat die behauptete Form. Als Komposition von je zwei C^∞-Funktionen sind auch

$$g_1 : \mathbb{R} \to \mathbb{R}, \ g_1(x) = g((b-a)(x-a)),$$
$$g_2 : \mathbb{R} \to \mathbb{R}; \ g_2(x) = g((b-a)(b-x))$$

C^∞-Funktionen auf $\mathbb{R}$. Also ist auch die Funktion $f = g_1 g_2$ unendlich oft differenzierbar auf $\mathbb{R}$. $\square$

Als Folgerung erhalten wir ein erstes Resultat über die Existenz von C^∞-Abschneidefunktionen.

Lemma A.2 *Sei $\delta > 0$ beliebig. Zu $c \in \mathbb{R}^n$ gibt es eine Funktion $\psi \in C^\infty(\mathbb{R}^n)$ mit $0 \le \psi \le 1$ auf $\mathbb{R}^n$, $\psi \equiv 1$ auf $B_\delta(c)$ und $\psi \equiv 0$ auf $\mathbb{R}^n \setminus B_{2\delta}(c)$.*

Beweis Es genügt, die Behauptung im Fall $c = 0$ zu beweisen. Seien $a, b \in \mathbb{R}$ mit $a < b$ und sei $f \in C^\infty(\mathbb{R})$ die in Lemma A.1 definierte C^∞-Funktion. Dann definiert

$$F : \mathbb{R} \to \mathbb{R}, \ F(x) = \int_a^x f(t)\mathrm{d}t \Big/ \int_a^b f(t)\mathrm{d}t$$

eine C^∞-Funktion mit $0 \le F \le 1$ und $F \equiv 0$ auf $(-\infty, a]$, $F \equiv 1$ auf $[b, \infty)$. Setze $\eta = \delta^2$ und wähle die Funktion $F \in C^\infty(\mathbb{R})$ wie oben zu

$$a = -4\eta, \ b = -\eta.$$

Dann definiert $\psi : \mathbb{R}^n \to \mathbb{R}$, $\psi(x) = F(-\|x\|^2)$ eine C^∞-Funktion mit den gewünschten Eigenschaften. $\square$

Sei $U \subset \mathbb{R}^n$ offen. Eine Familie $(U_\alpha)_{\alpha \in A}$ von Mengen $U_\alpha \subset U$ heißt *lokal-endlich in U*, falls zu jedem Punkt $x \in U$ eine Umgebung V von x existiert, für die

$$\{\alpha \in A; \ U_\alpha \cap V \ne \varnothing\}$$

eine endliche Menge ist. Sind zusätzlich alle U_α offen und ist $U = \bigcup_{\alpha \in A} U_\alpha$, so nennt man $(U_\alpha)_{\alpha \in A}$ eine *lokal-endliche offene Überdeckung von U*.

Lemma A.3 *Sei $\varnothing \neq U \subset \mathbb{R}^n$ offen und sei $(U_\alpha)_{\alpha \in A}$ eine offene Überdeckung von U. Dann gibt es eine Folge offener Kugeln $V_k = B_{\varepsilon_k}(a_k) \subset U$ $(k \in \mathbb{N})$ so, dass gilt:*

(i) *jedes V_k ist ganz in einem U_α enthalten;*
(ii) *die Mengen $W_k = B_{\varepsilon_k/3}(a_k)$ $(k \in \mathbb{N})$ überdecken U;*
(iii) *$(V_k)_{k \in \mathbb{N}}$ ist eine lokal-endliche Überdeckung von U.*

Beweis Sei $(K_i)_{i \in \mathbb{N}}$ eine kompakte Ausschöpfung von U. Setze $K_{-1} = K_{-2} = \varnothing$. Fixiere $i \in \mathbb{N}$. Für $x \in K_i \setminus \mathrm{Int}(K_{i-1})$ wähle man eine Kugel

$$B_x = B_{\varepsilon_x}(x) \subset \mathrm{Int}(K_{i+1}) \setminus K_{i-2}$$

so, dass $B_x \subset U_\alpha$ für ein $\alpha \in A$ ist. Setze $C_x = B_{\varepsilon_x/3}(x)$ und wähle $x_1, \dots, x_r \in K_i \setminus \mathrm{Int}(K_{i-1})$ mit

$$K_i \setminus \mathrm{Int}(K_{i-1}) \subset C_{x_1} \cup \dots \cup C_{x_r}.$$

Wir definieren $\mathcal{V}_i = \{B_{x_1}, \dots, B_{x_r}\}$, $\mathcal{V} = \bigcup_{i \in \mathbb{N}} \mathcal{V}_i$ und wählen eine Abzählung $(V_k)_{k \in \mathbb{N}}$ von $\mathcal{V}$ (Man beachte, dass $\mathcal{V}$ unendlich ist.). Nach Konstruktion erfüllt die Folge $(V_k)_{k \in \mathbb{N}}$ die Bedingungen (i) und (ii). Zu $x \in U$ existiert eine natürliche Zahl i_0 mit $x \in \mathrm{Int}(K_{i_0})$. Da für $i \geq i_0 + 2$ und $B \in \mathcal{V}_i$ gilt

$$B \cap \mathrm{Int}(K_{i_0}) = \varnothing,$$

gibt es ein $k_0 \in \mathbb{N}$ mit $V_k \cap \mathrm{Int}(K_{i_0}) = \varnothing$ für alle $k \geq k_0$. Also ist auch Bedingung (iii) erfüllt. $\qquad\square$

Seien $\mathcal{U} = (U_\alpha)_{\alpha \in A}$ und $\mathcal{V} = (V_i)_{i \in I}$ offene Überdeckungen einer Menge $U \subset \mathbb{R}^n$. Man nennt $\mathcal{V}$ eine *Verfeinerung* von $\mathcal{U}$, falls zu jedem Index $i \in I$ ein $\alpha_i \in A$ existiert mit $V_i \subset U_{\alpha_i}$.

Satz A.4 (C^∞-Zerlegungen der Eins)
Sei $\mathcal{U} = (U_\alpha)_{\alpha \in A}$ eine offene Überdeckung der offenen Menge $U \subset \mathbb{R}^n$.

(a) *Dann gibt es eine lokal-endliche Verfeinerung $(V_k)_{k \in \mathbb{N}}$ von $\mathcal{U}$ und Funktionen θ_k in $C_c^\infty(V_k)$ $(k \in \mathbb{N})$ mit $0 \leq \theta_k \leq 1$ und*

$$\sum_{k \in \mathbb{N}} \theta_k \equiv 1 \quad auf\ U.$$

(b) *Es gibt eine Familie* $(\psi_\alpha)_{\alpha\in A}$ *von Funktionen* $\psi_\alpha \in C^\infty(U)$ *mit* $0 \leq \psi_\alpha \leq 1$ *und*

   (i) $\mathrm{supp}(\psi_\alpha) \subset U_\alpha$,

   (ii) $(\mathrm{supp}(\psi_\alpha))_{\alpha\in A}$ *ist lokal-endlich in* U,

   (iii) $\sum_{\alpha\in A} \psi_\alpha \equiv 1$ *auf* U.

(Hierbei ist $\mathrm{supp}(f)$ *der in* U *gebildete Abschluss der Menge* $\{x \in U; f(x) \neq 0\}$.*)*

Beweis (a) Wähle Folgen $(V_k)_{k\in\mathbb{N}}$ und $(W_k)_{k\in\mathbb{N}}$ offener Kugeln zu U wie in Lemma A.3 beschrieben. Nach Lemma A.2 gibt es Funktionen $f_k \in C_c^\infty(V_k)$ $(k \in \mathbb{N})$ mit $0 \leq f_k \leq 1$ und

$$f_k|\overline{W}_k \equiv 1.$$

Dann ist $\theta : U \to \mathbb{R}$, $\theta(x) = \sum_{k\in\mathbb{N}} f_k(x)$ eine C^∞-Funktion mit $\theta \geq 1$, und die Funktionen $\theta_k = f_k/\theta$ haben die gewünschten Eigenschaften.

(b) Wir wählen V_k und θ_k wie oben und fixieren für jedes $k \in \mathbb{N}$ ein $\alpha(k) \in A$ mit $V_k \subset U_{\alpha(k)}$. Für $\alpha \in A$ sei

$$N_\alpha = \{k \in \mathbb{N}; \ \alpha(k) = \alpha\}.$$

Die Funktionen $\psi_\alpha : U \to \mathbb{R}$,

$$\psi_\alpha(x) = \sum_{k\in N_\alpha} \theta_k(x)$$

sind C^∞ und nicht negativ auf U. Zu $x \in U$ gibt es eine offene Umgebung $V \subset U$ von x und eine endliche Menge $F \subset \mathbb{N}$ so, dass

$$\theta_k|V \equiv 0 \quad \text{für } k \notin F.$$

Höchstens für die endlich vielen $\alpha \in A$ mit $N_\alpha \cap F \neq \emptyset$ gilt

$$\mathrm{supp}(\psi_\alpha) \cap V \neq \emptyset.$$

Also ist Bedingung (ii) erfüllt. Offensichtlich gilt auch Bedingung (iii).

Sei $\alpha \in A$ beliebig und sei $x \in U \setminus U_\alpha$. Wähle V und F zu x genau wie oben. Dann ist für $y \in V$

$$\psi_\alpha(y) = \sum_{k\in N_\alpha \cap F} \theta_k(y),$$

und wegen $V_k \subset U_\alpha$ für alle $k \in N_\alpha$ ist

$$K = \bigcup (\operatorname{supp}(\theta_k); \ k \in N_\alpha \cap F) \subset U_\alpha$$

eine kompakte Menge mit der Eigenschaft, dass $\psi_\alpha | V \cap K^c \equiv 0$ ist. Da $V \cap K^c$ eine offene Umgebung von x in U ist, ist $x \notin \operatorname{supp}(\psi_\alpha)$. Damit ist auch die Gültigkeit von Bedingung (i) gezeigt. □

Als Folgerung aus Satz A.4 erhält man insbesondere die Existenz endlicher C^∞-Zerlegungen der Eins.

Korollar A.5 *Sei $K \subset \mathbb{R}^n$ kompakt und seien $U_i \subset \mathbb{R}^n$ ($i = 1, \ldots, r$) offen mit*

$$K \subset U_1 \cup \ldots \cup U_r.$$

Dann gibt es Funktionen $\psi_1, \ldots, \psi_r \in C_c^\infty(\mathbb{R}^n)$ mit

(i) $0 \le \psi_i \le 1$ *für* $i = 1, \ldots, r$,
(ii) $\operatorname{supp}(\psi_i) \subset U_i$ *für* $i = 1, \ldots, r$,
(iii) $\sum_{i=1}^r \psi_i = 1$ *auf* K.

Beweis Ohne Einschränkung der Allgemeinheit dürfen wir zusätzlich annehmen, dass die Mengen U_i beschränkt sind. Indem man den zweiten Teil von Satz A.4 anwendet mit $U = \mathbb{R}^n$ und der offenen Überdeckung

$$\mathbb{R}^n = U_1 \cup \ldots \cup U_r \cup (\mathbb{R}^n \setminus K),$$

erhält man Funktionen $\psi_1, \ldots, \psi_r \in C_c^\infty(\mathbb{R}^n)$ mit den gewünschten Eigenschaften. □

Literatur

1. Alexander, H., Wermer, J.: Several complex variables and Banach algebras. Graduate Texts in Mathematics, Bd. 35. Springer, New York (1998)
2. Allan, G.R.: Introduction to Banach spaces and algebras. Oxford Graduate Texts in Mathematics, Bd. 20. Oxford University Press, Oxford (2011)
3. Arens, R.: The group of invertible elements of a commutative Banach algebra. Studia Math. **1**, 21–23 (1963)
4. Arens, R., Calderón, A.P.: Analytic functions of serveral Banach algebra elements. Ann. Math. **62**, 204–216 (1955)
5. Behnke, H., Thullen, P.: Theorie der Funktionen mehrerer komplexer Veränderlichen. Ergebnisse der Mathematik und ihrer Grenzgebiete, Bd. 51. Springer, Berlin (2013)
6. Chirka, E.M.: Complex Analytic Sets. Kluwer Academic Publishers, Dordrecht (1989)
7. Eschmeier, J., Putinar, M.: Spectral decompositions and analytic sheaves. London Mathematical Society Monographs, Bd. 10. Clarendon Press, Oxford (1996)
8. Fischer, W., Lieb, I.: Einführung in die Komplexe Analysis. Bachelorkurs Mathematik. Vieweg+Teubner, Wiesbaden (2010)
9. Fischer, G., Sacher, R.: Einführung in die Algebra. Teubner, Stuttgart (1983)
10. Forster, O.: Analysis 2. Vieweg, Braunschweig (1979)
11. Forster, O.: Analysis 3. Vieweg, Braunschweig (1982)
12. Fritzsche, K., Grauert, H.: From Holomorphic Functions to Complex Manifolds. Springer, New York (2002)
13. Fuks, B.A.: Special chapters in the theory of analytic functions of several complex variables. Translations of Mathematical Monographs, Bd. 14, American Math. Society, Providence, RI (1965)
14. Gamelin, T.W.: Uniform Algebras. Prentice Hall, Englewood Cliffs, NJ (1969)
15. Grauert, H., Remmert, R.: Theory of Stein Spaces. Springer, Berlin (1979)
16. Grauert, H., Remmert, R.: Coherent Analytic Sheaves. Springer, Berlin (1984)
17. Gunning, R.C.: Introduction to Holomorphic Functions of Several Variables I–III. Wadsworth & Brooks/Cole, Belmont, Ca (1990)
18. Gunning, R.C., Rossi, H.: Analytic Functions of Several Complex Variables. Prentice-Hall, Englewood Cliffs, NJ (1965)
19. Henkin, G.M., Leiterer, J.: Theory of Functions on Complex Manifolds. Akademie-Verlag, Berlin (1984)
20. Hörmander, L.: An Introduction to Complex Analysis in Several Variables. North-Holland, Amsterdam (1973)

© Springer-Verlag GmbH Deutschland 2017

J. Eschmeier, *Funktionentheorie mehrerer Veränderlicher*, Springer-Lehrbuch Masterclass, https://doi.org/10.1007/978-3-662-55542-2

21. Kaup, L., Kaup, B.: Holomorphic Functions of Several Variables. Walter de Gruyter, Berlin (1983)
22. Krantz, S.G.: Function Theory of Several Complex Variables. J. Wiley & Sons, New York (1982)
23. Lorenz, F.: Funktionentheorie. Spektrum, Heidelberg (1997)
24. Munkres, J.R.: Topology. A first course. Prentice-Hall, Englewood Cliffs, NJ (1975)
25. Pflug, R.P.: Holomorphiegebiete, pseudokonvexe Gebiete und das Levi-Problem. Lecture Notes in Mathematics, Bd. 432. Springer, Heidelberg (1975)
26. Range, R.M.: Holomorphic Functions and Integral Representations in Several Complex Variables. Springer, Berlin (1986)
27. Ransford, Th.: Potential theory in the complex plane. London Mathematical Society Student Texts 28. Cambridge University Press, Cambridge (1995)
28. Royden, H.: Function algebras. Bull. Amer. Math. Soc. **69**, 281–298 (1963)
29. Rudin, W.: Real and Complex Analysis. Mc-Graw-Hill, New York (1974)
30. Rudin, W.: Functional Analysis, 2. Aufl. Mc-Graw-Hill, New York (1991)
31. Shilov, G.E.: On the decomposition of a commutative normed ring into a direct sum of ideals. Mat. Sbornik **32**, 353–364 (1953)
32. Taylor, J.L.: A joint spectrum for several commuting operators. J. Funct. Anal. **6**, 172–191 (1970)
33. Taylor, J.L.: The analytic functional calculus for several commuting operators. Acta Math. **125**, 1–48 (1970)
34. Taylor, J.L.: Banach algebras and topology. In: Williams, J.H. (Hrsg.) Algebras in Analysis: Proceedings of an Instructional Conference, S. 118–186. Academic Press, London (1975)
35. Taylor, J.L.: Several complex variables with connections to algebraic geometry and Lie groups. Graduate Studies in Mathematics, Bd. 46. American Mathematical Society, Providence, RI (2002)
36. Waelbroeck, L.: Le clacul symbolique dans les algebres commutatives. J. Math. Pures Appl. **33**, 147–186 (1954)
37. Zame, W.R.: Existence, uniqueness and continuity of functional calculus homomorphisms. Proc. London Math. Soc. **39**, 73–92 (1979)

Stichwortverzeichnis

A

Abbildung
  eigentliche, 31, 39, 59, 78
  holomorphe, 2, 24
Ableitung, äußere, 89
Arens-Calderon-Lemma, 183
Ausschöpfungsfunktion, 153
Automorphismengruppe
  von $\mathbb{D}^n$, 37

B

Banachalgebra, 110, 173
Biholomorphie
  globale, 30, 37, 39
  lokale, 29

C

Cauchy-
  Integralformel, 3
  Kriterium, 5
  Riemannsche Differentialgleichungen,
    14–17
Cauchysche Ungleichungen, 19
Čech-Kohomologie, 155–162
Čech-Komplex
  alternierender, 157
  erweiterter, 158
Charakter, 142
Charaktersatz, 143
Cousin-Eigenschaft, 92, 101–104, 107,
  131–132, 135, 168–170

Cousin-I-Datum, 110, 116, 135, 138, 142, 156,
  188
Cousin-I-Problem, 110, 111, 135, 155, 158, 162

D

$\bar{\partial}$-Komplex (oder Sequenz), 88, 92, 94, 99, 105,
  111, 125–135, 169
de Rham-Komplex, 90
Differential
  äußeres, 91
  totales, 89
Differentialformen, 88–92
Dimension, 98
Dolbeault-Grothendieck-Lemma, 93
Dolbeault-Isomorphien, 161

E

Existenzbereich
  einer holomorphen Funktion, 70, 71, 73

F

Form
  in N Unbestimmten, 89
  vom Typ (oder Bigrad) (p, q), 91, 95
  von der Klasse C^k, 89
Funktion
  analytische, 17
  komplex differenzierbare, 2
  plurisubharmonische, 149, 171
  streng plurisubharmonische, 149, 171

© Springer-Verlag GmbH Deutschland 2017
J. Eschmeier, *Funktionentheorie mehrerer Veränderlicher*, Springer-Lehrbuch
Masterclass, https://doi.org/10.1007/978-3-662-55542-2

Funktion *(Forts.)*
  subharmonische, 113, 147, 170
  z_n-reguläre, 49
Funktionenreihe
  gleichmäßig konvergente, 9
  kompakt gleichmäßig konvergente, 9

G
Garbendatum, 156
  aus C^∞-Moduln, 158
Gelfand-Topologie, 176
Gelfand-Transformation, 175

H
Hülle
  holomorph-konvexe, 70
  polynom-konvexe, 99
Hartogsscher Kugelsatz, 87
Holomorphiebereich, 69–78, 99, 107, 111, 125,
  128–143, 147, 151–155, 162–167

I
Identitätssatz, 21, 56
implizite Funktionen, 28

J
Jacobi-Matrix, 24

K
Karte, 43
Kettenregel, 26
Kodimension, 98
Kohomologiegruppe
  Čechsche, 158
Kokette, 156
Korand, 157
Koszul-Komplex, 95
Kozyklus, 157

L
Levi-Matrix, 149
Levi-Polynom, 150
Levi-Problem, 147, 155, 166, 167

M
Maximumprinzip, 22
Menge
  analytische, 57–62, 96–98
  dünne, 54
  holomorph-konvexe, 70
  polynom-konvexe, 99
  pseudokonvexe, 153, 167
  Rungesche, 99–101, 106, 107
  streng pseudokonvexe, 152, 155, 163, 166,
    169–172

O
Oka-Fortsetzung, 103
Oka-Weil-Theorem, 105, 130

P
Parametrisierung, 43
Peak-Funktionen, 168–170
Polyeder
  analytischer, 76, 129, 135
  polynomieller, 100, 110
Potenzreihe, 11
Potenzreihenring, 62
Prinzip der offenen Abbildung, 21
Projektionssatz, 59
pull-back, 89

R
Rückertscher Basissatz, 64
Regulärer Punkt, 58–59
Reinhardt-Bereich, 17
Remmertscher Projektionssatz, 59
Resolventenfunktion, 174
Resolventenmenge, 173
Riemannscher Hebbarkeitssatz
  erster, 55
  zweiter, 96
Rungesche Menge, *siehe* Menge, Rungesche

S
Satz von
  Arens-Royden, 194
  Behnke-Stein, 134
  Cartan, 36

Satz von *(Forts.)*
    Cartan-Thullen, 72
    Hefer, 140
    Igusa, 143
    Montel, 23
    Oka, 111
    Oka-Bremermann-Norguet, 167
    Oka-Weil, 105, 130
    Poincaré, 29, 30, 171
    Schwartz, 165
    Shilov,Waelbroeck,Arens-Calderon, 181
schwach-$*$-Topologie, 176
Shilovscher Idempotentensatz, 186
singulärer Punkt, 58
Spektralabbildungssatz, 184
Spektrum, 173
Steinsches Kompaktum, 169
Strukturraum, 174

T
Tangentialraum, 41, 47

U
Untermannigfaltigkeit
    komplexe, 41

W
Weierstraß-Polynom, 52
Weierstraßscher Divisionssatz, 63
Weierstraßscher Vorbereitungssatz, 52
Weierstraßsches Majorantenkriterium, 10